익숙한 건축의 이유

일러두기

1. 글의 맞춤법과 표기는 한글맞춤법을 최대한 따르되 작가의 입말 표현을 따른 부분이 일부 있다.
2. 본문에 수록된 드로잉은 모두 이 책의 작가가 직접 그렸다.

익숙한 건축의 이유

2024년 06월 04일 초판 01쇄 인쇄
2024년 06월 19일 초판 01쇄 발행

지은이 전보림

발행인 이규상 편집인 임현숙
편집장 김은영 책임편집 정윤정 책임마케팅 이채영
콘텐츠사업팀 문지연 강정민 정윤정 원혜윤 이채영
디자인팀 최희민 두형주
채널 및 제작 관리 이순복 회계팀 김하나

펴낸곳 (주)백도씨
출판등록 제2012-000170호(2007년 6월 22일)
주소 03044 서울시 종로구 효자로7길 23, 3층(통의동 7-33)
전화 02 3443 0311(편집) 02 3012 0117(마케팅) 팩스 02 3012 3010
이메일 book@100doci.com(편집·원고 투고) valva@100doci.com(유통·사업 제휴)
포스트 post.naver.com/black-fish 블로그 blog.naver.com/black-fish
인스타그램 @blackfish_book

ISBN 978-89-6833-470-2 03540

블랙피쉬는 (주)백도씨의 출판 브랜드입니다.

익숙한 건축의 이유

전보림 지음

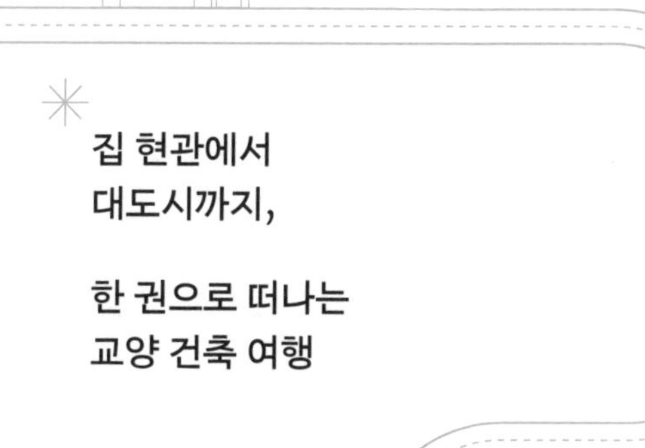

집 현관에서
대도시까지,

한 권으로 떠나는
교양 건축 여행

블랙피쉬
Black Fish

프롤로그

우리는 누구나 '집'에 산다. 찐빵같이 동그란 얼굴의 만화 주인공 아기 해달 보노보노는 "너의 집은 어디니?"라는 친구 포로리의 질문에 대체 뭐라 대답해야 할지 몰라 한참을 고민했지만, 대부분의 우리는 별 고민 없이 얼른 대답할 수 있다. 내 집이 어디인지, 또 내 집은 어떠한지.

그런데 우리는 정말로 우리의 '집'에 대해서 그만큼 잘 알고 있는 것일까? 아파트 몇 층이고, 방이 몇 개고, 부엌 싱크대 모양이 ㄱ 자고 그런 것들 말고, 집이라는 건축에 대해서는 얼마나 알고 있을까. 어쩌면 우리는 집이라는 건축 속에 매일 살고 있으면서도 놀라울 만큼 건축으로서의 집에 대해서는 무지한 상태일지도 모른다. 그저 당연하게만 생각했던 우리 집의 평면이, 소소한 건축의 디테일들이 사실은 우리나라에만 있는 지극히 독특한 모습일 수도 있다는 얘기다.

국적을 불문하고 청소년들은 방과 후에 맥도날드 햄버거를 우물거리고, 직장인들은 스타벅스에서 커피를 홀짝거리지만 여전히 우리나라만이 급식에 쌀밥과 김치를 빼놓지 않는 것만 봐도 알 수 있다. 집 앞에 찾아온 남자친구를 만나러 야밤에 집에서 몰래 빠져나가야 할 때, 아무리 까치발 진지하게 들고 현관으로 직진해도 거실에 앉아 있는 아빠의 눈길을 피할 수 없는 집의 평면도 쌀밥에 김치처럼 우리나라만의 무엇이라고 할 수 있을 것이다. 전 세계 모든 집들이 다 우리처럼 거실이 집 중앙에 똬리를 틀고 있지는 않기 때문이다.

사람 사는 모습이 다 거기서 거기일 것 같지만, 이렇게 무시할 수 없는 다채로움이 존재한다. 그리고 그 다름은 반드시 건축의 디테일로 드러나기 마련이다. 건축은 철저히 그곳에 사는 사람을 위해, 그 사람이 속한 문화권의 가치관에 맞추어 만들어지는 것이기 때문이다. 바꾸어 말하면, 우리 집도 바로 이 문화 속에 살고 있는 나의 가치관에 맞게 만들어진 건축이라는 뜻이기도 하다.

집만 그렇겠는가. 아파트 현관문을 열면 보이는 스테인리스 난간, 편의점으로 걸어가는 동안 지나치는 붉은 벽돌 담장, 푸른색 재활용 쓰레기통, 삐뚜름히 서 있는 전봇대, 거기 대강 매달린 가로등 같은 거리의 아이템들까지도 모두 우리의 가치관과 삶의 디테일을 열렬히 드러내고 있다. 그렇게 하나하나 모여 거리가 되고, 마을이 되어 도시가 되면 자그만 차이로 시작했던 다름은 크게 증폭된다. 다른 나라에 갔을 때를 떠올려 보라. 호텔방에 있을 때보다 거리를 나섰을 때 낯선 나라에 왔다는 느낌이 더욱 강하게 들지 않던가. 건축의 디테일은 이렇게 작고 사소한 것 같아도 결국 우리가 사는 장소의 빛깔을 진하게 만들고 있는 것이다.

그럼 나를 위한 건축인 내 집에서, 집 앞의 거리에서, 이 도시에서 나는 행복한가? 사실 건축 설계를 하는 나조차도 이런 물음을 진지하게 품기 시작한 건 그리 오래되지 않았다. 멀리 떠나서 낯선 도시에 살아 보고 나서야 비로소 내가 자라 온 도시가 당연하지 않아 보이기 시작했기 때문이다. 유학과 실무를 위해 런던에 살았던 5년의 시간 동안 나는 그저 수단이고 배경인 줄 알았던 건축과 도시가 내 삶의 방식에 적지 않은 영향을 미친다는 사실을 깨달았다. 뼛속까지 스미는 습한 추위와 함께 내 뇌리에 사무치게 새겨진 그 경험은, 그저 익숙하기만 했던 한국의 도시와 건축에 대해 다시금 생각하는 계기가 되었다. 이 책은 분명 거기에서 출발했다고 할 수 있을 것이다.

그렇다고 지금부터 내가 하고자 하는 이야기가 남의 나라의 건축과 도시에 대한 이야기만은 아니다. 남의 나라 이야기에서 출발하지만, 어디까지나 우리의 건축과 도시에 대한 이야기를 위한 지렛대일 뿐이다. 이제 지극히 사적인 공간부터 출발하는, 나를 위한 건축과 도시에 대한 이야기를 시작하려고 한다.

차례

3부 도시 | 너와 나, 모두를 위한 공간

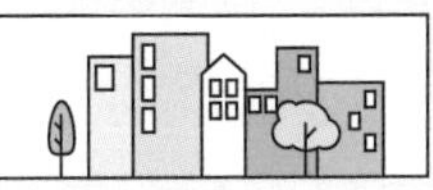

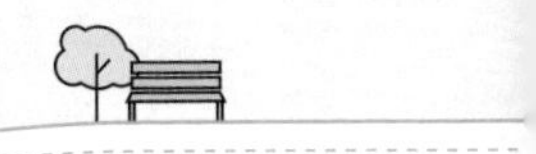

1부

집

내 집이라는 느낌은
어디서 오는 걸까?

1장

거실은 집의 대장인가

거실

런던에서 집 구하기 대모험을 시작하다

유학을 위해 런던에 처음 도착했을 때, 아이 둘까지 더한 우리 식구 넷은 모두 함께였다. 가족이 다 같이 가는 것이 당연한 것이 아닌가 싶겠지만 아이들이 각각 다섯 살, 세 살로 어린이라기보다는 아기에 가까운 어린 나이인 데다, 히드로 공항에서 우리가 향한 곳이 앞으로 쭉 살 집이 아닌 일주일짜리 단기 렌트 방이었다는 점은 아무래도 흔한 상황은 아닐 것이다. 대개 우리처럼 어린아이가 딸린 가족이 해외로 이주하는 경우에는, 아빠가 먼저 낯선 나라에 가서 집을 구한 다음 나머지 가족이 뒤늦게 합류하는 식으로 움직인다. 그러나 우리는 정보 수집엔 게으르고 대책은 빈약한 와중에 용기는 당찬 무데뽀 가족이었다. 남편은 자기가 혼자 고른 집에 까다로운 내가 절대 만족할 리 없다고 했고, 그건 나도 동의하는 바였다. 뭐든 직접 선택해야 직성이 풀리는 사람이 바로 나라는 인간이니까. 서로의 그러함을 너무 잘 알다 보니 우리는 죽이 되든 밥이 되든 일단 온 가족이 동시에 가서, 집을 같이 찾기로 의견을 쉽게 모았다. 그리하여 천방지축 어린아이 둘이 딸린 우리 가족은 이민 가방 네 덩이를 끌고 한꺼번에 멀고도 낯선 나라로 날아갔던 것이다. 꼴랑 일주일 동안만 빌린 한 칸짜리 방에 온 가족이 머물며 집을 구할 요량으로.

그렇다. 우리의 용감함은 철저한 무지에서 나온 것이었다. 나중에 부동산 중개사한테 들은 바에 의하면, 맘에 드는 집을 구하는 데 걸리는 시간은 보통 두 달 정도라고 한다. 혼자 사는 학생이 방 한 칸 구하는 일이라면 그보다 조금 더 빠를 수도 있겠지만, 그것도 어디까지나 극히 운이 좋은 경우지 늘 일어나는 일이 아니라고 했다. 하긴 맘에 드는 위치에 착한 가격에 참한 컨디션을 갖춘 방이 텅 빈 채로 '어서 오세요' 하며 항시 대기하고 있겠는가. 인기가 있는 만큼 먼저 살고 있는 사람이 떠날 때까지 기다려야 할 가능성이 높고, 일단 직접 가서 보고 결정하는 과정 자체가 절대적으로 시간이 필요한 일이다.

우리가 일주일간 머물기로 한 소위 단기 방은 플랫•이라 부르는 공동 주택의 제법 큰 방이었다. 영국살이에 익숙해진 어느 한국인이 침실이 여러 개인 아파트를 빌린 다음, 방 하나만 자기가 쓰고 나머지 방들은 다시 세를 놓는 그런 집이었다. 런던은 대도시답게 혼자 사는 사람이 많은데도, 원룸 같은 형식의 집은 놀라울 만큼 적다. 그래서 누군가 집 전체를 빌린 다음 셰어해서 사는 경우가 많다. 우리가 머문 방도 그런 방들 중 하나였다. 더블 침대 2개가 전시장의 전시물처럼 자유로운 각도로 부유하듯 놓여 있는 방. 방은 널찍하지만 부엌과 화장실은 공동으로 써야 하는, 애 딸린 가족에게는 결코 편안하지 않은 방이었다. 그나마 그런 방에라도 머물 수 있는

• **알아 두면 좋을 건축 상식** 영국은 우리나라식 고층 아파트를 플랫*Flat*이라 부른다.

기간은 고작 일주일. 그 안에 집을 구하지 못할 경우에 대한 플랜 비 따위는 우리에겐 없었다. 우리는 그렇게 비관적인 사람들이 아니니까.

런던에 도착하고 새로운 나라의 시간대에 따라 해가 졌다가 다시 뜬 다음 날, 나와 남편은 아이 둘을 유아차에 나란히 싣고 집을 구하기 위해 아침 일찍 길을 나섰다. 그리고 단 사흘 만에 알게 되었다. 일주일 안에 마음에 드는 집을 구하는 건 기적이 일어나지 않는 한 불가능한 일이라는 것을. 위치와 컨디션이 좋으면서 우리가 지불할 만한 월세를 받는 집 같은 건 애초에 존재하지 않았다. 그나마 가격이라도 맞으면 침실이 하나뿐인 집이었고 그런 집은 집주인이 4인 가족인 우리에게는 빌려주지 않으려 했다. 우리는 애들이랑 다 같이 한 방에서 자는 스타일이라고 아무리 어필해도 소용이 없었다. 그래서 우리는 하는 수 없이 원하는 지역에 대한 고집을 버리고, 나아가 교통의 편의성마저 과감히 포기한 채 전철역에서 저 멀리 떨어져 있는 곳도 마다하지 않고 범위를 마구 넓혀 더 많은 집을 구경했다. 가격 범위도 살짝 포기했다. 그럼에도 여전히 맘에 드는 집을 찾을 수가 없었다.

집에 대한 소박한 소망 세 가지

집을 구하는 일이 이다지도 어려운 일이었던가. 내가 뭐 대단한 집을 원하는 것도 아닌데. 난 그저 소박하기 그지없는 몇 가지 조건만 간신히 그러쥐고 있을 뿐이었다. 그 조촐한 조건이란 바닥이 나무로 마감된 집일 것, 거실이 남향일 것, 그리고 자동차 소리가 시끄럽지 않은 집일 것. 이게 다였다. 먹다가 흘리는 일이 일상인 두 아이들과 살아야 하므로 마룻바닥은 무엇보다 양보하기 어려운 조건이었다. 거기에 거실이 남쪽을 향하는 일도 대단히 호사스런 조건일 거라 생각하지 않았다. 한국의 집들은 거의 다 그러하니까. 엔진 소리가 하루종일 들리는 집도 사양이었다. 난 음악 소리보다 고요함을 더 사랑하기에. 그런데 사실 내가 바라는 그런 집은 영국에선 구하기 쉽지 않은 집이었다. 일단 첫 번째 조건부터 그랬다.

영국도 요즘에 짓는 집들은 우리나라처럼 바닥 난방 시스템을 갖춘 마룻바닥으로 바꿔 가고 있는 추세라고 한다. 그러나 안타깝게도 이 나라는 요즘에 짓는 집이 그다지 많지 않은 나라다. 해서 대부분의 집은 오래된 집이고 바닥은 옛날 방식대로 카펫이 기본 마감이다. 카펫이란 게 바닥에 깔려서 온갖 먼지는 내려앉는데도 다른 패브릭처럼 세탁기에 넣어 빨 수는 없으니 깔고 사는 동안은 제대로 청소하기가 쉽지 않다. 청소기로 먼지는 빨아들인다 해도 액체류는 닦아 내는 데 한계가 있는 것이다. 게다가 도톰한 단면은 벼룩이라든가 진드기처럼 좁쌀만 한 벌레가 살기 딱 좋은 환경이 아닌가. 이렇게 비위생적인 카펫을 왜 이렇게 많이 썼을까 싶지만, 건축이 늘 그렇듯 영국의 카펫 바닥에도 다 이유가 있다. 카펫이 마룻바닥보다 집을 훨씬 따뜻하게 하기 때문이다.

대부분의 영국 집들은 벽은 벽돌이지만 바닥과 지붕은 나무로 되어 있다. 근데 나무란 재료는 바람이 통하지 않으면 썩기 쉬운 녀석이다. 반드시 위아래로 공기가 통하게 해 줘야 하는 것이다. 그래서 영국 집들은 죄다 벽의 아래쪽에 어른 손바닥만 한 그릴 창이 있어, 나무로 된 바닥 아래로 공기가 드나들게 만든다. 달리 생각하면 영국의 집은 한겨울의 찬 바람이 창과 문뿐만 아니라 나무로 된 바닥의 틈새로도 사정없이 들어오는 셈이다. 그러니 집 바닥에 카펫을 깐다는 건 집에 털 코트를 입히는 것과 같다. 바깥의 찬 공기가 들어오는 것을 막고 집 안의 따뜻한 공기가 나가는 것도 막아 주니 집이 한결 따뜻해진다. 우리나라도 바닥을 마루로 만들지만, 우리는 바닥에 온수 파이프를 깔아 난방을 하기 때문에 영국처럼 마루 아래로 공기가 통하게 할 필요는 없다. 난방을 하는 기간 동안 나무를 충분히 말리기 때문이다. 그러나 우리나라도 난방을 하지 않는 마루는 영국처럼 바닥을 띄워 아래로도 공기가 통하게 만든다. 한옥의 대청마루가 그 대표적인 예라고 할 수 있겠다. 그래서 바닥이 마루로 된 영국 집은 한겨울의 대청마루마냥 춥다.

영국 집은 거실이 남향이 아니다?

두 번째 조건인 거실이 남향인 집도 찾기 만만치 않기는 마찬가지였다. 영국의 집들은 우리나라와는 다르게 남향에 대한 욕구가 전혀 없는 것처럼 보였다. 우리가 부동산으로부터 소개받은 집들은 거실이 자주 북쪽을 향해 있었고, 동쪽이나 서쪽을 향한 경우도 많았다. 거실을 어디에 두고 거실 창이 어디를 향하느냐는 순전히 도로와 마당이 어디에 있느냐에 따라 정해질 뿐, 방향하고는 상관없었다. 도로가 집의 남쪽에 있으면 남쪽에 현관을 두고 거실은 북쪽의 마당을 향해 창을 냈다. 우리나라의 집은 도로가 동서남북 어느 쪽에 있든 상관없이 거실은 기어이 남쪽을 향하게 만들고 마당도 되도록 남쪽에 둔다. 그래야 거실의 창으로 마당이 보이면서 볕이 계절에 따라 적절한 각도로 들어와, 겨울엔 따뜻하고 여름엔 시원하다고 생각하기 때문이다. 남향에 대한 선호는 우리나라에선 거의 종교에 가깝다고 표현해도 과언이 아닐 것이다. 한 나라에서는 과학에 근거한 종교적 지위를 가지고 있는 신념이 다른 나라에서는 이렇게 헌신짝처럼 아무것도 아닐 수도 있단 말인가. 그저 기후가 달라서일까? 여름이 더운 우리는 서향집을 극도로 싫어하지만, 영국에선 여름이 덥지 않고 쾌적해서인지 서향집을 좋은 집이라 생각하는 것만 봐도 그렇다. 아무튼 그래서 두 번째 조건을 갖춘 집을 찾는 것도 하늘의 별 따기였다. 그나마 그리 많지도 않은 남향집 중에 세 주려고 나와 있는 집은 거의 없었다.

세 번째 조건인 자동차 소리가 시끄럽지 않은 집은 그나마 역세권에서 멀어지는 방향이라 비교적 찾기 쉬웠다. 버스가 다니는 길가에 있는 집이 제법 있기는 했지만, 대부분의 길이 왕복 2차선 정도로 좁고 차가 많은 편이 아니어서 생각만큼 시끄럽지 않기도 했다.

소위 이사철이 지난 런던엔 빌려주려고 내놓은 집들이 많이 남아 있지도 않았다. "타이밍이 쪼오끔 늦었죠." 부동산 사람은 이야기했다. 떠날 사람은 진작에 떠나고 올 사람들은 애저녁에 와서 둥지를 틀고 새 학년을 시작할 준비를 마친 그런 시점이었다. 가뜩이나 집도 많지 않은데 마룻바닥이네 남향이네 조건을 따지고 있을 때도 아니었다. 어린아이 둘을 데리고 앞으로 얼마나 더 런던 시내를 전전하려고 나는 이다지도 망설이고 있단 말인가. 하루빨리 결단을 내려야 할 때였다. 우리는 당장 갈 곳이 필요했다. 짐을 풀고 밥 지을 부엌이 절실했다. 그런 절박한 상황임에도 불구하고 집을 선택하기 어려운 결정적인 이유는 또 있었다. 내 눈엔 영국의 집들이 당최 집 같아 보이지가 않았다.

거실이 집의 대장이 아니라니

내 직업은 건축가다. 직업상 좋든 싫든 집의 평면을 제법 많이 보아 왔다는 뜻이다. 유명한 건축가가 설계한 집부터 시작해서 전형적인 아파트 평면까지 온갖 종류의 평면들이 내 머릿속을 지나갔다. 뿐인가, 직접 설계한 집도 적지 않다. 학생 때부터 지금까지 그린 주택 평면만도 족히 몇십 개는 될 것이다. 그렇게 주택 평면을 많이 본 나인데, 나름 유연한 건축가의 뇌를 가지고 있다고 자부했던 나인데, 런던에서 만난 집들은 이게 과연 집인가 싶었다. 그동안 한국에서 보았던 집들은, 그래도 머리 다음엔 목이 나오고, 팔다리는 몸통에 붙어 있는 식으로 최소한의 기본 형식은 지키면서 소소하게 다를 뿐이었다. 그런데 런던에서 본 집들은 머리 다음에 갑자기 다리가 나오질 않나, 몸통 없이 팔과 다리가 서로 붙어 있지를 않나 완전 예측 불허였다. 아는 게 병인가? 아무튼 런던 집들은 다양하다는 말로는 그 표현이 정확하지도, 충분하지도 않았다. 내 기준으로 보자면, 한마디로 요상했다. 대체 왜 그런가 곰곰이 살펴보니, 답은 거실에 있었다.

영국 집에서 거실은 우리나라의 거실과는 뭐랄까, 신분이 달라 보였다. 우리나라의 거실이 극의 주인공이라면, 영국의 거실은 기껏해야 비중 있는 조연 정도의 느낌이었다. 우리나라 거실은 집 한가운데를 떡하니 차지하고서 집 전체를 장악한다. 그리고 마치 모든 길이 로마로 통하는 것처럼 모든 방은 다 거실로 통하게 되어 있다. 그러나 영국의 거실은 크기만 할 뿐, 다른 방들처럼 문이 달려 있다. 그 문조차 현관으로 들어가면 보이는 여러 개의 문들 중 하나일 뿐이다. 집으로 들어서자마자 너른 거실이 펼쳐지는 풍경에 익숙해져 있던 나는 문만 조르르 있는 갇힌 복도만 보이는 영국 집이 도무지 집처럼 보이지 않았다.

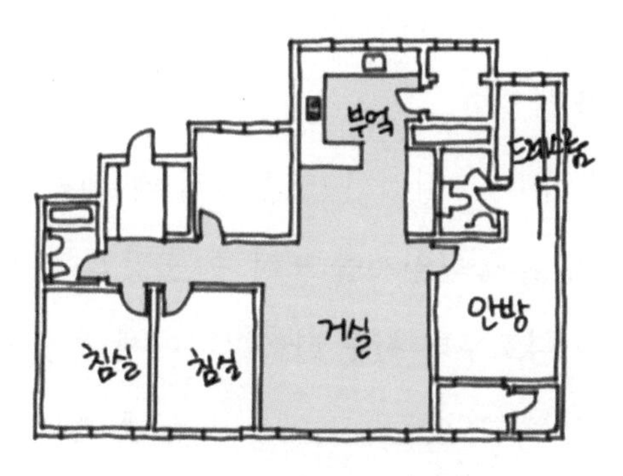

거실이 집의 중앙에 있으면서
모든 방과 연결되는 평면

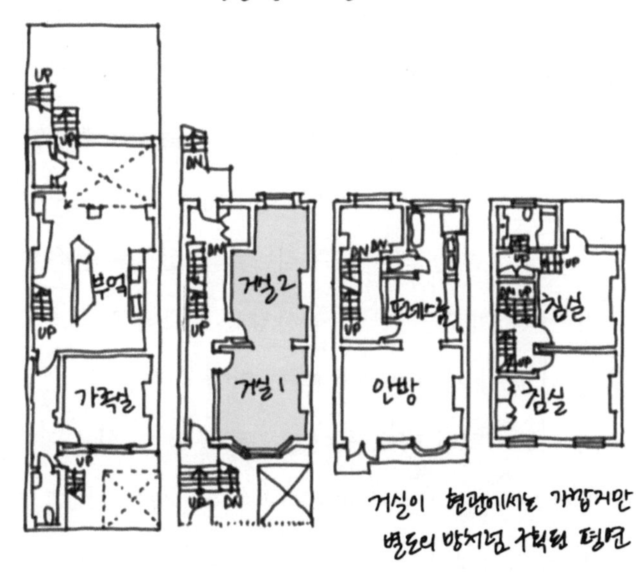

한국 집(위)과 영국 집(아래)의 거실 평면 차이

손님한테 보여 주기 위한 거실 vs 아무도 피해 갈 수 없는 거실

대체 왜 이렇게 거실의 형식이 다를까. 아마 우리나라 거실은 한옥의 마당과 대청마루가 합해져 실내가 된 공간이고, 영국의 거실은 손님을 대접하던 살롱, 즉 응접실의 형식으로부터 비롯되어서가 아닐까.

내가 어릴 적 읽고 또 읽었던《빨강머리 앤》에는 서양의 거실이 얼마나 특별한 공간인지를 보여 주는 장면이 나온다. 앤이 마릴라 아주머니로부터 친구 다이아나에게 응접실에서 차를 대접해도 된다는 허락을 받고 어른이 된 듯 뽐내며 거실에서 차 마시는 특별한 시간을 보내는 장면이 바로 그것이다. 일상적으로 먹고 마시는 공간인 우리나라의 거실과는 달리, 서양의 거실은 손님에게 보여 주려고 격식을 차려서 가끔씩 쓰는 공간인 것이다. 생각해 보니 우리 집에도 그런 공간이 있으면 참 좋겠다는 생각이 든다. 손님이 오면 딱 거기만 치우면 되니 얼마나 편하겠는가. 그러나 우리나라의 집 대부분은 그런 구조로 만들어지지 않는다. 또 동서양을 막론하고 최소 규모의 집은 그런 격식 차린 공간을 따로 만들 여력이 없다. 그러나 조금이라도 여력이 있으면 어떻게든 뽐낼 수 있는 공간을 만들려고 한다. 사람이란 자식 자랑뿐만 아니라 돈 자랑도 하고 싶어 하는 법이니까. 그런 공간이 우리나라에선 거실의 소위 아트 월이라면, 서양에선 손님용 거실인 것이다.

그제야 그 거실이 우리나라처럼 침실과 곧바로 연결되지 않고 복도를 통해서 연결되는 게 이해가 된다. 그래야 파자마 입고 머리 부스스한, 손님 맞을 준비가 안 된 딸내미가 손님이랑 마주칠 확률이 줄어들 테니까. 그러고 보면 오밤중에 애인을 만나러 몰래 나가기에는 영국 집이 훨씬, 매우, 상당히 좋은 구조라고 할 수 있는 것 같다. 거실이 집을 중앙에서 지배하는 구조에서는 거실을 지배하는 부모님의 눈길을 피할 방법은 없다.

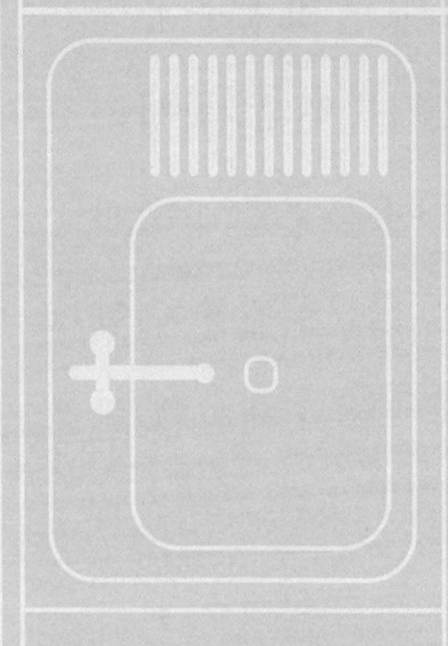

2장

내 집이 있다는 느낌은 어디에서 오는가

부엌

드디어 살 집을 정하다

짚신도 짝이 있는 것처럼 집에도 그런 인연이 있는 것일까? 우리는 집을 쉽게 정하지 못하고 세 살, 다섯 살 아이 둘과 유아차 두 대, 이민 가방 네 덩이를 질질 끌고 단기 방에서 유스 호스텔로, 또 유스 호스텔에서 민박집으로 숙박 시설을 전전했다. 그러다 마침내 어느 집을 우리의 스위트홈으로 낙점했다. 그 집이 맘에 쏙 들었다기보다는, 더 이상 어린애들이 있다는 이유만으로 눈치를 봐야 하는 비루한 떠돌이 생활을 계속할 수 없다는 절박함 속에서 내린 결정이었다.

우리가 선택한 집은 좋게 보자면 푸른 잔디가 드넓게 펼쳐지고 울타리 주변에 큰 나무가 여러 그루 서 있는, 한마디로 아름다운 마당이 있는 집이었다. 바닥은 털 한 가닥 없는 마루로 된 데다, 전철역에서 걸어갈 수 있는 거리였다. 유대인 동네라 비교적 치안이 좋은 점도 마음에 들었고, 마침 코앞에 자그마한 한국 슈퍼도 있어 한국 식품을 수급하기도 더없이 편리해 보였다. 단점이 있다면 북향이어서 거실에 1년 내내 해가 전혀 들지 않는다는 점과 가구들이며 집기가 촌스럽다는 점, 집세가 우리 예산보다 다소 비싸다는 점 등 몇 가지가 있었지만 그것들만 빼고는 절박한 상황 때문인지 상당히 괜찮은 집으로 보였다.

물론 몇 년을 살아 보고 나서야 그 너른 마당의 잔디가 비 오는 가을부터 쌀쌀한 날씨에도 무섭게 자라, 잔디 깎는 기계로 가을과 겨울 내내 물에 젖은 잔디와 힘겨운 씨름을 해야 한다는 점, 옆집 사람들은 눈으로 보고 즐기기만 하는 아름드리 나무들을 우리는 해마다 떨어진 낙엽 산을 모아다 버리느라 허리가 휜다는 점, 무엇보다 그토록 원했던 마룻바닥이 한여름에나 반가울 바람을 한겨울에도 실내로 들이는 괘씸한 장치라는 걸 알게 되었다. 그러나 처음 낯선 나라에서 집을 구하면서 어떻게 그런 디테일까지 미리 알아보고 걸러 낼 수 있겠는가. 아무튼 우리 가족은 그런 면에서 상당히 인간미가 넘치는 사람들이다.

그렇게 우리와 인연을 맺은 집은 런던 북서쪽 지역의 골더스그린이라는 동네에 있는 집이었다. 2층짜리 크지 않은 단독 건물을 세 세대가 나누어 쓰게 만든 집이었는데, 땅콩집처

골더스그린 집

럼 좌우로 한 번 쪼개고 그중 반쪽 하나를 1층과 2층으로 한 번 더 쪼개어 세 집으로 만든 것이다. 우리가 빌린 집은 그중 1층의 반쪽만 쓰는 집이라 우리만 오롯이 쓸 수 있는 마당이 있었다. 그야말로 한 지붕 세 가족인 셈이었지만 출입문이 서로 멀찍이 떨어져 있어서 이웃끼리 마주칠 일이 많지는 않았다. 윗집에 사는 인도계 노총각은 우편물이 잘못 배달되었을 때 가끔 접선을 하는 정도였는데 예의 바른 그이를 나랑 남편은 의사 양반이라 불렀다. 일부러 알아낸 것이 아니라 우편물에 쓰인 이름 앞에 닥터가 붙어 있어서였다. 물론 닥터가 의사만 있는 건 아니지만 아침 일찍 나갔다가 밤늦게 들어오는 것으로 보아 근무 시간이 긴 직업임은 분명했다. 물론 이것도 일부러 관찰한 건 아니고 바닥이 나무로 된 영국 집은 위층에서 걷기만 해도 나무판이 삐거덕거리는 소리가 아랫집에 들리기 때문에 알게 된 것이다. 그러고 보면 우리가 저 윗집이 아니고 여기 아랫집인 게 얼마나 다행인가. 옆에서 들어도 귀따가운 두 아이의 몸 장난 때문에 고통받는 아랫집이 없다는 게 너무나 안심이 되었다.

나만의 부엌이 생기다

그러나 내 집이 생기고 가장 좋았던 건 낯선 사람과 함께 쓰느라 눈치 볼 필요 없는 나만의 부엌이 생긴 것이었다. 짓밟

혔던 날개가 펼쳐진 기분이랄까. 나는 당장에 맵고 냄새 강한 한국 요리를 잔뜩 만들기 시작했다. 닭볶음탕이랑 김치찌개, 된장찌개 같은 한국의 소울 푸드들을. 참고로 우리 가족은 원래 매운 걸 좋아하진 않는다. 정확히 말하면 매운 음식을 잘 먹지도 못한다. 그런 우리인데도 영국에 와서 샌드위치며 파스타 같은 달고 느끼한 음식만 몇 주째 줄기차게 먹다 보니 매콤한 음식이 미치도록 먹고 싶었다. 놀랍게도 그건 어리디어린 우리 애들도 마찬가지였나 보다. 평소 같았으면 매워 보인다고 손도 안 댔을 빨갛게 만든 닭볶음탕을 얼마나 열광적으로 먹어 치우는지 지켜보다 놀라 나자빠질 지경이었다. 그뿐인가. 오랜만에 먹은 된장찌개는 하늘에서 두레박에 실려 내려온 음식임이 분명했다. 그 맵고 쿰쿰한 한국 음식들은 그동안 내 미각에 생긴 허전한 구멍들을 완벽히 메워 주었다.

아아, 이렇게 가족이 오붓이 모여 앉아 갓 지은 밥과 매콤한 한국 반찬을 남 눈치 보지 않으며 먹고 있자니 세상 부러울 것이 무어랴. 아무리 냄새가 나는 음식이라도 마음껏 요리할 수 있는 내 부엌이 있다는 건 이루 말할 수 없는 행복이었다. 이제야 비로소 떠돌이 생활을 끝내고 내 집이 생겼다는 실감이 났다. 우리만의 공간이 오로지 방과 화장실뿐이었던 그동안은 이런 기분이 들지 않았다.

집과 가족의 시작, 부엌

사실 내 부엌이 생기고 나서야 비로소 내 집이 생긴 기분이 든 건 집의 기원을 생각해 보면 당연한 일일지도 모른다. 선사 시대 집자리 유적의 중심엔 늘 불자리가 있었고, 그 불자리란 곧 부엌이었기 때문이다. 불이 없었으면 인간은 추워서 얼어 죽거나 짐승에 물려 죽었을 것이고 음식을 익혀 먹지도 못해 소화 불량이나 배탈에 시달려야 했을 것이다. 거기다 물이 아무리 생명을 유지하는 데 꼭 필요한 것이라 해도, 적어도 집 안에 모시고 산 역사에선 물보다 불이 훨씬 먼저였다. 설비로 물을 들여온 건 한참 나중이었다.

불자리를 중심으로 모여 사는 단위는 사회적으로도 의미가 있었다. 불자리를 함께 쓰며 같이 먹고 같이 자는 사람들, 그들이 곧 가족이라는 뜻이기 때문이다. 냄새가 나는 음식을 해 먹으면서도 눈치 볼 필요 없이 행복한 우리처럼. 그러니 부엌은 결국 가족이라는 단위를 결정하는 지표이기도 했던 셈이다.

부엌은 집의 중심 공간인 동시에 기능적으로 집에서 가장 복잡한 공간이기도 하다. 서로 만나면 골치 아픈 전기와 불과 물을 함께, 그것도 바로 옆에서 써야 하니까. 해서 부엌은 가장 정교하게 설계해야 하는 공간이고 바꿔 말하면 설계를 잘하기 가장 까다로운 공간이기도 하다. 자동차로 치자면 핵심 기능이 옹기종기 모여 있는 엔진 룸과 같다고 할 수 있을까.

그러나 엔진처럼 하나의 기계 안에서 모든 동작을 완벽히 통제할 수 있는 것이 아니라 각 동작 사이에 사람이 들어가서 작업하는 공간까지 만들어야 하기 때문에 훨씬 규모가 크고 변수도 많다. 게다가 불과 물 그리고 전기 모두 자칫 잘못 쓰면 집을 홀라당 태우거나 물바다로 만들 수 있는 꽤 위험한 물질이 아닌가. 때문에 사고 없이 안전하게 쓰려면 섬세한 디테일을 갖춘 설비가 필요하다. 물이든 불이든 들어와서 쓰이고 나가는 동안 서로 섞이지 않아야 하고 편하게 조절할 수도 있어야 한다. 그런 설비는 아무나 대충 뚝딱뚝딱 만들 수 있는 것이 아니라 기술과 장비가 있어야 하기 때문에 아무리 불편해도 공장에서 더 나은 제품이 나오길 기다려야 했다. 해서 변화의 속도는 더딘 편이었다.
아무리 한 템포씩 더디게 변해 왔다고는 해도, 선사 시대의 불자리를 생각하면 지금 부엌은 그야말로 눈부신 기술적 발전의 결정체라고 해도 과장이 아닐 것이다. 해서 더 이상 발전시킬 기술은 남아 있지 않은 것인지, 이제 전 세계 부엌 시스템은 어느 정도 상향 평준화가 되어 그 모습이 서로 엇비슷해졌다. 적어도 불과 물과 전기를 사용하는 기술에서는 확실히 그렇다. 우리 가족이 떠돌이 생활을 졸업하고 드디어 우리만의 부엌이 있는 집에서 살기 시작했을 때, 낯선 부엌에 대한 불편함이 별로 없이 신나게 요리할 수 있었던 건 런던 집의 부엌이 내게 익숙했던 우리나라의 부엌과 크게 다르지 않았기 때문이었다. 물론 건축가의 시각에서 봤을 땐 우리가 빌린 런던 집의 부엌은 동선도 이상하고 조리 공간은 협소한 데다 중앙엔 쓸데없는 빈 공간이 생기는 어벙하고 비효율적인 정사각형 평면의 부엌이었다. 그러나 적어도 싱크대 위 수도꼭지에서 물이 나오고 밸브를 돌리면 불이 나오는 가스레인지와 냉동실이 분리된 냉장고가 있었다. 그래서인지 부엌에서 요리하고 있으면 내가 한국이 아닌 다른 나라에 있다는 실감이 전혀 나지 않았다. 바꿔 말하면 더 이상 부엌의 모습만 가지고는 국적을 판별할 수는 없게 되었다는 뜻이다.

지금은 같아도 그때는 달랐다

그러나 현재 부엌의 모습이 비슷하다고 해서, 영국의 부엌과 우리나라의 부엌이 같은 길을 거쳐 지금의 모습에 이른 것은 아니다. 무엇보다 불을 사용하는 모습의 역사가 가장 달랐다. 알다시피 불에는 중요한 두 가지 기능이 있다. 하나는 집을 따뜻하게 하는 기능이고 다른 하나는 음식을 조리하는 기능이다. 움집에 살 때야 모닥불로 집도 데우고 음식도 조리했지만, 기술이 발달함에 따라 좀 더 편리하게 쓰려고 불 피우는 위치나 방법을 각각 달리하면서 불은 나눠지게 되었다. 근데 유독 우리나라만 그 분리가 상당히 나중에야 이루어졌다. 온돌이라는 난방 취사 통합 시스템이 있었기 때문이다. 온돌은 불의 열기가 방바닥 아래 만든 구멍 길을 가로지르며 지나가도록 그 구멍 입구에서 불을 피워 방바닥을 따뜻하게 만드는 시스템이다. 근데 (잔)머리 좋은 우리 조상들은 그 불이 불구멍으로 들어가기 직전에 불 위에 솥을 걸어 먼저 요리까지 할 수 있도록 효율 백배 멀티 시스템으로 만든 것이다. 다른 나라들은 안타깝게도 그런 일타쌍피의 시스템이 아니어서, 방을 따뜻하게 하는 불과 조리만을 위해서 피우는 불을 각각 다른 방식으로 피웠다. 그러면서 조리를 위한 불은 그 앞에 서서 요리하기 좋도록 방바닥에서 허리 높이로 들어 올렸던 것이다. 조리라는 행위가 재료를 가져다 다듬고 씻고 자르고 익히는 등 여러 종류의 동작을 연속적으로 해야 하기 때문에 좁은 공간 안에서도 움직이는 거리가 결코 짧지 않다. 부엌 안에서만 발바닥에 땀이 나게 일할 수 있다는 건 해 본 사람은 다 알 것이다. 그런 공간이기에 부엌을 효율적인 구조로 만들기 위한 노력은 상당히 오래전부터 있어 왔다. 부엌의 평면을 식재료 저장 > 세척 > 다듬기 > 조리 > 담기 등 일의 순서에 맞게 배치하기 위해 머리를 굴렸던 것이다. 배치에 따라 동선 길이가 어떻게 얼마나 달라지는지 비교도 했다(길이는 숫자니까 비교하기가 쉬웠다). 온돌이 아닌 방식으로 불을 쓰는 나라는 그래서 우리나라보다는 훨씬 먼저 부엌을 편리하게 만들 수 있었다.

사실 집에서 부엌만큼 개량, 개선이라는 명목으로 끊임없이 더 나은 시스템을 요구받은 공간은 많지 않을 것이다. 특히 새로운 기술이 개발될 때마다 더 그러했는데, 일하는 효율도 그렇지만, 위생 문제 때문에 더더욱 그랬다. 그냥 멋져 보인다든가 그런 이유가 아니라 건강, 효율 그런 이유를 들먹이면 아무도 토를 달 수 없는 법이다. 세상일은 뭐든 이전에 하지 않던 방식으로 바꾸려면 설득할 근거가 필요한데, 부엌을 둘러싼 위생, 효율에 관한 문제는 모두 숫자를 활용해서 제법 그럴듯한 이유를 엮을 수 있었다. 숫자는 왠지 논리적이고 정확해 보이기 때문에 사람을 무장해제시키는 힘이 있는 것이다. 해서 부엌은 점차 국경이나 문화라는 장벽마저 해체시키고서 작업 효율을 높일 수 있는 비슷한 모습을 갖게 되었다.

온돌 시스템에서 비롯된 우리 부엌의 현재 모습

그러나 우리나라는 온돌로 불만 효율적으로 사용했을 뿐, 부엌에서 일하는 사람이 일하는 방식은 전혀 효율적이지 못했다. 무엇보다 우리나라 재래식 부엌의 바닥은 집의 다른 공간과 달리 신발을 신고 들어가야 했으며 방바닥과 높이 차이가 있어 밥상을 나를 때는 부엌에서 신었던 신발을 벗으며 오르락내리락해야 했다. 뿐인가. 부엌 안에서도 부뚜막의 아궁이는 바닥에 있어 쭈그리고 앉아 불을 피워야 했다. 안 그래도 할 일이 많아 죽겠는데 그 와중에 쭈그리고 앉았다 일어서기까지 해야 한다니 그야말로 미칠 노릇이 아니겠는가. 그런데도 우리나라는 그놈의 효율적인 온돌 시스템 때문에 해방 이후 1960년대에 지어진 아파트에서조차 쭈그리고 앉아서 연탄불을 넣는 구조를 고수하고 있었다.[1] 그러다가 1970년대 후반이 되어 보일러에서 덥힌 뜨거운 물이 지나가는 파이프가 온돌 기능을 대신하게 되면서 난방용 불과 조리에 사용하는 불이 분리되었다.[2] 그제야 비로소 우리나라의 불도 서양처럼 바닥에서 들어 올려졌고, 부엌 바닥 또한 집의 다른 바닥과 같은 높이로 들어 올려졌다. 쓰고 보니 들어 올려진 게 부엌 바닥만은 아니었겠구나 싶다.

아무튼 그 과정에서 우리나라 부엌은 다른 나라와는 또 다른 공간적 변화를 겪었다. 그건 부엌 옆에 식사만을 위한 공간을 새로 만들게 된 것이다.[3] 재래식 부엌을 사용하던 우리나라 옛집에는 식당이 따로 없었다. 방에서 잠도 자고 밥도 먹는 시스템이었기 때문이다. 그런데 부엌을 비롯해서 생활을 편리하게 만들자는 개량의 물결과 함께 부엌에서 만든 음식을 멀리 옮기지 말고 부엌 바로 옆에서 먹을 수 있도록 식당이라는 공간을 만들게 된 것이다. 서양은 만찬이라는 문화가 있어 식사만을 위한 별도의 공간이 일찍부터 발달했다. 물론 요리하고 차리는 사람과 먹는 사람이 따로인 중산층 이상을 중심으로 한 문화이긴 했지만 말이다. 그런데 우리나라는 임금님도 식당을 따로 만들지 않고 잠자던 방에서 상을 받았으니 문

과거 한국(위)과 영국(아래)의 불 사용법 차이

화의 차이와 그로 인한 공간의 차이가 적지 않은 것이다. 아무튼 근대화와 함께 뒤늦게 겪게 된 그 변화의 과정 덕분에, 현대화된 우리나라의 식당은 부엌 바로 옆에 생겼고 자연스레 거실과도 하나로 이어지게 되었다.

거실과 부엌이 연결된 방식이
한국과 비슷해서 좋았던 런던 집

우리가 빌린 집은 그런 관점에서 봤을 때 영국 집으로서는 흔치 않은 구조를 가지고 있었다. 부엌이 식당 겸 거실과 바로 연결되어 있었기 때문이다. 사이에 슬라이딩 문이 하나 있기는 했지만 열어 두면 문이 없는 것처럼 느껴졌다. 처음 머문 집은 대부분의 영국 집이 그렇듯이 부엌도 거실도 모두 복도를 통해서 들어가도록 떨어져 있었다. 즉 부엌에서 거실로 가려면 부엌문을 열고 복도로 나가 거실 문을 열고 들어가야 하는 구조였다. 만찬 문화와 응접실 문화가 발달한 나라의 흔적이다. 그리고 집값 비싼 현대의 런던에선 그렇게 생긴 집이 낯선 사람들끼리 셰어, 즉 같이 공유해서 쓰기 효율적이라 인기가 많다. 좁은 복도와 화장실, 부엌을 빼고 거실까지도 나머지 공간을 죄다 개별적으로 빌려줄 수 있기 때문이다. 반면 우리나라의 거실처럼 프라이버시가 보장되지 않는 너른 공간은 누군가에게 다시 세를 받을 수 없으므로 런던처럼 방 한

칸 한 칸이 곧 돈인 도시에서는 인기가 없다. 물론 친한 친구들이나 한 가족이 집을 통째로 사용할 경우에는 그런 단점이 오히려 장점이 될 수 있다. 우리의 경우가 그랬다. 부엌과 거실이 하나로 연결되어 있어 내가 부엌에서 요리하는 동안 거실에서 노는 어린아이들을 볼 수 있다는 점이 더없이 좋았다. 그렇지 않았다면 우리 가족의 매일매일은 훨씬 피곤했을 것이다. 엄마라는 존재가 한시라도 보이지 않으면 불안해하는 우리 애들이 내가 있는 곳마다 졸졸 따라다니느라 거실과 부엌을 왔다 갔다 하면서 놀아야 했을 테고 그러면 애들도 나도 꽤나 고달팠을 것이다. 그리고 무엇보다 이런 집이 나에겐 더 집같이 느껴졌다. 한국 집의 구조와 더 비슷하기 때문이다. 살면서 보아 온 집에 대한 인상이 이토록 강력하다는 점이 놀라웠다. 물론 건축가이면서도 이런 사실을 몰랐다는 점이 더 놀라운 일이기도 했지만.

곰곰 되짚어 생각해 보니, 아이러니하게도 복도에서 거실을 거쳐야만 부엌으로 들어갈 수 있는 이런 구조 때문에 이 집이 오래도록 빌릴 사람을 찾지 못하고 남아 있었던 것 같다. 이 사철이 끝나 가자 조급해진 집주인이 집세를 낮춘 다음에야 연이 닿아 우리 집이 되었으니까. 역시 집도 사람도 인연 발인지도 모르겠다.

3장

신발을 어디서 벗을까

현관과 방바닥

문화의 차이가 별것이 아닐 수는 없다는 사실을 깨닫다

생각해 보면, 나는 문화의 차이라는 것을 상당히 얕잡아 보고 있었던 것 같기도 하다. 아무리 우리와 다른 문화라 해도, 이미 알고 있으면 받아들이기 어렵지 않을 것이라 생각했다. 집에 신발을 신고 들어가는 서양 문화가 그중 대표 선수라 할 수 있겠다. 어릴 적부터 텔레비전에서 하는 서양 영화를 보면서 예습을 했으니 특히 자신이 있었다. 실연의 충격에 제정신이 탈출한 주인공이 침대에 털퍼덕 쓰러지고 나면, 무려 침실인데도 아직까지 벗지 않은 신발이 발끝에서 대롱거리는 장면을 얼마나 여러 번 보았던가. 침대 시트와 신발이라는, 내 가치관으로는 절대 범접하지 말아야 할 두 물질이 저토록 가까운 거리에서 닿을락 말락 마주하고 있는 모습을 보는 것만으로도 나는 영화의 내용과는 상관없이 아찔한 기분이 들곤 했다. 그러나 그건 어디까지나 지금껏 살아온 문화에서 금기로 여기는 행동에 대한 소심한 충격일 뿐, 내 이성은 그들과의 다름을 기꺼이, 그리고 가뜬히 받아들일 수 있을 것이란 믿음이 있었다.

그런데 막상 그 '다름'을 맞닥뜨려 보니 내 잘난 이성의 예상과는 달리 결코, 전혀, 아무렇지 않지가 않았다. 그걸 처음 깨달은 건 런던에서 알게 된 이스라엘인 친구네서였다. 신발을 벗으려고 현관에서 엉거주춤 멈칫거리는 내게, 친구는 벗지 말고 얼른 들어오라며 성화였다. 마치 신발을 신고 집에 들어오게 하는 것이 당연히 대접해야 할 호의인 것처럼. 물론 친구도 이미 신발을 신고 거실 한가운데로 쑥 들어간 상태였다. 그러고 보니 다들 신발을 신고 돌아다니는 그 집에 나만 신발을 벗고 들어가는 것도 좀 우스운 것 같아 마지못해 신발을 신고 들어갔다. 그런데 마음이 어찌나 불편하던지 걸음걸음이 불경죄를 짓는 기분이었다. 신발 속의 발바닥마저 죄책감에 간질거리는 것 같기도 하고 따끔거리는 것 같기도 했다. 내 집도 아닌데, 누가 하지 말란 행동을 한 것도 아닌데 대체 왜 난 이렇게까지 고통스러운 것일까. 그날이 되어서야 나는, 낯선 문화를 받아들이는 일이 생각보다 결코 만만한 일이 아님을 처음 깨달았다.

몇 년 동안 런던에 살며 여러 친구네 집에 가 보니, 모든 집이 다 신발 존은 아니라는 것을 알게 되긴 했다. 특히 어린아이가 빨빨거리며 기어다니는 집이나 집 안을 더 깨끗하게 유지하고 싶어 하는 친구(어쩌면 신발을 벗고 집에 들어가는 동양 문화의 영향을 받은 친구)는 현관에서 신발을 벗고 실내화로 갈아신고 들어갔다. 그러나 거실 정도까지는 신발을 신고 들어가는 경우가 훨씬 더 많았다. 그리고 그런 문화적 차이는 당연히 건축 디테일로 드러났다.

집 안의 시작, 그리고 다름의 시작인 현관

그러고 보니, 주택의 현관은 문화적 차이를 가장 극명하게 드러내는 건축 공간인 것 같다. 집 밖에서 집 안으로 들어가면서 지나가는 공간일 뿐인데, 뭐가 그렇게 다를까 싶지만 그렇지가 않다. 적어도 한국과 일본의 현관과 영국의 현관은 몇 가지 점에서 크게 다르다. 그리고 그 차이는 집 안으로 신발을 신고 들어가는 문화냐, 아니면 현관에서 신발을 벗고 들어가는 문화냐에서 비롯된다.

크리스마스 시즌이 되면 왠지 한 번 더 보고 싶은 영화, 〈러브 액츄얼리〉를 기억하는가? 런던을 배경으로 한 그 영화에서 영국 수상으로 분한 배우 휴 그랜트가 좋아하는 여인의 집을 찾기 위해 길다란 스트리트(거리)에 면한 모든 집의 문을 차례차례 두드리는 장면이 나온다. 그걸 봐도 알 수 있지만, 영국의 집들은 하나같이 현관문이 집 안쪽으로 열린다. 반면 한국이나 일본의 집들은 그 반대다. 당신이 지금 살고 있는 집 현관문을 보라. 한국과 일본의 집은 100퍼센트 현관문이 집 바깥쪽으로 열린다. 현관 바닥에 신발을 벗어 두어야 하기 때문이다. 문이 안쪽으로 열리면 현관 바닥에 신발을 놔둘 수 없다. 내가 런던에서 살았던 집이 그랬다. 문이 열리는 회전 반경 안의 바닥에는 신발을 둘 수 없었다. 어쩌다 손님이 많이 와서 현관에 신발이 가득 차면 문이 열리지 않았다. 그래도 그 집은 현관 바닥과 거실 바닥 사이에 10센티 정도의 높이 차이는 있는 집이었다. 그런 높이 차이조차 없이 두툼한 매트가 안과 밖의 경계를 만드는 장치의 전부인 옛날 집들도 꽤 많았다.

나라와 문화를 불문하고 모든 건축에는 단차, 즉 땅과 건물 바닥 사이에 높이 차이가 있다. 건물을 주변의 땅바닥보다 높게 만드는 것인데, 그 이유는 건물 내부를 보호하기 위해서다. 비나 눈이 많이 왔을 때 건물 바닥이 높아야 안으로 물이 들어오는 걸 막을 수 있기 때문이다. 상업 건물처럼 신발을 벗지 않는 건물은 도로와 건물 사이에 빗물이 들어오는 걸 막기 위한 높이 차이 정도만 만들지만, 주택처럼 신발을 벗고 들어가는 건축에서는 건물 내부의 현관에 10센티 정도의 단을 한 번 더 만든다. 계단 한 단도 채 되지 않는 높이지만, 이 단이 있어야만 바깥의 먼지나 물이 한결 덜 들어온다. 이 단의 아래에서 신발을 벗기 때문이다. 그래서 현관에서 신발을 벗는 문화권에서 지어지는 주택의 현관은 신발을 벗지 않는 문화권의 주택 현관과는 다르게 생긴 것이다. 현관문 안에 신발을 놓을 수 있게 문이 집 밖을 향해 열리고 신발을 벗고 올라가는 단이 있으며 현관에 커다란 신발장이 놓인다. 최근에는 신발을 앉아서 편히 신고 벗기 위해 벤치를 두기도 한다.

땅바닥과 집 바닥의 높이 차이에 따라 달라지는 길바닥에 대한 인식

그런데 조금 더 생각해 보면 한국 주택 현관에 있는 단의 높이가 10센티 정도밖에 되지 않게 된 건 주택이 소위 근대화되고 난 이후부터이지, 그 이전의 주택인 한옥은 거실과 마당의 높이 차이가 훨씬 더 컸다. 한옥은 땅 위에 돌로 기단을 만들고, 그 기단 위에 다시 주춧돌을 놓고, 그 주춧돌 위에 나무로 기둥을 세워 집을 만드는 목구조 건축물이다. 그렇게 기둥을 여러 번 땅에서 들어 올린 높은 곳에 두는 이유는 짐작하다시피 물에 푹 젖으면 썩기 쉬운 나무의 성질 때문이다. 비가 좀 왔다고 그때마다 기둥이 잠기면 건물을 오래도록 튼튼하게 지탱할 수 없지 않겠는가. 그래서 주춧돌이 놓이는 기단은 높으면 높을수록 집의 내구성에는 좋다. 그러나 기단을 높게 만드는 것도 다 돈이라 가난한 서민의 초가집은 기단이 높지 않고, 재력 있는 양반집은 그보다는 높고, 궁궐은 웬만한 서민의 집 한 채 높이만큼 높았다. 물론 건물을 보호하려는 목적 외에도 위풍당당한 기세를 건축물로 과시하려는 목적도 없지는 않았겠지만 말이다. 그렇게 한옥은 규모 불문하고 기단 위로부터 끙 하고 힘을 주어 올라가도록 높게 만들어졌다. 올라가서도 다시 집에 들어가면서 신을 벗느라 툇마루에 앉기도 한다. 그때 쭈그린 자세라기보다는 의자에 걸터앉은 품새가 나오는 것을 보면 적어도 집바닥과 디딤돌 사이에만도

40센티의 높이 차이가 있다는 뜻이다. 땅과 집 안 사이에 그 정도 높이 차이가 나는 건축에 익숙한 사람은 현관에 높이 차이가 거의 없다시피 한 건축에 익숙한 사람과 집의 안과 밖에 대한 인식이 달라질 수밖에 없지 않을까?

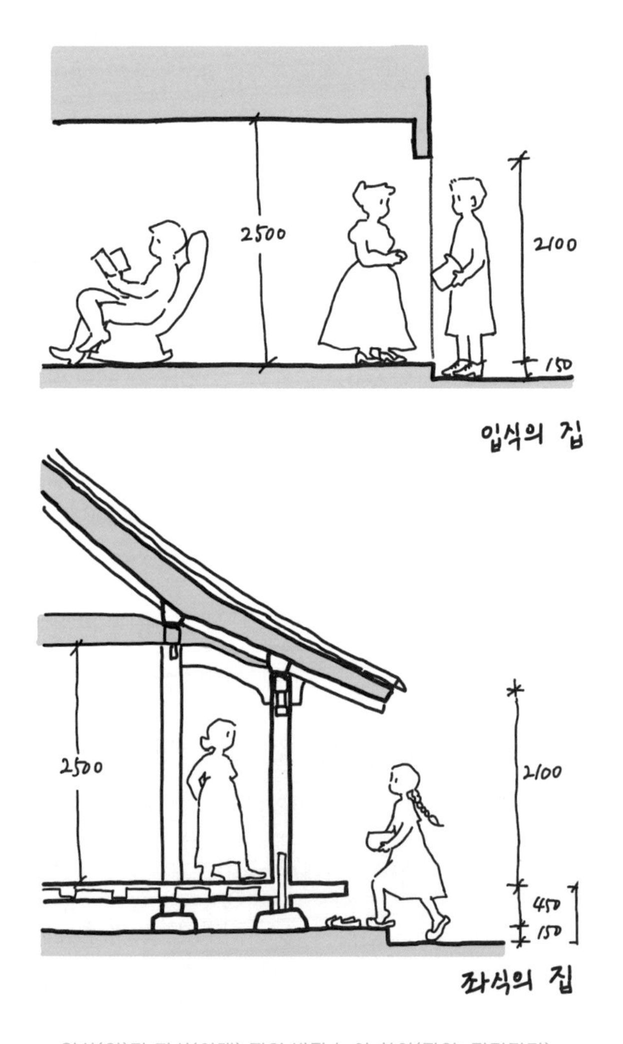

입식(위)과 좌식(아래) 집의 바닥 높이 차이(단위: 밀리미터)

내가 관찰한 바에 의하면 한국 사람에게 집 밖의 바닥이란 집 안의 그것과는 달리 매우 더러운 그 무엇임에 틀림없다. 반면, 영국 사람에게 집 밖의 바닥과 집 안의 바닥은 별반 차이가 없음이 분명하다. 그런 인식이 단적으로 나타나는 예가, 집 밖에서 가방을 내려놓는 방법이다. 한국 사람들은 집 밖에서는 '절대'라고 할 만큼 대부분 가방을 바닥에 내려놓지 않는다. 무릎에 올려놓거나, 선반에 올려놓거나, 사무실에서도 의자에 올려놓는다. 반면 영국 사람들은 지하철이고 술집이고 거리고 상관없이 신발 신고 돌아다니는 바닥에 가방을 내려놓길 조금도 주저하지 않는다. 흘린 맥주를 제대로 닦지 않아서 신발 바닥이 쩍쩍 달라붙는 펍의 바닥도 예외는 없다. 정말이지 저 정도면 집 밖 바닥의 청결도에 대한 신뢰가 대단하다 싶을 정도다. 그러니 밖에서 신던 신발을 신고도 집 안으로 거침없이 들어올 수 있는 것이 아닐까.

나는 이렇게 건축물에 나타나는 집 안과 밖의 물리적 높이 차이가, 문화적으로 심리적 거리감을 더 만들기도 혹은 덜 만들기도 하는 것이 아닐까 짐작한다. 집 고치는 사람이 내 집에 신발을 신고 들어와 저벅저벅 돌아다니는 모습을 보고 있노라면 그 신발에 내 몸이 짓밟히는 기분이 들지만, 어쩌겠는가. 그것이 그들의 문화이고 나는 지금 그 문화 속에 살고 있는 중이니까. 역시 다른 문화에서 산다는 것은 생각보다 만만한 일은 아니다.

일 보는 공간도 이토록 다르다니

화장실과 욕실

집에서 가장 은밀한 공간

음식을 만들고 먹는 일에 비한다면, 싸는 일은 행동 그 자체만 놓고 보면 상대적으로 상당히 단순한 일처럼 보인다. 사람 몸이 국적에 따라 구조가 달라지는 것도 아니고, 소변과 대변을 보는 포즈도 사람마다 달라 봤자 얼마나 다를 것인가. 게다가 배변이라는 행위는 팔다리를 휘두를 필요도, 왔다 갔다 돌아다니려고 해도 그럴 수도 없는 일이기에 행동 반경이 크지도 않다. 그래서 공간의 크기도 폭 1미터에 깊이 1.5미터 남짓의, 한 사람이 편히 들어가 앉을 수 있는 정도면 족하다. 그러나 그 작은 공간이 주는 감성이 나라마다 얼마나 다른지는 직접 겪어 보면 사뭇 놀라울 정도다.

사실 배설이라는 행위 자체는 단순할지 몰라도, 그를 둘러싼 심리적인 태도는 지극히 복잡하고 예민하다. 상상하기도 싫을 만큼 민망한 일들을 생각하게 해서 대단히 미안하지만, 만약 당신이 누군가와 성적으로 사랑을 나누는 순간과 똥을 누는 순간 중에서 절대로 남에게 들키기 싫은 순간을 하나만 골라야 한다면 당신은 어느 쪽을 선택하겠는가. 당신의 선택이 나와 다를 수도 있겠지만, 나는 차라리 사랑을 나누는 순간을 들킬지언정, 똥 누는 순간을 들키고 싶지는 않다고 하겠다. 물론 두 행위 모두 은밀해야 하기는 마찬가지다. 그러나 전자에는 성적 매력이라는 요소가 있는 반면, 후자는 위생상 치워 버려야 할 더러운 배설물이 남는다는 점에서 수치의 요소가 더해지기 때문이다. 사랑을 나누는 순간은 엿보고 싶어도, 배설하는 순간을 보고 싶어 할 사람은 없는 것이다.
게다가 사랑의 행위는 대개의 경우 두 사람이 해야 하지만, 배설은 혼자 하는 일이다. 어린아이나 환자처럼 도움이 필요한 사람은 혼자 화장실에 가기 힘들 수도 있지만, 대부분 배설의 시간은 철저히 혼자일 수밖에 없는 고독한 순간이다. 그렇게 기필코 감추고 싶은, 혼자만의 행위를 담는 정적인 공간이기에 화장실은 결국 집에서 가장 은밀한 장소가 될 숙명을 가지고 있다. 거기다 앞서 말한 것처럼 집에서 가장 작은, 좁은 공간이기도 하다. 그러나 크기가 작다고 해서 다른 공간보다 덜 중요하다고 말하기는 힘들다. 오히려 가장 예민하고, 가장 섬세하고, 가장 신경 쓰이는 장소가 바로 화장실이다.

작은 것까지 가장 유심히 보게 되는 곳, 화장실

나는 일종의 경외심 혹은 동경의 마음을 가지고 소문난 살림꾼들이 쓴 책들을 종종 찾아보곤 하는데, 가장 강렬하게 뇌리에 남았던 내용이 바로 집의 화장실에 대한 것이었다. 집에 손님을 초대하게 되면 다른 데는 대충 치우더라도 반드시 화장실만큼은 제일 꼼꼼히, 가장 정성 들여 치우고 꾸미라는 조언이 있었다. 화장실은 작고 기능적인 공간이지만, 손님이 혼자 조용히 앉아 있게 되는 공간이기에 아주 작은 것까지도 유심히 보게 된다는 것이다. 그러고 보니 나도 남의 집에 갔을 때 화장실을 가장 찬찬히 살폈던 일이 떠올랐다. 남의 살림을 샅샅이 뜯어보겠다는 의도가 있었던 건 아니었다. 그냥 화장실이라는 장소에서 하는 행위의 특성상 가만히 앉아 있을 수밖에 없는 데다, 좁은 공간이기에 상대적으로 정보의 양이 적다 보니 그 정보를 디테일까지 파고들게 된다. 예를 들면, 거실처럼 넓은 공간에서는 절대 보이지 않았을 바닥에 떨어진 머리카락이나 타일 사이에 낀 곰팡이, 혹은 거울 가장자리의 얼룩에 눈이 가고 마는 것이다. 그러니 화장실 청소가 얼마나 중요하겠는가. 그뿐 아니다. 화장실은 센스를 뽐낼 수 있는 공간이기도 하다. 여느 화장실에는 없는 소품인 작은 그림이나 인형이 놓여 있다든가, 아이 주먹만큼 작은 유리컵에 들꽃 한 송이가 꽂혀 있기만 해도 엄청나게 신선하고 따뜻한 느낌이 든다. 만약 그 그림이, 그 꽃이 집의 다른 장소에 있었다면 유심히 보기는커녕 지나치고 말았을 것이다. 작고 은밀한 공간이 갖는 위력은 그렇게 대단하다.

일본 작가인 다니자키 준이치로도 《그늘에 대하여》[4]라는 매혹적인 수필에서 화장실이라는 은밀한 공간에서 경험할 수 있는 온갖 미세한 감각들을 묘사하고 있다. 특히 일본 옛 건물의 화장실을 예찬하면서, 어두움과 공존하는 은은한 빛, 바닥에 닿게 낮게 깔린 창의 창살 틈으로 보이는 녹음, 그 사이로 들어오는 졸졸졸 물 흐르는 소리 등 모든 감각이 다른 공간보다 유독 더 섬세하게 느껴지는 화장실을 얼마나 공들여 만들었는지를 보여 준다. 그러고 보니 우리 집 화장실은 꾸밈이라곤 없이 너무 건조한 것이 아닌가 반성하게 된다.

물을 쓰는 공간을 설계하는 일

사실 물을 쓰는 공간은 건축가인 나에게는 설계하기 가장 까다롭게 느껴지는 공간이기도 하다. 물은 생명을 태어나게 하고 또 유지하게 하는 데 없어선 안 될 요소이지만 동시에 물건을 상하게도 하는 양면적인 성격을 가지고 있기 때문이다. 불이 났다가 꺼진 집에서는 다시 쓸 물건을 한두 개 찾을 수 있어도, 물에 잠겼던 집에서는 아무것도 건질 게 없다는 말이 있다. 그만큼 물이 가진 파괴력은 대단히 강력하다. 때문에 건축가는 생활 공간에서 물을 완벽히 통제하려고 노력한다. 물을 반드시 우리가 원하는 방식으로, 원하는 지점으로만 들어오게 한 다음, 사용하는 과정에서 다른 곳으로 넘치거나, 과하게 튀거나, 오랜 시간 고여 있거나, 적셔서는 안 될 세간을 적시지 않게 만든다. 그리고 그렇게 사용한 후에는 원하는 방향으로 깨끗하게 흘러 나가게 만든다. 그렇지 않으면 물은 오랜 시간 서서히 집을 상하게 만들기 때문이다. 근데 알다시피 물은 장난꾸러기 유령처럼 정해진 모습이 없이 계속 바뀌고 움직이고 쉽게 흩어지며 스며들기까지 한다. 그래서 물을 통제하기 위해서는 아주 섬세한 디테일이 필요하다. 물을 쓰는 공간은 마감재 아래에 방수를 하고, 물이 직접 닿는 표면은 흡수성이 적은 소재인 타일이나 돌, 도자기 등 특별한 재료를 쓰며, 물이 빠져나가는 구멍 쪽으로 물이 쪼르르 잘 흘러내려 가도록 바닥에 경사를 만든다. 그러면서 그 모든 디테일이 씻기 위해 벗은 살갗에 닿기 때문에 상처를 내지 않도록 매끄러워야 하는데, 발로 딛는 공간이면 과하게 미끄럽지도 않아야 한다. 수도꼭지의 모양에 따라 물이 나오는 각도와 목표 지점이 다 다르기 때문에 그 지점에 손이 편안히 들어가 씻을 수 있어야 하고 그때 필요 이상의 물보라를 만들지 않도록 세면대의 깊이와 크기도 알맞은 걸 골라야 한다. 집의 수명과 안전을 위해서 물은 되도록 적은 공간을 적시는 것이 좋다.

바닥에 배수구가 없는 건식 화장실의 좋은 점

남의 나라에 살아 보기 전에는 화장실과 욕실처럼 지극히 기능적인 공간은 나라마다 다를 게 별로 없을 것이라 생각했다. 앞에서 말했듯 싸고, 또 씻는 일이 문화마다 달라 봤자 얼마나 다르겠는가. 그런데 막상 살아 보니 지구 반대편의 영국은 물론이고 이웃나라 일본도 화장실과 욕실에서 물을 처리하는 방식부터 우리와 차이가 적지 않았다. 기능적으로 봤을 때 영국이나 일본의 화장실이 가장 크게 다른 점은 바닥에 물 빠지는 구멍이 없다는 것이다. 우리나라에서도 일부 만들기 시작한 그런 화장실을 소위 건식 화장실이라 부르는데, 청소할 때 물을 쫙쫙 뿌리면 안 되고 방 청소하듯 젖은 걸레로 닦아 내는 식으로 해야 한다. 사실 키 큰 남자나 칠칠치 못한 어린 남자아이가 서서 소변을 보게 되면 변기 위는 물론이고 변기 주변 바닥까지 소변이 튀는 경우가 많다. 어린애가 흘린 거라면 모를까, 다 큰 어른이 흘린 오줌 방울까지 닦아야 하는 화장실 청소는 여자인 나로서는 정말 짜증 나는 일이다. 결자해지라고, 흘린 사람이 닦고 치워야 마땅한 것 아니냔 말이다. 그러나 세상일이 어디 그렇게 돌아가던가. (하긴 담배꽁초를 길바닥에 버리는 사람이 누군가 그걸 주워 청소해야 한다는 사실까지 생각하지 않는 것처럼 소변을 흘리는 사람들도 누군가는 그걸 청소해야 한다는 사실을 그다지 신경 쓰지 않을 것임이 분명하다.) 그래서 나는 우리 집에 사는 남자들 모두에게 앉아서 소변을 보도록 행동 강령을 내림으로써 청소 스트레스에서 자유로워졌다.

나는 주택을 설계할 때 크지 않은 집이라 하더라도 변기만 있는 건식 화장실을 만들려고 하는 편이다. 정 공간에 여유가 없으면 욕조나 샤워 부스랑 변기를 같이 두기도 하지만, 그렇게 하더라도 물이 닿는 영역과 그렇지 않은 부분을 명확히 구분해서 변기 주변만은 건식으로 만든다. 물을 뿌려 청소하는 방식에 익숙한 사람은 젖은 걸레로 닦아 내는 건식 화장실이 과연 제대로 청소가 될까 불안해할 수도 있지만, 사실 사용하는 물의 양만 다를 뿐 깨끗하게 청소하기는 어렵지 않다. 오히려 물을 담뿍 뿌려서 청소를 하다 보면 물이 고여 있는 틈새가 생기기 마련이라 곰팡이나 여타 오염에 더 취약해 더 빨리 낡게 된다. 어느 집이든 방보다 화장실, 욕실이 제일 먼저 세월의 때를 입는 걸 보면 알 수 있는 사실이다. 그리고 알고 보면 건식 화장실을 사용하는 나라가 더 많다. 아마 지금까지 화장실을 습식으로 만들어 물을 뿌려 가며 변기를 청소하는 나라는 우리나라와 중국 정도가 아닐까 싶다. 모두 쭈그려 앉아서 볼일을 보는 변기를 아직까지도 사용하는 나라들이기도 하다(고속도로 휴게실에 빠짐없이 설치되어 있다. 그런 변기는 물을 뿌려 청소하는 게 훨씬 편하긴 하다).

영국, 일본의 화장실이 다 건식이기는 해도 대부분 바닥과 벽 일부는 타일로 마감하기 때문에 생각보다 청소가 어렵지 않다. 간혹 마루나 카펫으로 화장실 바닥을 마감하는 경우도 봤는데 흡수성이 있는 재질은 아무래도 청소하기 좋지는 않을 것이다. 특히 카펫 바닥은 나로서는 눈으로 보고도 믿기지 않을 만큼 경악스럽긴 했다. 대체 카펫의 오물은 어떻게 빨아낸단 말인가! 그건 영국 사람이나 일본 사람도 다 뻔히 아는 일일 텐데도 굳이 그렇게 만든 건 그만큼 화장실을 방처럼 생각하기 때문이 아닐까 싶다. 그래서인지 두 나라의 화장실은 그림 액자를 걸어 두거나, 인형이나 책을 줄줄이 놓아두는 등

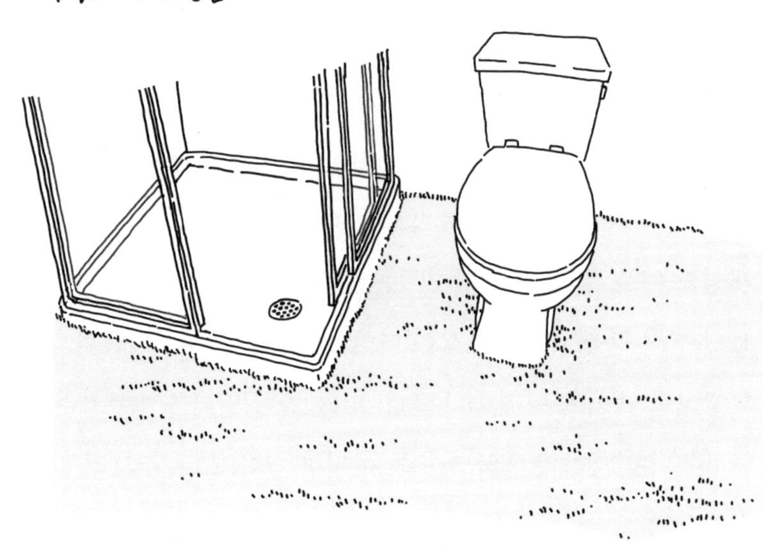

카펫이 깔린 화장실

방처럼 꾸며 놓는 경우가 많다. 심지어 벽 마감까지 벽지로 도배해서 그야말로 방에 들어간 듯 따스한 느낌이 든다. 물청소하다가 젖을까 봐 벌벌 떨며 꼭 필요한 플라스틱 물건만 놓아두는 우리나라의 화장실하고는 감성이 다르다고 할 수 있겠다.

몸을 씻는 공간의 구성에도 차이가 있다

그럼 씻는 공간은 어떨까. 씻는 일은 꼭 필요하긴 하지만 물을 묻히는 일이라 어쩔 수 없이 번거롭기도 한 일이다. 그래서 세면대처럼 몸의 일부만 씻는 공간과 몸 전체를 씻는 공간으로 나눠서 만든다. 물론 몸 전체를 씻는 일도 욕조 물에 몸을 담가 씻을 수도 있고 간단하게 샤워기로 물을 뿌리며 씻을 수도 있다. 더 따지고 들자면 샤워도 의자에 앉아서 하는 좌식 샤워와 서서 하는 입식 샤워로 다시 나눌 수 있기도 하다. 씻는 방식 역시 각 나라의 문화에 따라 선호하는 형식이 다르기 때문에 건축은 당연히 그 영향을 받는다.

목욕물에 몸을 풍덩 담가야 하루의 피로가 풀린다고 생각하는 일본 사람들은 넉넉한 살림이 아니어도 집에 반드시 욕조를 두는 편이다. 욕조는 잘 쓰지 않으니 필요 없다는 사람이 제법 많은 한국과는 그런 면에서 차이가 있다고 할 수 있겠다. 대체 일본 사람들은 왜 그렇게 목욕을 좋아하는 것일까 곰곰이 생각해 본 적이 있다. 기후 자체는 우리나라와 큰 차이가 없는데 목욕에 대한 필요성을 느끼는 정도가 그렇게 다르다니 신기한 일 아닌가. 누구나 할 수 있는 짐작이겠지만, 온천이 여기저기 많다 보니 목욕 문화가 발달했고, 그 영향으로 온천물이든 아니든 상관없이 목욕에 진심인 문화가 만들어진 것 같다. 그리고 그 진심은 일본인이 욕실을 만드는 방식에서도 드러난다. 일본은 목욕하는 공간 안에 변기를 함께 두지 않는다. 욕실에는 오로지 욕조만 두고 욕조 옆에 앉아서 샤워할 수 있는 공간을 둔다. 그야말로 목욕의, 목욕에 의한, 목욕만을 위한 공간으로 만드는 것이다. 그런 신성한 목욕 전용 공간에 지저분한 변기가 웬 말이겠는가 말이다. 변기만 놓인 화장실은 건식으로 따로 만드는데, 할 수만 있다면 욕실에서 멀찍이 떨어진 곳에 만든다. 아마 목욕하는 공간은 집주인만을 위한 공간이고 화장실은 손님도 사용하는 공간이라 그런 것 같기도 하다. 그래서 화장실은 조금 더 입구와 거실에 가까운 쪽에 둔다. 세면대는 화장실 밖에 두기도 하지만 손만 간신히 씻을 수 있는 미니 세면대를 안에 두기도 하고, 변기 자체가 세면대를 겸할 수 있게 만들어진 제품을 쓰기도 한다. 일본은 작은 공간을 효율적으로 쓰기로 둘째가라면 서러운 나라가 아닌가. 그러니 변기 탱크에 물이 들어가는 경로를 활용해서 미니 세면대로 만들어 쓸 생각까지 하는 것이다. 반면 한국은 일본에 그런 변기가 있다는 걸 알면서도 수입해서 쓰지도, 비슷하게 만들어 쓰지도 않는다. 아무래도 한국 사람들은 그렇게까지 공간을 쥐어짜서 쓰고 싶지는 않은 모양이다.

일본과 달리 한국과 영국은 화장실과 욕실이 결합하여 변기와 세면대와 목욕 공간이 한 공간 안에 다 들어가 있는 구성이 많은 편이다. 영국은 변기만 있는 화장실을 만드는 경우가 우리나라보다는 자주 있는데 그런 화장실은 어디까지나 모든 게 다 들어가 있는 욕실이 있을 때 보조 화장실 개념으로 만든다. 앞서 말했듯이 영국 화장실은 바닥에 물 빠지는 구멍이 없기 때문에 샤워는 욕조 안에 들어가서 하거나 깊이가 10센티 정도 되는 바닥만 있는 샤워 부스 제품을 사용한다.

옛날 배경 영화를 보면 욕실 한가운데 있는 욕조에서 거품 목욕을 하는 장면이 종종 나오는데, 그 물은 어떻게 버렸는지 궁금하다. 영화에는 목욕하는 장면만 나오지, 물을 채우고 빼는 장면은 잘 안 나와서 참 아쉽다. 무거운 욕조에서 물을 깨끗이 빼내는 건 채우는 일보다 훨씬 어려울 텐데. 그러고 보니 아궁이에 붙여 놓은 가마솥도 어떻게 설거지를 했을까 궁금해지긴 한다.

화장실 인심이 후한 나라와 박한 나라가 있다

우리가 빌린 영국 집은 침실이 2개뿐이었는데 화장실은 2개나 됐다. 같은 2개에 대해 이토록 다른 잣대로 평가하다니 어색해 보이려나? 그러나 그럴 만한 이유가 있다. 주택을 설계할 때 적절하다고 생각하는 화장실 개수는 침실과 그 기준이 달라서다. 보통 화장실은 침실의 개수보다 적게 만드는데, 신기하게도 그 기준이 나라마다 다른 것 같다. 화장실은 방에 비해 만드는 데 돈이 훨씬 많이 들어서 자금 사정을 고려해 개수를 결정한다. 화장실이 많으면 급할 때 참지 않아도 되니 편리하긴 하지만 그만큼 집의 나머지 공간이 좁아지고 화장실 청소도 더 많이 해야 한다. 그래서 나라에 상관없이 부잣집은 화장실을 많이 만든다. 침실마다 하나씩 딸려 있게 만들고도 거실이나 식당을 위해 따로 몇 개 더 만든다. 반면 가난한 집은 좁은 집에 여럿이 살다 보니 화장실 하나를 함께 쓰는 사람 수가 그만큼 늘어난다. 특별히 더 가난하고 설비가 빈약한 동네는 화장실이 한 집에 하나는 고사하고 골목에 하나만 있어서 여러 집이 같이 쓰기도 한다(요즘에는 드문 일이다).

아무튼 나는 침실 대비 화장실을 얼마나 많이 만드느냐를 화장실 인심이라 표현하는데, 우리나라는 침실 2개까지는 보통 화장실을 하나만 만든다. 방이 적어도 3개는 되어야 화장실을 하나 더 만들고, 방이 5개 정도로 늘어나도 2개에 그치는 경우가 많다. 물론 고급 주택의 경우 3개 이상이 되기도 한다. 그에 반해 일본의 경우는 방이 3개가 되어도 화장실을 하나만 두는 경우가 많다. 확실히 우리나라보다 화장실을 더 적게 만드는 것이다. 반면 영국이나 미국 등 서구 국가들은 침실이 2개뿐이어도 화장실을 2개 만드는 경우가 대부분이다. 일단 부부 침실에는 애들이 사용하는 화장실과 분리된 별도의 화장실이 있어야 한다고 생각해서인 것 같다. 그러고 보면 화장실 인심이란 프라이버시를 얼마나 중요하게 생각하느냐와 관계가 깊은 것 같다. 화장실은 곧 프라이버시니까 말이다.

집에 실외 공간이 얼마나 필요한가

마당과 발코니

주부로서 마당 있는 집에 살게 되다

마당 있는 집에 산다는 건 어떤 일일까. 부모님의 전언에 의하면 태어나자마자 살았던 내 생애 첫 집이 마당 있는 집이었다고 한다. 어릴 적 사진의 단골 배경으로 등장하는 그 집은 당시 집 장사들이 찍어 내듯이 지은 전형적인 보급형 단독 주택이었다. 옹색한 콘크리트 마당을 갖춘 자양동의 그 이층집에서 우리 부모님은 신혼의 첫 6년을 살았다. 그러다가 내가 유치원에 들어가기 직전 잠실의 고층 아파트로 이사해 동생이 대학에 들어갈 때까지 고층 아파트에서만 15년을 살았다. 그 이후로도 쭉 다세대 주택이나 아파트에서만 살았기에, 나는 실제로는 마당 있는 집에서 5년 정도 산 셈이지만 너무 어렸을 때라 그런지 기억은 거의 없다. 어린 시절에 놀던 실외 공간에 대한 첫 기억은 아파트 단지의 너른 잔디밭과, 자가용이 거의 없어 텅 빈 아파트 주차장에서 같은 동에 사는 아이들과 사방치기나 삼팔선 놀이를 하던 일이었다.

그런 내가 낯선 나라에 와서 마당 있는 집에 살게 된 것이다. 그것도 아이가 아닌 주부로서(아이와 주부는 처지가 완연히 다르니 반드시 콕 집어 강조할 필요가 있다). 그러고 보니 영국에 오면서 어떤 집에 살게 될까 생각해 본 적이 한 번도 없었다. 그냥 애들 키우기 좋고 위치가 편리했으면 좋겠다는 생각만 했을 뿐, 마당의 여부 같은 건 아예 조건의 범위 안에 들어오지도 않았다. 내가 만약 서울에서 잠시 살게 된 외국인의 처지라면 마당 있는 집에서 살게 될 가능성이 얼마나 될까. 아마 거의 없었을 것이다. 서울에서 주택에 면한 지상에는 아파트의 공동 정원이나 다세대의 주차장이 있을 뿐, 개인의 마당 있는 집은 매우 드물어서다. 그런데 런던은 그와 반대로, 2층짜리 작은 건물로 된, 마당 딸린 소규모 주택의 비율이 가장 높다. 시내 중심부에는 공동 주택 격인 플랫이 제법 있지만 중심부에서 조금만 떨어진 zone3(3존)만 되어도 공동 주택은 드문드문해지고 2층짜리 주택들이 쭉 늘어선 풍경이 펼쳐진다.●

마당 있는 집은 영국인들의 로망

그럼 영국엔 왜 그런 작은 주택들이 더 많을까. 아파트가 훨씬 살기 편하다고 우리나라는 여기도 저기도 다 아파트 천지인데. 영국엔 반대로 한국 같은 고층 아파트는 그야말로 눈을 씻고 찾아도 거의 없고 가끔 겨우 7~8층짜리 높지 않은 건물들만 있었다. 대도시에 이런 나지막한 집들 천지라니 나로서는 그야말로 낯설고 신기했다. 그러나 그런 의문은 영국 친구와 대화를 하면서 금방 풀렸다. 그건 바로 영국 사람들의 '이상적인 집, 갖고 싶은 집이란 바로 마당이 있는 집'이기 때문

● 런던은 조닝zoning이라는 개념을 사용해서 중심으로부터 먼 정도에 따라 구역zone(존)을 나눈 다음 대중교통의 요금을 매기는 기준으로 삼고 있다. 가장 중심이 1존이고 중앙에서 멀어질수록 숫자가 높아지는데 6존까지 있다.

이다. 뉴캐슬 출신의 활달한 친구 사라는 말했다. "작아도 좋으니까 나만의 마당이 딸린 집이 있었으면 좋겠어. 거기다 꽃도 심고 나무도 가꾸고 예쁜 정원으로 꾸며서 테이블 놓고 차도 마시고 바비큐도 하고 싶어." 만약 서울에 사는 친구라면 어땠을까. "애들 입시 치를 거 생각하면 대치동에서 너무 멀지 않은 동네에 있는 아파트 40평대● 정도면 좋겠어. 안 되면 30평대라도. 욕실은 그래도 2개는 되어야지."라고 말했을까. 그러고 보니 원하는 집에 대해 말할 때 어떻게 생겼는지가 아니라 어디에 있는 몇 평대의 집인지로 설명하는 문화에 내가 이미 익숙해져 있다는 걸 깨달았다. 우선 나부터도 런던에서 살 집을 생각할 때 그랬다. 애들 키우기 좋고(잠잘 방이 있고, 거실이 널찍하고), 위치가 편리했으면(역세권이길) 했으니까. 나조차 '어떤'이 아니라 '어디의 얼마짜리'라는 형용사로 설명하는 문화에 푹 젖어 있었던 것이다. 물론 남의 나라에 뜨내기 생활을 할 거면서 어떻게 생긴 집을 논할 처지가 못 될 거라는 자조적인 태도도 없진 않았지만 말이다.

하여간 영국이나 한국이나 다 사람 사는 곳이라 바라는 바도 거기서 거기일 것 같은데, 살고 싶은 집, 좋다고 생각하는 집에 대한 가치 기준이 나라마다 이토록 다르다니 신기하지 않

● 40평은 약 132제곱미터, 1평은 약 3.3제곱미터이다. 국가기술표준원은 면적을 말할 때 '평' 대신 법정 단위인 '제곱미터'를 쓰도록 권장하고 있으나, 평 단위도 널리 사용되므로 이 본문에서는 적절히 혼용해 썼다.

은가. 원하는 삶의 모습을 결정짓는 가치관은 알고 보면 마치 무색무취의 공기처럼 항상 우리 주변에 가득 차 있어서, 매일 들이마시면서도 그 맛도 냄새도 느낄 수 없었던 것일지도 모르겠다. 그러다가 이렇게 그 대기를 벗어나 멀리 떠나와서야 비로소 그만의 모습을 '인지'하게 되는 것이다. 그리고 당연한 이야기지만, 영국 사람들이 그렇게 마당 있는 집을 좋아한 덕분에 이 도시의 많은 부분이 개인의 마당이 있는 집들로 채워졌다. 덕분에 나 같은 뜨내기까지도 마당 있는 집에서 살 기회를 얻게 된 것이다.

마당 있는 집도 살림하기 나름

어렸을 적부터 나는 마당이 있는 단독 주택은 할 일이 너무 많아 힘들다고 손사래를 치던 엄마를 자주 봐 왔다. 해서 나는 단독 주택 라이프에 대해 기대하는 마음이 반, 두려운 마음이 반이었다. 과연 아파트와 어떻게 다르고 얼마나 힘들길래 엄마를 비롯한 대부분의 한국 주부들은 마당 있는 집을 버리고 기꺼이 아파트를 택했던 것일까. 다들 그럴 만한 이유가 있었겠지. 그러나 난 별로 겁나지 않았다. 어떤 집에 산다 해도 나름의 게으름과 적절한 요령으로 그다지 힘들지 않게 살아 낼 자신이 있었기 때문이다. 그런 마음가짐으로 5년 정도를 살았다.

확실히 일이 많기는 했다. 돈 없는 유학생 처지라 삼시 세끼를 집에서 만들어 먹어야 하는 집안일도 버거운데, 집 바깥의 일까지 해야 한다는 건 만만치 않았다. 게으름의 만렙형이어도 한두 달에 한 번은 잔디도 깎아 줘야 하고, 여름 지나 초겨울까지 나무처럼 높게 자라는 잡초도 베어 주어야 하고, 가을이면 사정없이 떨어진 나뭇잎도 긁어서 갖다 버려야 하는 일도 보통 일이 아니었다. 나무에 붙어 있을 때는 마당 너머 앞집이 전혀 보이지 않을 만큼 풍성한 볼륨의 이파리들이라 한두 번의 청소로는 치운 티도 나지 않았다. 게다가 키 작은 나무들도 처음 몇 년은 괜찮았지만 3년이 지나가자 둔한 내가 보기에도 뭔가 전문가의 손길이 필요하다 싶을 만큼 딱한 모습이 되어 갔다. 처음엔 당황스럽기도 하고 고민도 했지만 정원사의 힘을 빌리기로 마음먹자 그리 큰 문제가 아니었다. 옆집 정원에서 일하고 있는 나이 지긋한 정원사한테 수줍게 말을 걸어 우리 집 정원도 손 좀 봐 달라 부탁해서 해결했다. 없는 살림에 정원사한테까지 줘야 하는 돈이 아무것도 아닌 건 아니지만 1년에 한두 번이면 되니 그렇게까지 부담스럽지 않았다. 게다가 아파트에 살아도 다달이 관리비가 쏠쏠하게 나가지 않던가. 정원사에게 주는 돈은 한 달치 관리비도 되지 않았다.

그런 추가적인 정원 관리 비용이나 청소의 불편을 감수할 만큼 마당이 있는 집이 좋았냐 하면, 나는 좋았다. 언제든 부엌이나 거실에서 문만 열고 나가면 되는 곳에 편히 앉아 바깥 공기를 마실 수 있는 공간이 있다는 것이 좋았다. 공원과는 달리 다른 사람의 시선을 의식할 필요 없이 맘 편히 쓸 수 있어서 편안했다. 애들이 뛰어놀 수도 있고 언제든 소꿉장난을 할 수도 있어서 좋았다. 그 마당에서 우리 가족은 자주 밥도 먹고 차도 마시고 바비큐도 했다. 같은 밥이라도 정원에서 먹으면 더 맛있었다. 밥을 먹느라 입을 앙 벌릴 때마다 대도시 공기답지 않게 깨끗한 런던의 공기도 같이 입에 들어와서였을 것이다.

바비큐 때문에 부엌이 마당과 연결된 영국 집

부엌 이야기를 하면서, 설비 기술의 발달로 전 세계 부엌의 모습이 매우 비슷해졌다고 했었다. 이젠 부엌만 보고는 어느 나라의 부엌인지 구별하기 힘들다고. 그러나 부엌이 집의 어디와 연결되느냐의 문제에 대해서는 분명 차이점이 있는 것 같다. 영국의 경우 대부분의 집에서 부엌과 정원은 반드시 연결되어 있다. 지상층이 아니어서 정원이 없는 경우엔 발코니라도 만들어 테이블과 의자를 두고 실외에서 먹고 마실 수 있는 공간을 만든다. 영국 사람들이 그런 공간을 선호하기 때문인데, 무엇보다 바비큐를 할 수 있어서다. 해서 집을 팔 때도, 빌려줄 때도 부엌과 연결된 실외 공간이 있느냐는 중요한 세

일즈 포인트가 된다.

바비큐가 대체 뭐라고 다들 이토록 진심일까 싶지만, 영국인에게 바비큐란 그저 야외에서 고기를 구워 먹는 일이라고 표현하면 섭섭한 면이 있다. 굳이 우리나라에서 비슷한 형식을 찾자면 불판에 삼겹살 구워 먹으며 소주 한잔하는 시간 같은 거라고 할 수도 있겠지만, 영국인에게 바비큐는 분명 그 이상의 무언가다. 일상에 찍는 근사한 쉼표라고나 할까, 삶의 여유로움을 만끽하고 있다는 느낌을 주는 장치인 것이다. 내가 경험한 바로도 야외에서 살랑거리는 바람을 맞으며 하는 바비큐는 실내에서 삼겹살을 구워 먹을 때와는 확실히 다른 차원의 풍요로움을 느끼게 했다. 그래서였을까. 우리 가족도 영국에서 사는 동안은 셀 수 없이 많은 바비큐를 했다. 대부분

아이는 놀고 엄마 아빠는 바비큐 하며 쉬는 런던의 마당 풍경

의 물가가 미친 듯이 비싼 영국이지만, 유제품과 육류만큼은 한국보다 오히려 값이 저렴한 데다, 바비큐는 한국 음식에 비하면 요리라고 할 수도 없을 만큼 간단한 음식이어서다. 사다가 그저 굽기만 하면 되는데 그나마 굽는 일도 남편 시켜도 되니 주부로서는 고마운 끼니 해결법이다.

마당에서 먹는 일을 많이 하기 때문에 영국 집에선 부엌과 마당을 연결시킨다. 식재료와 도구, 접시 등을 나르는 동선이 길어질수록 불편하니까 그게 합리적이다. 그래서 아예 부엌에서 마당으로 바로 나갈 수 있도록 문을 따로 만드는 경우가 많았다. 우리가 살았던 영국 집도 그런 문이 있었고 바로 앞에 야외용 테이블이 있었다. 아마 우리나라였다면 그 자리에 테이블 대신 장독대가 있었을지도 모르겠다. 그런데 우리나

런던 집의 정원 풍경

라는 마당 있는 집이 거의 없어지고 대부분 아파트 같은 공동 주택에 살게 되면서 장독대는 다용도실이라는 실내 공간으로 바뀌었다. 이제 우리나라 집엔 더 이상 장독대도, 마당도 필요 없게 된 것일까.

우리나라 아파트엔 왜 실외 공간이 거의 없을까

'집에 실외 공간이 얼마나 필요한가'라는 물음에 이제 우리나라 사람들 대부분은 필요 없다고 대답할 것 같다. 실제로 그렇게 실외 공간 없이 살고 있기 때문이다. 그런데 아는가? 우리나라 인구의 절반이 살고 있는 모든 아파트에는 법적으로는 발코니라는 실외 공간이 외벽 따라 주르륵 붙어 있다는 것을? 발코니를 워낙 실내처럼 만들어 사용하다 보니 모르는 사람도 많겠지만, 원래 발코니의 정의는 "건축물의 내부와 외부를 연결하는 완충 공간으로서 전망이나 휴식 등의 목적으로 건축물 외벽에 접하여 부가적으로 설치되는 공간"● 이다. 즉, 실내 공간이 아니라는 뜻이다. 그러나 발코니를 원래 의미대로 사용하는 경우는 이제 거의 없다. 대부분 새시라는 유리 창호를 설치해서 또 하나의 실내 공간으로 만들거나 아예 지을 때부터 건물 내부와 발코니 사이에 있어야 할 벽을

● 건축법 시행령 제2조 제14호.

없애고 하나의 실내 공간으로 만들어 쓴다. 해서 발코니는 더 이상 실외 공간이 아니게 되었을뿐더러 우리나라 아파트에는 실외 공간이 하나도 남지 않게 되었다. 이렇게 된 데는 조금이라도 실내 공간을 넓게 쓰고 싶어 하는 거주자들의 욕망도 있지만, 우리나라 건축법이 주택에 대해서만 원칙을 어기고 실외 공간을 실내로 만들 수 있도록 편법을 허용했기 때문이기도 하다.

건축법에 의하면 모든 건물은 땅의 면적에 따라 지을 수 있는 최대 규모가 엄격히 정해져 있다. 그 규모의 기준은 층수나 볼륨으로도 정해 두었지만 바닥 면적으로도 정해진다. 그런데 발코니의 면적은 외벽에서 건물 안쪽으로의 깊이 1.5미터까지는 바닥 면적에서 제외해도 된다. 원래는 실외이기 때문이다. 그래서 그 발코니 면적만큼은 그 땅에 지을 수 있는 바닥 면적보다 더해서 지을 수 있고, 지어야 할 주차장의 주차 대수를 계산하는 바닥 면적에서도 뺄 수 있고, 소유에 대한 세금을 내지 않아도 된다. 그런 실외 공간인 발코니를 확장이라는 이름으로 실내와 연결해서, 그야말로 실내와 전혀 구분이 되지 않게 만들어 써도 된다고 허락한 법이 있다. 바로 발코니 확장법이다.● 해서 우리나라 대부분의 주택에서 발코니라는 공간은 서류상으로만 존재할 뿐, 실재로는 존재하지 않

● 발코니 등의 구조 변경 절차 및 설치 기준.

는 가짜 실외 공간이 되었다.*

발코니 확장법이 만든 밋밋한 아파트 외관

이런 편법적인 특혜 때문에 우리나라 공동 주택, 특히 아파트는 외관이 아주 밋밋해져 버렸다. 본디 발코니는 건축물의 내부와 외부 사이에서 건물에 입체적인 표정을 만들 수 있는 중요한 건축적 요소다. 뿐만 아니라 화재 시 피난을 위해 사용할 수 있는 안전한 대피 공간이기도 하다. 그런데 그런 공간이 싹 사라지고 발코니 확장으로 인해 평평한 외벽이 되니 건물의 겉모습이 납작코 얼굴처럼 답답해진 것이다. 그런 밋밋한 외관이 보기 좋지 않다고 느끼는 건 다들 마찬가지인지, 요즘에는 외벽에 칠하는 색상에 강한 대조를 사용한다. 마치 화장할 때 입체 화장을 하는 것처럼 수직으로 라인을 만들어 흰색과 검정색을 나란히 칠하고 가로로도 마치 그 중간의 볼륨을 가진 것처럼 회색을 칠하는 식으로 건물을 입체적으로 보이기 위한 노력을 한다. 그러나 아무리 해도 호박에 줄 긋기라는 느낌을 지우기는 힘들다. 게다가 요즘 짓는 아파트들은 20층이 거뜬히 넘어가는 고층이어서 그 밋밋한 느낌이 훨

* **알아 두면 좋을 건축 상식** 발코니와 함께 자주 쓰이는 용어로 베란다라는 것이 있다. 발코니는 거실 공간을 연장시키는 개념으로 건축물의 외부로 돌출되게 단 부분이고, 베란다는 아래층 면적이 넓고 위층 면적이 적을 때 아래층의 지붕 공간을 위층에서 활용하여 쓰는 것이다.

씬 더 강렬하다.

일본은 지진을 대비해 고층 아파트가 많지 않기도 하지만, 아파트를 만들더라도 발코니를 절대 실내 공간으로 확장해서 쓰지 않는다. 반드시 실외 공간으로 남겨 두고 유사시에 옆집으로도 피난할 수 있도록 옆집과의 경계 벽을 경량형으로 아주 가볍게 만든다. 중국도 마찬가지로 발코니가 있다. 중국은 우리나라처럼 고층 아파트의 대형 단지가 제법 많지만 그 외관은 우리나라 아파트에 비하면 건물마다 훨씬 입체적인 개성이 있다. 개인의 자유가 상당 부분 제한된 사회주의 국가임에도 건물의 모습만 보면 우리나라가 오히려 사회주의 국가 같다는 느낌이 든다. 적어도 아파트의 모습은 그렇다.

실외 공간이 정말 필요하지 않은 것일까

마당 있는 집에서 5년을 살고 온 이후로 나는 빌라인 한국 집의 발코니를 200퍼센트 활용하게 되었다. 마침 우리 집의 발코니는 새시를 하지 않은 진짜배기 실외 공간이라 거기다 캠핑용 의자랑 테이블을 놓고 가벼운 점심도 먹고 커피도 마신다. 물론 바비큐도 자주 한다. 1.5미터 폭의 공간도 이렇게 쏠쏠하게 쓸 수 있다는 걸 진작에 발견하지 못한 게 안타까울 뿐이다. 해서 언젠가는 다시 마당 있는 집에서 살고 싶다는 생각을 하고 있다.

그러나 집 하나가 차지할 수도 있는 땅에 수직으로 스무 채가 넘는 집을 쌓아 놓은 요즘 우리나라 아파트의 모습을 보면, 이제 왠지 나만의 마당이 있는 집을 갖는 일은 더더욱 사치스러운 일이 되어 버린 것 같기도 하다. 그러니, 집에 실외 공간이 필요한 것인가의 문제는 어쩌면 실외 공간을 정말로 원하는가의 문제와 다르지 않은 질문일지도 모르겠다. 영국 사람들은 바비큐를 할 수 있는 나만의 예쁜 정원을 간절히 원하기에 실외 공간이 꼭 필요하다고 느끼는 것이고, 우리는 그런 공간을 그다지 원하지 않기에 별로 필요하지 않다고 느끼게 된 것이 아닐까. 그리고 더 나아가, 이제는 실외 공간이 필요하지 않다고 생각하는 편이 더 마음 편한 시절이 된 것 같기도 하다.

런던을 배경으로 한 영화 〈러브 액츄얼리〉에서 직장 상사를 유혹하는 앙큼한 비서가 했던 말이 있다. 선물로 필요한 게 아니라 원하는 걸 받고 싶다고. 그러나 원하는 것과 필요한 것은 결국 같은 것일지도 모르겠다.

6장

기후의 차이를 보여 주는 바로미터

기후에 따라 달라지는 창의 디테일

영국 친구가 한국은 어느 계절이 가장 좋은지 내게 물어본 적이 있었다. 한국에 대해 관심이 생긴 외국인이라면 누구나 궁금해할 만한 단순한 질문인데도, 바로 답을 못 하고 잠시 고민에 빠졌다. 내가 좋아하는 계절이 무엇인지야 얼른 대답할 수 있지만, 한국의 기후를 경험해 본 적 없는 외국인에게 한국의 사계 중에서 어떤 계절이 제일 좋은지 알려 주는 것은 또 다른 문제니까. 결국 비교적 날씨가 온화한 봄이나 가을이 좋지만, 그중에서도 가을이 조금 더 좋다고 대답해 주었다. 봄은 화사하지만 변덕스럽고 매서울 때가 있으니 남한테 추천하기로는 가을이 무난해 보여서였다. 아무튼 한국은 추워서 꽁꽁 얼어붙게 만드는 겨울과 쪄 죽일 듯 무더운 여름 사이를 오가는 그 중간의 계절인 봄과 가을이 좋은 나라다.

반면 영국은, 여름만 제외하고 나머지 계절은 모조리 추운 나라다. 봄은 건조하면서 쌀쌀하고, 가을은 축축하면서 쌀쌀하다. 겨울은 기온이 아주 낮은 건 아닌데 습한 상태에서 추워서, 그 추위가 뼛속까지 스며드는 느낌이다. 6월 중순에 오들오들 떨다가 죄책감을 억누르며 보일러 스위치를 켤 때마다, 난 영국은 북유럽에 속해야 되는 나라가 아닐까 진지하게 생각하곤 했다. (북유럽보다 상대적으로 온화할지는 몰라도 아무튼 다른 유럽이랑 묶기엔 무리가 있는 나라임은 확실하다.) 그렇게 거의 1년 내내 추우니 춥지 않은 계절인 여름이 얼마나 귀하겠는

가. 게다가 영국의 여름은 그저 춥지 않은 계절이라 표현하기엔 섭섭할 정도로 근사하다. 우리나라의 여름과는 달리 전혀 덥지도 습하지도 않은 데다 햇빛마저 풍성해서, 칙칙한 나머지 계절을 지내느라 햇빛 부족으로 미치기 일보 직전인 영국인들에게 그야말로 축복과도 같은 계절이기 때문이다.

쾌적한 기온도 좋지만, 나로서는 영국의 여름이 제일, 가장, 못 견디게 부러웠던 점은, 바로 모기가 없다는 것이었다. 모기가 하나도 없는 건 아니다. 가끔 있긴 하다. 그러나 별 존재감이 없는 녀석들만 있어서 물려도 별로 가렵지도 않고 그렇다 보니 전혀 신경이 쓰이지 않는다. 모기뿐 아니라 영국엔 전반적으로 벌레가 별로 없다. 파리나 벌이 좀 있긴 하지만 모기처럼 극성스럽게 사람한테 달려드는 스타일은 아니라서 한결 덜 성가시다. 해서 영국 집의 창문에는 방충망이 없다. 방충망이 없는 창문이라니! 한국 같으면 집에 이런 창을 만드는 건 상상조차 할 수 없는, 건축가에겐 죄악에 가까운 일이다. 그런 직업병 때문인지 더더욱 방충망 없는 영국 집의 창에 적응이 되지 않았다. 며칠 머물다 갈 호텔도 아니고 1년 내내 살아가야 할 내 집의 창문인데 과연 괜찮을까 싶었다. 그런데 살아 보니 괜찮았다. 그리고 창을 열 때마다 내가 지금 한국이 아닌 다른 나라에 살고 있다는 걸 느끼곤 했다.

창 설계가 얼마나 골치 아픈지

한국에서 설계 일을 할 때부터 창과 문의 설계가 어렵다는 건 알고 있었다. 그런데 영국에 와서 보니 그 창과 문이 심지어 나라마다 너무나 다르게 생겼다는 걸 발견하고 또 허걱 놀랐다. 하긴 문화에 따라 그리고 무엇보다 기후에 따라 창과 문이 달라지는 건 당연한 일이다. 창과 문만큼 그 건물이 자리 잡은 지역의 기후를 예민하게 반영하는 재료도 또 없으니까. 사람이 쾌적하다고 느끼는 실내 온도는 기껏해야 22도에서 24도 사이인데, 집 밖의 날씨는 영하 20도부터 영상 40도까지 오르내리니 그야말로 대단한 범위가 아닌가. 절대적인 온도뿐만 아니라 습도와 바람, 내리는 비나 눈의 양까지 생각하면 창과 문이 감당해야 할 변수란 너무하다 싶을 정도다. 그래도 창과 문이 있어야 집이 집으로서의 역할을 할 수 있으니 피해 갈 수 없는 과제다.

그래서 설계를 잘하려는 건축가들이 창과 문을 설계하면서 얼마나 골머리를 썩는지 알면 다들 깜짝 놀랄 것이다. 그냥 열고 닫을 수 있으면 되는 창과 문이 뭐 별거인가 싶을 테니까. 근데 그게 그렇지가 않다. 어디에나 필요해서 어디에나 있는 것이 창과 문이지만, 흔하다고 해서 만들기 쉬운 건 절대 아니다. 오히려 기능에 딱 맞아떨어지게 만들기가 쉽지 않고, 그 와중에 보기 좋게 설계하기는 더더욱 힘들다.

먼저 이야기한 창의 방충망만 해도 그렇다. 창이 열리는 방식이 옆으로 미끄러져 열리는 슬라이딩이거나 집 안쪽 방향으로 열리는 방식이면, 방충망을 창틀에 고정하면 된다. 그러나 창이 집 바깥쪽으로 열리는 방식이면 창을 열고 닫기 위해서 방충망도 열었다 닫았다 할 수 있게 해야 한다. 방충망이 막고 있으면 창을 열 수 없기 때문이다. 물론 사람 손이 열지 않고 기계가 열면 괜찮지만 집 창문에 그렇게 돈 들여서 기계식 개폐 장치를 다는 경우는 거의 없다. 손이 닿지 않는, 지붕처럼 높은 곳에 있는 천창이라면 모를까. 해서 바깥 방향으로 열리는 창은 한국 집의 창으로는 그다지 적합하지 않다. 비록 잠깐이라도 방충망을 연 동안 벌레가 들어올 수 있고(우리나라의 극성스런 모기들은 충분히 그럴 수 있다) 무엇보다 창문을 열고 닫을 때마다 방충망까지 열고 닫다 보면 아무래도 방충망이 쉬이 고장 나기 때문이다. 방충망은 보통 롤 블라인드처럼 돌돌 말아 올리는 식으로 열고 닫는데, 소재 자체가 얇고 힘이 없다 보니 여러 번 열고 닫으면 쉽게 늘어지면서 탄력을 잃고 고장 나기 쉽다. 그래서 방충망은 고정식으로 설치하는 편이 내구성 면에서 가장 좋다.

집 안쪽으로 열리는 창은 방충망 외에도 나름의 장점과 단점이 있다. 장점은 환기 효율이 바깥쪽으로 열리는 창보다 훨씬 좋고 비가 올 때 창을 열어 두어도 창이 비를 맞지 않는다는 점이다. 대신 단점도 있는데, 창이 열리며 지나가는 실내 공간에는 물건을 둘 수 없다는 것이다. 해서 공간 효율 면에서는 슬라이딩 창호가 제일 좋긴 하다. 벽과 같은 방향으로 미끄러지기 때문에 실내 공간을 비워 둘 필요가 없는 것이다. 다만 창을 옆으로 밀고 나서 생긴 개구부가 환기에 충분한 크기가 되어야 하므로 창의 좌우 폭이 어느 정도 넉넉해야 한다. 해서 슬라이딩 창은 옆으로 긴 모양이 되고 창이 움직이는 부분과 움직이지 않는 부분으로 나뉘게 된다. 슬라이딩이 아닌 창은 그런 프레임 분할이 필요 없어서 모양이 간결해질 수 있다. 그러나 요즘 주로 사용하는 시스템 창호는 프레임이 두껍고 무거워서 설계하면서 고려해야 할 점이 많다. 창의 크기가 너무 작으면 프레임이 차지하고 남은 유리창이 손바닥 크기밖에 남지 않는 경우도 있고, 또 너무 커지면 창 자체가 무거워서 힌지가 창의 하중을 감당하지 못하고 처지기도 한다. 아무튼 창 설계는 쉬운 일이 아니다.

방충망 이야기만 줄기차게 했지만, 이렇게 별것 아닌 것 같아 보이는 부속품 하나까지도 창이 열리는 방식까지 좌지우지할 만큼 설계는 100만 가지를 고려해서 결정해야 하는 작업이다. 특히 창은 기능에 딱 맞게 설계하기가 제법 까다로워서, 당장 주변을 둘러보아도 크기가 너무 작아서 환기가 거의 안 되는 창부터 시작해서 뭔가 어색하거나 여닫기 불편한 창이 하나쯤은 있을 것이다. 나도 꽤나 꼼꼼하게 체크를 해 가며 설계를 하는데도, 프로젝트마다 적어도 하나쯤은 아쉬움이 남는 창이나 문이 생겨서 두고두고 생각이 난다.

나라마다 창 여는 방법도 다르다니

영국 집의 창은 방충망이 없는 것도 특이하지만, 한국에는 거의 없는 위나 아래로 밀어서 여는 슬라이딩 창이 많다는 것도 신기했다. 창의 모양이 옆으로 긴 것이 아니라 위아래로 길어서다. 그렇게 된 건 건물의 구조 방식 때문이다. 영국은 돌이나 벽돌을 한 장 한 장 쌓아 올려 만든 벽식 구조의 집이 많다. 그런 건물에 창을 만들려면 창 위의 벽이 무너져 내리지 않도록 지탱해 주는 인방이라는 부재가 필요하다. 뚱뚱한 막대기처럼 단순해 보이는 부재지만, 사실 꽤 많은 무게를 견뎌야 하기 때문에 기술이 발달하기 전에는 길이를 늘리기가 쉽지 않았다. 그래서 만들 수 있는 인방의 길이가 곧 창의 폭을 결정했었다. 창을 크게 만들고 싶은데 옆으로 늘리기 힘들면 위아래로라도 길게 만들어야 한다. 그래서 벽돌집의 창들은 위아래로 긴 경우가 많고, 그런 창은 좌우로 쪼개서 여는 것보다는 상하를 쪼개서 여는 것이 훨씬 더 편안하다.

반면 우리나라나 일본의 아주 오래된 집들은 창 폭을 넓게 만들기가 어렵지 않았다. 나무로 만든 기둥과 보가 구조 역할을 다하기 때문이다. 그래서 심지어 기둥과 기둥 사이를 다 창으로 만드는 경우도 많았다. 그렇게 창의 높이에 비해 폭이 더 넓다 보니 여닫는 방식도 좌우 슬라이딩 방식이 가장 많았다. 건물의 구조 방식에 따라 창의 모양이 달라지고, 창의 모양에 따라 여닫는 방식이 달라지는 것이다. 우리나라도 영국처럼

영국 벽돌집의 오르내리창

오래된 벽돌집에는 상하 슬라이딩 창이 있었지만, 옛집이 허물어지면서 대부분 없어졌다. 남아 있더라도 새로운 창호로 바꾸면서 우리나라에 흔한 방식으로 바뀌었다.
창은 열고 닫을 수 있게 만드는 과정에서 기술이 필요한 부재다. 그래서 새로운 형식이 손쉽게 생기기보다는 이미 그 사회에서 쓰이는 형식이 반복되기 마련이다. 숙련공들이 만들 수 있거나 제품으로 생산되어야 시공할 수 있기 때문이다. 어느 나라나 마찬가지다. 게다가 영국의 경우는 보존 지역에 있는 건물이나 역사적 가치가 있어 문화재로 지정된 건물의 옛 모습을 보존하기 위한 규제가 있다. 그래서 기술이 발달한 지금에도 옛 창의 모습을 유지하려고 현대식 상하 슬라이딩 시스템 창호를 개발해서 두루 쓰고 있다.● 우리나라에는 그런 방식이 거의 없는 것과는 대조적이다. 하긴 그런 노력도 없이 그 나라만의 경관을 어떻게 유지할 수 있겠는가. 그래서 런던은 지금도 주차 팻말만 뽑으면 말 타고 다니던 시절의 영화를 찍을 수 있는 도시인 것이다.

법으로도 규제하는 문의 설계

창과 비슷할 것 같지만, 문도 또 다른 방면으로 까다로운 녀석이다. 문은 창과는 달리 사람이 통과할 수 있게 만들어야 하기 때문이다. 창으로도 가끔 비공식적인 방문이 이루어지는 경우도 없진 않지만, 그런 상황은 일반적인 상황이 아니기 때문에 예외로 하자. 원칙적으로 창으로는 빛과 바람만 드나들어야 하기 때문에 유리처럼 빛이 통과하는 재료를 쓴다. 하지만 문은 프라이버시를 지키기 위해 불투명 재료로 만들 때

● 보존 지역Conservation area에 있는 건물들은 다소 융통성이 있어 창의 모습을 유지하기를 권고받는 편이나 문화재로 지정된 건물들Listed building은 등급에 따라 창호의 모양을 정확하게 유지해야 하거나, 바꾸더라도 사유를 내고 심의를 받아야 한다.

가 더 많다. 또한 창이 열리는 방향에 대한 법적 규제는 없는 반면 문은 일부 용도의 경우 열리는 방향에 대한 법적 규제가 있다. 다중이 모이는 시설이나 피난 통로로 쓰이는 직통 계단의 문은 반드시 피난 방향을 향해 열려야 한다.[•] 그래야 화재 등 응급 상황에서 사람들이 당황한 상태에서도 본능대로 문을 밀어서 열고 신속하게 대피할 수 있기 때문이다. 그리고 법에서 강제하지는 않지만 화장실의 문도 변기가 있는 쪽을 향해서 열리게 만드는 경우가 많다. 피난할 때만큼은 아니지만 화장실에 들어가는 사람도 나름 다급한 경우가 많기 때문에 밀고 들어가게 만든 것이다. 만약 문이 반대 방향 즉 바깥으로 열리면 볼일을 마친 사람이 나오면서 열리는 문에 화장실에 급히 들어가려는 사람이 부딪히는 불상사가 적지 않게 벌어질 것이다. 문을 만드는 재료를 유리처럼 투명한 재료로 하면 문 너머의 사람을 볼 수 있어 사고를 피할 수 있겠지만, 프라이버시를 지키기 위해서 만든 문이라 그럴 수도 없다. 해서 문이 열리는 방향의 설계를 통해서 사고를 방지하는 것이다.

영국 집에 살면서 한국 집의 문과 달라서 유난히 기억에 남은 몇 가지는 현관 편에서 이야기했듯이 현관문이 집 안쪽으로 열려서 벗어 놓은 신발 때문에 문이 잘 열리지 않았던 것 하

• 건축물의 피난, 방화 구조 등의 기준에 관한 규칙.

나랑, 거실의 문손잡이가 바닥에서 1.4미터 정도로 높이 달려 있어 애들이 화장실 갈 때마다 문을 열어 주느라 내가 항상 따라다녀야 했다는 것이다. 모든 영국 집의 문손잡이가 다 그렇게 높게 달려 있는 것도 아니고, 그 집도 침실은 그렇게 높게 달려 있지 않았는데 유독 거실만 그러했다. 아이들이 쉽게 열고 닫을 수 없게 해서 사고를 막기 위한 것이라고는 하는데, 아무리 그래도 그렇지 애들 화장실 갈 때마다 문 열고 쫓아갔다 오는 게 보통 성가신 일이 아니었다. 아이들 입장에서야 거실 문을 열고 나가서 복도를 지나 다시 화장실 문을 열어야 화장실에 갈 수 있는 여정이었으니 응당 엄마가 따라가 줘야 할 만한 머나먼 여로지만 나와 애들 둘이 화장실 가는 타이밍이 다 다르니 그야말로 바쁘기 그지없었다. 한국 집처럼 거실에서 화장실 문짝이 보였으면 싶었다.

창과 문은 어떻게 보면 모순적인 요구를 다 들어줘야 하는 매우 까다로운 부재다. 쉽게 열려서 편히 들락거릴 수 있어야 하면서도 일단 닫으면 물은 물론이고 공기도 쉽게 들어오지 않도록 기밀성도 갖춰야 한다. 안에서 밖을 볼 수 있게 만들어야 하면서도 동시에 밖에서 안을 들여다보는 건 막을 수 있는 차폐 기능도 있어야 한다. 빛과 바람이 다 들어오게 할 수 있어야 하지만 빛만 들어오고 바람은 못 들어오게 할 수도 있어야 하므로 투과성 재료이면서 원할 때만 열리게 만들어야 한다. 뿐인가. 얼마나 크게 만들지, 어떤 재료로 만들지, 어떤 모양으로 만들지도 그렇고, 여닫이로 할지 미닫이로 할지, 어느 방향으로 열리게 할지 등 어느 것 하나 허투루 정할 수가 없다. 천 가지를 고려해야 하고, 만 가지 가능성을 생각해서 디자인해야 한다. 창과 문 자체의 쓰임은 물론 공간의 쓰임에도 맞춤으로 설계해야 하니 작은 공간은 문을 어디에 두고 창을 어디에 뚫느냐에 따라서 방이 가구 하나 제대로 놓을 데가 없게 되기도 한다. 건축가로서는 이 모든 기능을 충족하면서도 보기에도 좋았으면 하니 설계가 더더욱 어려울 수밖에 없다.

건물을 설계하고 나면 공간의 크기는 바닥(평면)의 모양으로 결정되지만, 눈에 보이는 모습은 벽(입면)과 천장으로 드러난다는 사실을 알게 된다. 특히 벽에는 바깥세상을 내다보는 창이 있고 다른 공간으로 갈 수 있게 하는 문이 있기에 건물을 경험하는 사람에게 창과 문은 가장 와닿는 요소다. 그래서 자기가 설계한 건물을 보기 좋게 만들고 싶어 하는 건축가들일수록 창과 문의 설계에 신경을 쓴다. 이제는 인터넷이 발달하여 전 세계 온갖 근사한 집의 사진들을 앉은자리에서 한정 없이 찾아볼 수 있게 되었으니 건축가뿐만 아니라 건축주들도 원하는 바가 다양해질 수밖에 없다. 그러나 창과 문은 사진으로 본다고 쉽게 따라 만들 수 있는 것이 아니기에 나라마다의 특색이 여전히, 어느 정도는 남아 있을 수밖에 없다. 그러니 다른 나라에 갈 기회가 생기면 그 나라의 창과 문을 유심히 살펴보는 것도 꽤 재미있는 경험이 될 것이다.

7장

우리 집과 거리가
만나는 방식

앞마당과
쓰레기통

문 하나만 열면 들어갈 수 있는 영국 집

영국에서 마당 있는 집에 살게 되었을 때, 나무와 풀이 푸르게 자란 정원도 좋았지만 그에 못지않게 좋았던 건 집으로 들어가는 일이 아파트와는 비교도 할 수 없을 만큼 수월하다는 거였다. 길에서 단 몇 발자국만 걸어가면 현관문이고, 그 문을 열면 바로 집 안이라는 것. 그게 그렇게 편한 일인 줄은, 직접 살아 보기 전엔 몰랐다. 게다가 우리 집은 현관문 코앞에 주차를 할 수 있어 차에 아무리 무거운 물건을 싣고 와도 두어 걸음 만에 집 안에 던져 넣을 수 있었다. 나는 한국에서도 오래된 아파트 1층에서 잠깐 산 적이 있어서 1층 집이 편리하다는 건 이미 알고 있었다. 그런데 그때는 아파트 건물의 현관문을 열고 안으로 조금 더 걸어가야 내 집의 현관문이 나오므로 문을 두 번 열어야 집 안이었다. 우리나라 집들은 대부분 그렇다. 엘리베이터를 타야 한다면 거기에 통과해야 할 문이 하나 더 추가된다. 공동 주택이 아니라 단독 주택이어도 마찬가지다. 2개의 문을 지나야 하는 경우가 많다. 우리나라는 집 주위의 정원이나 마당을 쉽게 넘을 수 없을 만큼 키 큰 담장으로 두르고 대문을 항상 닫아 놓기 때문이다.

근데 영국 집은 정원 쪽에는 옆집 정원과의 경계를 표시하는 담장을 그 너머가 보이지 않을 만큼 높게 만들 때가 많은 반면, 도로 쪽으로는 담장을 아이 허리 높이 정도로 낮게 만든다. 그리고 그 담장을 문도 없이 그냥 중간에 툭 끊어 놓기도 하는데, 거기가 집으로 들어가는 출입구가 된다. 담장에 문이 달릴 때도 있지만 헐렁한 울타리 문이어서 쉽게 쓱 밀고 들어갈 수 있다. 영국의 우리 집도, 도로와의 경계에는 허벅지 높이보다 낮은 야트막한 담장이 있을 뿐 문이 없었다.

집과 집 앞의 작은 정원으로 이루어진 거리 풍경

조금씩 구성이 다르기는 해도 영국은 대부분의 집이 길에서 5미터 남짓 떨어져 있고, 담장이 없거나 있어도 아주 낮은 경우가 많아 거리를 향한 건물의 입면이 완연히 드러난다. 모양

영국 3존의 집 앞 모습

도 크기도 색깔도 손잡이 모양도 다 다른 현관문을 보는 것도 재밌지만, 문 옆의 창을 보는 건 더 재미있다. 다소곳이 가느다란 창살 사이마다 유리가 끼워져 있고, 유리창 안쪽으로는 흰 레이스 커튼이 드리워져 있다. 운이 좋으면 슬쩍 젖혀진 커튼 너머로 벽에 기대어 놓은 책장이나 안쪽의 정원으로 향한 창이 보이기도 한다. 물론 해가 환한 낮에는 집 안이 상대적으로 어둡기 때문에 안이 잘 보이지 않는다. 저녁에는 반대로 집 안이 밝아져 훤히 들여다보이겠다 싶지만, 커튼을 치면 집 안이 보이지 않게 할 수 있다. 그렇게 꽉 막힌 담장이 아니라 창이 있는 주택의 모습이 거리의 입면이 되는 것이 좋았다. 낮에는 그 앞의 정원에 핀 꽃과 나무가, 밤에는 그 창에서 새어 나오는 불빛이 거리의 풍경을 따뜻하게 만들어 주어서. 그래서 런던은 주택가를 걷는 일이 전혀 지루하지 않다.
집의 모습이 그대로 거리의 입면이 되는 것도 좋았지만, 집과 길 사이에 시각적으로 개방된 완충 공간이 있는 형식도 좋았다. 영국의 집들은 그 공간에 작게나마 정원을 꾸며 놓는 경우가 많아서, 거리의 모습이 한결 풍요롭고 예쁘다. 물론 모든 집에 잘 가꾼 정원이 있는 건 아니다. 부잣집엔 풍성하고 화려한 정원이 있는 반면, 우리 집처럼 정원을 돌볼 여유가 없는 집에는 정원이 아예 없는 경우도 적지 않다. 그러나 영국 사람들은 꽃과 가드닝을 정말 좋아하기에, 우리나라 같으면 껌이나 마른안주가 놓일 슈퍼마켓 계산대 근처에 계절에 따라 각기 다른 종류의 작은 꽃다발들이 놓여 있다. 양파나 식빵과 함께 장바구니에 실려 집으로 갈 운명의 꽃들이다. 그런 나라다 보니 정말 많은 집 앞마당에 소박하게라도 정원이 꾸며져 있다. 그렇게 집과 거리 사이의 완충 공간은 거리를 아름답게 만들 수 있는 공간이 되는 동시에 현관으로 들어가는 발걸음을 조심스럽게 만들기도 한다. 아, 물론 그런 완충 공간이 전혀 없는 집도 있다. 영화 〈노팅 힐〉에 나오는 휴 그랜트의 집이 그렇다. 포르토벨로 마켓 거리에 면한 그 집은 1층이 상가라 길에 바로 면해 있고, 그 건물 2층이 집이다. 그래서 현관문을 열자마자 플래시를 터트리며 사진을 찍어 대는 거리의 기자 군단을 맞이할 수 있었던 것이다.

오히려 안전한 길에 면한 현관

이렇게 영국 집들처럼 도로에서 현관문이 보이면 드나들기 편리하기도 하지만 의외로 더 안전하기도 하다. 우리는 집의 현관문 밖에 문이 하나 더 있으면 문이 한 겹이 아니라 두 겹이니 더 안전할 거라고 생각한다. 하지만 길에 면한 문을 누군가 일일이 확인하고 열어 주는 것이 아니라면 길에 면한 문과 내 집 문 사이의 공용 공간이 오히려 방범에 취약한 공간이 될 수도 있다. 그 공간에서는 누군가 범죄를 저지른다 해도 피해자의 비명이 밖으로 새어 나가지 않을 것이고, 지나가던 사람이 그 장면을 목격할 수도 없기 때문이다. 반면 영국 집들처럼 현관문이 길에서 보이는 곳에 있으면 문 앞에서 무슨 일이 일어나도 지나가는 사람이나 건너편 집에 사는 사람들이 쉽게 볼 수 있어서 도움을 받을 수 있는 가능성이 높아진다. 집과 길바닥 사이를 가르는 것이 달랑 문 한 짝이라는 것이 불안하고 어색할 수도 있지만, 문이 한 겹이든 두 겹이든 나와 내 가족만 열 수 있고 다른 사람은 열 수 없어야 되기는 마찬가지다. 쉽게 열 수 있는 문만 아니라면, 그 문을 열고 들어가는 모습이 길을 지나가는 사람에게도 보이는 편이 오히려 더 안전한 것이다. 우리는 CCTV를 설치했다고 안심하곤 하지만, 누군가 그걸 실시간으로 들여다보는 것도 아니고, 괴한한테 당하는 모습이 찍힌다 해도 CCTV에서 주먹이 날아가거나 사이렌이 울리는 것도 아니니 어디까지나 기록 장치일 뿐 안전 장치라고 보기는 어렵다. 결국 지나가는 누구라도 쉽게 볼 수 있는 공간으로 만드는 것이 안전할 수 있다.

집 앞은 집의 얼굴이다

사람이 집에 들어가는 것에 대해서만 이야기했지만, 집과 거리가 만나는 공간은 사람뿐 아니라 물건이 오가는 공간이기도 하다. 이렇게 말하면 느낌이 올지 모르겠으나, 사람의 신체에 빗대어 이야기하자면 집 앞은 집의 얼굴과 같은 공간이라고 할 수 있겠다. 얼굴은 눈, 코, 입처럼 굴곡이 많아 그 사람을 기억하게 하는 특징적인 정보가 오밀조밀 모여 있는 곳이다. 해서 우리는 사람을 다시 만나면 예전에 얼굴에서 읽었던 정보를 기억함으로써 그 사람을 알아본다. 몸이 차지하는 면적이 아무리 더 커도, 손 모양이나 다리의 윤곽선만으로 예전에 만났던 사람을 알아보는 건 지극히 어렵다. 집 앞은 그렇게 얼굴처럼 그 집을 기억하게 하는 부분이다. 남의 집 안은 어차피 들어가 볼 일이 거의 없고, 집을 하늘에서 내려다볼 수 있는 것도 아니니 길에서 보이는 모습이 결국 우리의 뇌리에 남는다.

게다가 눈이 바깥세상을 보듯이 집도 창을 통해 거리를 본다. 입으로 음식을 먹듯이 집도 현관문을 통해 시장에서 사 오거나 배달된 물건을 들인다. 또한 집에서 생긴 쓰레기를 내놓는 공간이기도 한데, 그건 입이 아니고 똥꼬여야 하지 않느냐고 따지면 좀 궁색해지긴 한다. 그래도 침이나 말도 뱉어 내는 것이니 비슷하다 하자. 아무튼 집 앞의 공간은 그렇게 여러 가지 면에서 중요하다. 얼굴이 그렇듯, 집도 도시와 소통하는 공간인 것이다.

나는 집 앞이라는 공간의 여러 가지 기능 중에서도 집에서 나온 쓰레기를 도시가 거둬 가는 기능을 잘 처리하도록 만드는 게 제일 중요하다고 생각해 왔다. 쓰레기는 지저분하지만 만들지 않을 도리가 없는 물건이다. 해서 어떻게 처리하느냐는 언제나 어렵고도 중요한 숙제가 될 수밖에 없다. 우리 몸이 건강하고 깨끗해지려면 잘 싸고 잘 씻어야 하듯, 우리의 일상도 위생적이고 우아하려면 쓰레기를 잘 버리고 잘 치워야 하는 것이다. 화장실의 오물은 지하의 관을 통해 집에서 빠져나가서 우리 눈에 보이지 않지만, 쓰레기는 보이는 공간을 통해 나가게 되니까 말이다.

쓰레기통이 있어야 집 앞과 거리가 깨끗해진다

우리 영국 집의 앞마당에는 사방 60센티에 높이가 1.2미터 정도 되는 바퀴 2개 달린 커다란 쓰레기통이 2개 있었다. 아, 정확하게 말하면 담장 안 정원에도 하나 더 있었으니 총 3개다. 그 쓰레기통들은 용도별로 색이 다른데, 앞마당에 있는 진한 회색은 일반 쓰레기통이고 녹색은 재활용 쓰레기통, 정원에 있는 갈색은 정원 청소에서 나오는 풀 같은 걸 버리는 가든 쓰레기통이다. 평소에는 내 집 앞마당 안에 두었던 그 통을 정해진 요일에는 길에 내놓아야만 그 안에 넣어 놓은 쓰레기를 수거해 간다. 차가 쓰레기를 수거해 가는 모습을 몇 번 본 적이 있다. 큰 트럭 뒤쪽에 2개의 팔 같은 게 달려 있는데, 트럭 뒤에 탄 사람이 쓰레기통을 그 팔에 끼우면, 기계가 통을 올려 쓰레기를 쏟아 내고 다시 내려놓는 식이었다. 사람의 팔로 무거운 쓰레기 봉지를 들어 올려 트럭에 실어야 하는 우리나라의 수거 방식에 비하면 한결 인간적으로 보였다. 그런 시스템을 만들려면 규격화된 쓰레기통이 필요하겠지만 쓰레기통이 대단히 비싼 물건은 아니니까 불가능할 것도 없는 것이다. 아무튼 그렇게 집집마다 쓰레기통이 있다.

우리나라는 집 앞에 쓰레기통이 없고 쓰레기를 비닐봉지에 넣어서 내놓으면 그 봉지를 수거해 가는 시스템이다. 평소에 쓰레기통이 자리를 차지하지 않는 건 좋을지도 모르겠지만, 봉지가 얇다 보니 길고양이나 까치가 슬쩍 헤집기만 해도 옆구리가 터지면서 쓰레기들이 쏟아져 나와 바람이라도 부는 날이면 온 거리에 흩어진다는 치명적인 단점이 있다. 이 시점에서 여름의 음식물 쓰레기봉투에서 나오는 오염수나 악취까지 떠올리면 더욱 고통스럽다. 물론 이건 주택가의 이야기고 아파트의 경우 지상 주차장 한 켠에 거대한 쓰레기 집하장이 있어 훨씬 낫긴 하다. 동네를 불문하고 쓰레기통은 반드시 제대로 있어야 한다.

일본에서 꽤나 합리적으로 보이는 쓰레기통을 본 적이 있다. 철망으로 장처럼 만든 쓰레기통이었는데, 그 안에 쓰레기봉투를 넣어 두면 수거해 가는 시스템이다. 간단한 고리가 있는 문은 사람은 쉽게 열어도 고양이나 까마귀는 열지 못하기 때문에 쓰레기가 온 사방에 흩어지는 일을 막을 수 있다. 게다가 날짜마다 수거해 가는 쓰레기 종류가 다르고 비닐 색상이 쓰레기 종류를 구분하기 때문에 쓰레기통도 여러 개일 필요가 없어서 집 앞이 훨씬 단순하면서 청결해질 수 있다는 장점이 있었다. 쓰레기를 안전하게 보관하는 장치는 깨끗한 거리를 위해서 반드시 있어야 하니 기왕이면 잘 만들 필요가 있는 것이다.

집이 길과 만나는 집 앞의 공간은 생각보다 집에 대해 많은 이야기를 들려준다. 해서 거리에 어떤 얼굴을 보여 주느냐는 그야말로 그 집의 마음, 그 집에 사는 사람들의 마음과 크게 다르지 않을지도 모르겠다.

2부

동네

집 안만 집이겠는가

8장

내 집 앞의 길은 안녕한가

동네의 길

길에서 보내는 시간은 짧지 않다

이제 집에서 밖으로 걸어 나갈 차례다.

집을 나서면 길이다. 길은 누구든 지나갈 수 있도록 비워 놓은 땅일 뿐이지만, 빈 땅이라고 무시할 데는 아니다. 사실 길은, 집과 직장을 빼면 우리가 인생에서 가장 긴 시간을 보내는 장소일지도 모른다.

누군가를 만나러 외출할 때를 떠올려 보라. 약속 장소까지 갔다가 돌아오는 데 걸리는 시간과 실제로 그 사람을 만나서 보낸 시간 중에 어느 시간이 더 길던가? 물론 그 사람을 만나서 보낸 시간이 더 길긴 하겠지만, 냉철하게 저울질을 해 보면 별 차이 없을 때도 적지 않다.

특히 살던 동네를 떠나 낯선 곳을 여행할 때면 더 그렇다. 알다시피 여행이란 새로운 무언가를 '보기' 위해서 어딘가로 가는 것이다. 근데 어디든 가려면 길을 통하지 않을 도리가 없다. 오직 길만이 낯선 동네를 지나가는 우리에게 허락된 장소이기 때문이다. 거기다 기왕 나선 김에 이것저것 더 보자 할라치면 길 위에서 보내는 시간이 점점 더 길어진다. 그렇게 길 위의 시간이 길어질수록 당연히 길에서 본 풍경도 많아지고, 때로는 목적지에서 본 풍경보다 더 기억에 남기도 한다.

인도를 여행할 때 나는 그랬다. 그 아름답다는 타지마할은 그저 사진이랑 똑같다는 느낌이었지만, 아침이면 기찻길 옆으로 펼쳐진 밭에 동네 사람들 여럿이 쭈그리고 앉아 막대기로 땅을 탁탁 치며 모닝 응가를 하는 모습은 기이한 동시에 보기 힘든 장관이었다. 결국 여행의 기억이란 너무 대단해서 남이 찍은 사진으로 이미 보았던 모습보다는 그렇게 예기치 않은 낯선 순간들이 더 강렬하게 남는 법이다. 도시의 지하철 선로에 들어갈 때 맡았던 퀴퀴한 냄새, 시장 골목에서 들려오던 낯선 발음의 고함 소리, 길거리에 울려 퍼지는 음악 소리, 좌판에서 파는 음식의 향신료 냄새, 달리는 버스 창밖으로 보이던 집에 널어 놓은 빨래가 바람에 펄럭이는 모습… 모두 다 길에서 만났던 풍경이다.

길은 일상이 만들어지는 장소이기도 하다

굳이 그렇게 집을 떠나지 않아도 우리가 길에서 보내는 시간은 적지 않다. 특히 내가 사는 집 앞의 길은 내가 가장 자주, 가장 많이 지나가야 하는 길이다. 이 집에 살고 있는 한 어딜 가든, 어디서 돌아오든 이 길을 지나지 않고는 집에 갈 수 없으니까. 그러고 보면 집 앞의 길은 내 집과 연결된 공간이라고도 할 수 있을 것 같다. 예전에 살았던 집에 대한 기억을 떠올릴 때도 언제나 그 집이 있던 동네의 분위기가 함께 떠오른다. 그리고 그 동네 분위기를 기억나게 하는 가장 중요한 공간도 바로 집 앞의 길이다.

그러니 길을 단순히 어딜 가기 위해 지나가는 공간이라고만

하긴 아깝다. 분명 그 이상의 역할을 할 때도 많기 때문이다. 거의 모든 집이 차를 가지게 되면서 골목길이 주차장이 되기 전에는, 주택가 골목길은 아이들의 놀이터이자 동네 사랑방이었다. 드라마 〈응답하라 1988〉을 보면 딱 그런 모습이 나온다. 집 앞 골목길에 내놓은 평상에서 엄마들은 이웃집 엄마와 함께 콩나물 꼬리를 떼고 멸치 똥을 빼며 수다를 떨었다. 아이들은 학교에 갔다 돌아오며 엄마 아빠뿐만 아니라 이웃집 어른들에게도 인사를 하고 잔소리를 듣기도 했다. 자기들끼리 놀기도 싸우기도 하고 연애도 하는 건 물론이다. 이쯤 되면 이런 공간은 길이라기보다는 그 길에 면한 집들의 공동 거실이라고 할 수 있을 것이다. 대문과 현관을 열고 들어가면 거실을 거쳐 방으로 들어가는 것처럼, 공동의 거실인 골목길에서 이웃과 만나 같이 일하고 먹고 이야기하다 대문을 열고 각자의 집으로 들어갔던 것이다.

동네에 사는 느낌을 만드는 집 앞의 길

이제 그렇게 골목길에서 아이들이 사방치기를 하고 이웃집으로 반찬 그릇을 나르던 시절은 지나갔다고 해도, 우리가 이웃을 만나는 장소가 집 앞의 동네 골목길인 건 변하지 않았다. 다만 이웃과 나누는 대화가 '안녕하세요'와 같이 지극히 형식적인 안부 인사에 그치게 되긴 했지만 말이다. 그래도 우리는 여전히 집 앞 길에 면한 편의점에서 종량제 봉투를 사고, 버스에서 내려 집으로 들어가는 길에 있는 치킨집에서 맥주를 마신다. 그래서 집 앞의 길에 어떤 건물이 있는지, 어떤 가게들이 있는지, 길이 좁은지 넓은지 혹은 가파른지 완만한지, 나무가 있는지 개천이 있는지 등등이 중요해진다. 그에 따라 집으로 가는 길의 느낌이 달라지기 때문이다. 봄이면 냉이나 쑥이, 가을이면 홍시며 배추가 좌판에 나와 있는 재래시장을 지나 집으로 가는 느낌과, 자동차 번호판을 가리기 위해 가지런히 가위질한 비닐을 두른 모텔촌 주차장 옆을 지나 집으로 가는 느낌은 다를 수밖에 없다. 길이 결국 그 동네에 사는 느낌을 만드는 것이다.

나는 막다른 골목길 끝에 고등학교 정문이 있는 과천의 동네에 산 적이 있다. 그 시절의 경험은 아주 특이했다. 아침에 출근할 때는 등교하는 아이들과 마주치고, 퇴근할 때는 하교하는 아이들과 마주치는 건 좋았다. 학생들은 풋풋하니까. 그런데 밤 열 시에 하교하는 아이들을 다시 학원으로 실어 나르려고, 운동장에 주차되어 있던 대형 버스 군단이 일시에 줄지어 나오면서 골목길을 꽉 막은 진풍경이 펼쳐질 땐 좀 무서웠다. 하루 중에 딱 그때뿐이긴 했지만, 그 장면이 그 집에 살 때의 다른 경험을 압도할 정도로 강력했다. 물론 밤 열 시까지 야간 자율 학습을 하고도 다시 학원으로 가야 하는 학생들의 처지가 더 무섭긴 했지만.

사실 집 앞 골목길에 대한 기억 중에서 가장 강력한 한 방은 따로 있다. 아무래도 집 앞의 길이 내 인생이라는 영화에 가장 자주 등장하는 단골 무대이기 때문일 것이다. 분명 나만 그런 건 아닐 것 같은데. (혹시 첫 키스를 집 앞 골목길에서 한 사람이 저뿐인가요?) 첫 키스는 이미 했지만, 그래도 이사 갈 집을 보러 다닐 때면 집으로 가는 길을 집 못지않게 유심히 살피게 된다. 어디에서 살든 집 안에서만 지낼 수는 없는 노릇이므로. 사실 동네는 집만큼이나 중요하다. 애들이 학교도 다녀야 하고, 나는 시장도 봐야 하고, 온 가족이 밥도 먹으러 나가야 하니 말이다. 결국 길에서의 경험이 그 동네에 사는 느낌을 만드는 것이고, 그 느낌은 그 집에서 살던 기억과 하나로 이어지는 걸 생각하면 동네의 길은 집과 떼어서 생각할 수 없다.

런던의 동네 길

영국에서 우리가 살던 동네는 런던 북서쪽에 있는 골더스그린이라는 지역이었다. 골더스그린이라니, 물색없이 좋아 보이는 건 어울리건 말건 다 갖다 붙인 촌스런 이름이 아닌가. 그래도 난 그 동네가 비교적 마음에 들었다. 부자 동네에 비해 가로수가 빈약해 살짝 삭막한 분위기이긴 해도, 2존이 끝나고 3존이 시작되는 동네여서 건물의 층수가 낮아지고 건물 사이 틈도 많아져 느슨해진 분위기가 싫지 않았다. 반면 거리를 오가는 사람들의 분위기는 다소 엄숙한 편이었는데, 골수파 유대인들이 많이 모여 사는 동네여서 그랬던 것 같다. 시장통 백반 배달에나 쓸 거대한 원형 쟁반 같은 검정 모자에 발목까지 내려오는 긴 검정 옷을 입은 사람들이 떼를 지어 몰려다녀서 절로 긴장감 있는 분위기가 조성되는 동네였다. 한번은 영국 친구가 우리 집에 놀러 오는 길에 먼저 맥주를 한잔하고 오려고 펍을 찾았는데 없어서 못 마시고 왔다며, 어떻게 영국에 펍이 없는 동네가 있는지 기가 막혀 한 적이 있었다. 그러고 보니 골더스그린 하이 스트리트[●]엔 기증받은 중고 물품을 파는 가게나 과일이랑 채소 같은 식료품을 파는 가게만 줄지어 있을 뿐, 술집은 없는 것 같았다. 확실히 절제된 분위기의 동네인 것이다. 좀 지루할 수는 있어도, 아이들을 키우기에 이만한 데가 없을 것 같았다.

우리 집은 골더스그린 하이 스트리트의 한 켠 안쪽의 길에 면해 있었다. 런던에서 흔히 볼 수 있는 평범한 주택가의 길이었다. 노선버스가 다니지 않는 가장 한적한 위계의 길. 그러나 아무리 한적한 길이라 해도 우리나라 골목길에 비하면 한강처럼 넓었다. 차가 양방향으로 지나갈 수 있는 폭 4미터 정도의 차도에 그 양옆으로 도로와 나란히 주차 구획과 보행자

● *High street.* 동네마다 있는 중심 번화가를 말한다.

를 위한 보도까지 있어서다.

우리는 흔히 차도만 도로라고 생각하기 쉬운데, 사실 도로는 차도와 보도를 모두 합한 개념이다.* 그래서 보도까지 합한 런던의 골목길은 폭이 12미터나 된다. 우리나라의 골목길이 보통 6미터 남짓인 데 비하면, 거의 2배나 되는 너비다. 거기다가 런던은 도로와 집의 경계인 담장이 무릎 정도로 낮아서, 집 앞마당까지도 길의 일부처럼 느껴진다.

너비도 너비지만, 영국 골목길이 우리나라 골목길과 결정적으로 다른 건 길을 걸을 때 느껴지는 편안함, 안정감이었다. 그 느낌의 근원은 길의 너비나 건물의 모양, 길바닥의 재료 같은 데서 오는 것이 아니었다. 그저 차가 사람에게 덤빌 수 없는, 그래서 보행자를 차로부터 안전하게 보호해 줄 수 있는 널찍한 보도에서 오는 것이었다. 런던은 정말 어느 길에나 빠짐없이 보도가 있다. 아무리 한적한 길이라도, 아무리 좁은 길이라도 찻길이 좁아지거나 없어질지언정 보도의 폭이 인색해지는 법은 없었다. 항상 최소한 2미터는 됐다.

런던에 살 때 가장 기억에 강렬하게 남았던 장면이 있다. 버스가 양방향으로 오가는 길을 보수 공사하면서 보행자를 위한 널찍한 임시 보도를 만드느라 차로 하나를 펜스로 막은 모

* 도로법, 제2조(정의): "도로"란 차도, 보도, 자전거 도로, 측도, 터널, 교량, 육교 등 대통령령으로 정하는 시설로 구성된 것으로서 제10조에 열거된 것을 말하며, 도로의 부속물을 포함한다.

습이었다. 보도를 만들고 보니 차는 한 대만 겨우 지나갈 수 있는 폭이 되어서 수신호로 양방향의 차를 통제하고 교대로 지나가게 하고 있었다. 그 모습을 보고서 나는 정말이지 문화적 충격을 제대로 받았다. 차가 다니는 길을 막아서 불편하게 하다니, 우리나라 같으면 상상도 할 수 없는 만행이 아닌가.

우리나라의 동네 길

한때 일본말 이름처럼 들리는 한국말 이름을 만들어 붙이는 장난이 유행한 적이 있었다. 예를 들면 이런 식이었다. '물아까와 쓰지마', '비사이로 막가', '도끼로 이마밀어' 등등. 그리고 나는 우리나라의 골목길 풍경을 볼 때마다 '차사이로 막가'라는 말이 자꾸만 떠오른다. 우리나라 골목길은 그야말로 사람이 차 사이로 '막 가는' 길이기 때문이다.

그렇게 사람이 차 사이로 막 걸어가는 이유가 우리나라 보행자들이 유난히 모험을 좋아하고 도전을 즐기는 진취적 성향을 가졌기 때문이라고 보긴 어려울 것이다. 그보다는 사람이 차로부터 멀찍이 떨어져 안전하게 걸을 수 있는 보도가 골목길에는 아예 없기 때문이라고 보는 편이 옳다. 그래서 어쩔 수 없이 사람은 자동차 사이로 아슬아슬 걸어가야 한다.

이런 방식은 얼핏 보면 상당히, 아니 극단의 효율을 추구한 것처럼 보이기도 한다. 하나의 길을 차와 보행자가 함께 사용하는 융통성이라니! 차가 없으면 보행자가 길 한가운데를 활보하며 편하게 걸어갈 수 있고, 차가 지나갈 때만 사람이 옆으로 비켜섰다가 차가 지나가고 나면 다시 길 한가운데로 걸어가면 되니 도시의 공간을 얼마나 절약할 수 있느냔 말이다. 그러고 보니 한국의 골목길은 한국 전통 주택의 온돌방 같기도 하다는 생각이 든다. 온돌방이 밥상을 펼치면 식당이 되고 요를 펼치면 침실이 되는 것처럼 도로도 사람이 걸으면 보도가 되고 차가 가면 차도가 되는 것이다. 전통 건축의 유연한 공간 활용법을 현대 주택가 도로에까지 활용하고 있다니, 우리나라 사람들이 이토록 전통을 소중히 여기는 줄은 몰랐지 뭔가.

됐다. 농담은 여기까지만 하자.

길은 대체 누구를 위한 공간인 걸까

곰곰이 생각해 보면 우리나라 사람들은 참 온순하기도 하다. 골목길을 걷다가 차가 오면 좀 비켜섰다가 걸어가면 되지, 그게 뭐 대수인가 생각하는 사람이 대부분인 것 같아서다. 그래서 도로를 만들 때 지켜야 하는 법●에도 걸어서 길을 가는 사람의 안전이나 권리에 관한 내용은 약에 쓸 만큼도 찾아보기

● 도로의 구조·시설 기준에 관한 규칙(약칭: 도로구조규칙).

힘들게 되어 있는데도, 다들 별 불만이 없는 모양이다.
근데 나는 그렇지가 않다. 사람을 이런 식으로 걷게 만드는 우리나라 골목길에 정말이지 매우 불만이 많다. 아니, 지금이 조선 시대도 아니고 차가 임금님도 아닌데, 차는 그냥 나랑 평등한 다른 사람이 타고 있는 교통수단일 뿐인데, 단지 걸어간다는 이유만으로 매번 옆으로 물러서서 비켜 줘야 한다니. 이건 정말이지 너무 굴욕적이지 않은가. 그뿐이 아니다. 자동차는 사람에 비해 엄청나게 크고, 겁나게 무겁고, 무섭게 단단하다. 그 거대한 기계 덩어리에 속도까지 붙으면 그야말로 흉기가 따로 없다. 살짝 스치기만 해도 차는 멀쩡하고 내 몸만 상한다. 그런 자동차와 스칠 듯 말 듯 걷는 길은 보행자에겐 위험천만일 수밖에 없다. 길을 걷는 일이 이렇게 위험을 감수해야 할 일인가?
우리나라 법을 보면, 도로의 정의는 분명 차도, 보도, 자전거도로, 측도, 터널, 교량, 육교 등의 시설을 포함한다고 되어 있다. 그러나 도로에 관한 정의 다음으로 좌라락 펼쳐지는 법조문을 하나하나 읽어 보면, 실질적으로는 법의 거의 모든 내용이 차가 안전하고 원활하게 갈 수 있는 찻길을 만들기 위한 것임을 알 수 있다. 한마디로 우리나라에서 도로는 차를 위한 공간이다.
근데, 도로가 정말 차를 위한 공간인 걸까? 여기서 반론이 있을 수 있다. 도로가 차만 위한 공간은 아니라고. 사람도 같이 지나갈 수 있는 공간이라고. 그러나 하나의 길을 자동차와 사람이 '사이좋게' 나눠 쓰는 일은 애초에 가능하지 않은 일이다. 호랑이와 토끼처럼 체급이 다른 상대를 하나의 우리에 넣고 함께 지내라고 하면, 사이좋은 공존이 과연 가능하겠는가? 그런 세팅에서는 토끼 같은 약자를 위한 자리는 연기처럼 사라지고 말 것임은 누구라도 쉽게 짐작할 수 있는 일이다. 안타깝지만 그게 세상 이치다. 강자와 약자가 공존하는 길은, 오로지 약자를 보호하는 구조를 만드는 것뿐이다. 그래야 강자와 약자가 진정 함께 지낼 수 있다. 길에서도 그 원리는 유효하고, 골목길에서는 더욱 그렇다.

왜 길이 걷는 사람을 위한 공간이어야 하는가

차도 결국 안에 사람이 타고 있고, 그 사람이 길을 지나가기 위한 수단인데, 왜 걷는 사람을 더 위하면서 굳이 길을 같이 써야 하는지 의문이 들 수도 있다. 서울시에서 주최한 토론회에 패널로 참석한 적이 있었는데, 그때 청중의 한 사람이 그런 말을 했었다. 내가 보행자가 편안하게 걸을 수 있는 길을 만들어야 되지 않겠냐고 하니까, 자기는 차 타고 다닐 거니까 괜찮다고 했다.

그러나 우리가 인생에서 차를 운전해서 타고 다닐 수 있는 시간이 얼마나 될까. 일단 운전면허를 따지 못하는 18세 이전까지는 누가 태워 주지 않는 한 못 탈 거고, 너무 나이가 들어도 운전을 못 하게 될 것이다. 따져 보면 70년, 아니 80년을 산다고 해도 운전을 할 수 있는 시간은 길어야 40년이다. 나머지 40년은 걸어 다녀야 한다. 게다가 모든 사람이 운전을 할 수 있는 것도, 차가 있는 것도 아니다. 그렇게 따져 보면 차를 운전할 수 있는 사람은 전체 인구의 절반도 채 되지 않을 것이다. 당장 나부터도 앞으로 몇 년이나 더 운전을 할 수 있을지 자신이 없다.

길을 걷는 사람을 배려하고 보호하는 구조로 만든다고 해서, 차를 타고 가는 사람이 위험하거나 불편해지는 건 아니다. 아, 차가 좀 천천히 가야 할 수는 있겠다. 그러나 절반의 인생을 위해서 그 정도는 감수할 수 있지 않을까.

보도는 모든 길에 반드시 있어야 한다

우리나라 도로법에 보도에 관한 내용이 전혀 없는 건 아니다.* 아주 쪼끔이긴 하지만, 있긴 있다. 다만 태도가 아주, 매우, 극히 소극적이다. 보도는 보도를 만들어야 하는 조건, 즉 보행자의 안전과 자동차의 원활한 통행을 위하여 필요하다

* 도로의 구조·시설 기준에 관한 규칙에서도 보도를 위한 항목은 48개 중 단 하나뿐이다.

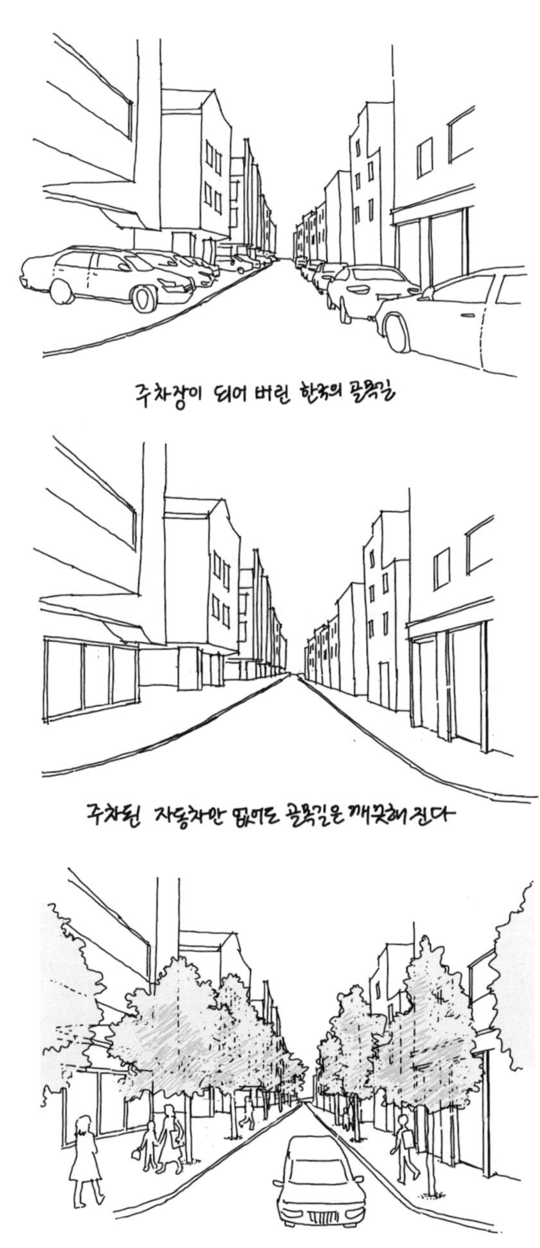

길에 주차된 차가 가득한 모습, 차가 없이 깔끔한 모습, 사람이 편하게 보도를 걷는 모습

고 인정되는 경우에만 만들어야 한다고 되어 있다.● 바꿔 말하면, 보도는 만들지 않아도 된다는 뜻이다. 법이 만들지 않아도 된다는데 누가, 왜, 굳이 보도를 만들겠는가. 보도를 만들지 않으면 길을 좁게 만들어도 차와 사람이 모두 지나갈 수 있는데. 게다가 땅을 새로이 만들어 파는 택지 개발 지구의 경우는 길에 할애하는 면적이 줄어들면 들수록, 팔아서 돈을 벌 수 있는 땅의 면적이 늘어나므로 보도까지 만들 이유가 더더욱 없어진다. 뿐인가. 보도를 만들려면 경계석도 시공해야 하고 바닥 재료도 달리해야 하니 공사비도 더 든다. 강제가 아니라면 보도를 만들 이유가 우리나라엔 하나도 없는 셈이다. 그래서 우리나라 대부분의 골목길은 보도와 차도가 구분되지 않은 길로 만들어져 있다.

사실 보도를 잘 만들지 않으려고 하는 가장 결정적인 이유는 따로 있다. 바로 길에 주차를 하기 위해서다. 우리나라 동네의 길 이야기를 하면서 주차장에 대한 이야기를 하지 않을 도리가 없을 만큼, 우리의 골목길은 이미 너무 주차장이다.

● 도로의 구조·시설 기준에 관한 규칙 제16조(보도) 제1항.

9장

주차는 어디에 하지

골목길과 주차장

암호 같은 영국의 주차 표지판

런던에 살기 시작하고 나서 한참이 지나도록 길가 주차장의 표지판을 읽을 줄 몰랐다. 자동차가 없어서는 아니었다. 자동차는 비교적 금방 샀다. 어린애가 둘이나 있기도 했고, 선배네 가족과 지방으로 며칠 여행을 가기로 하고서 알아보니 렌트를 하는 것보단 중고차를 사는 게 앞으로를 생각하면 차라리 저렴하고 편할 것 같아서였다. 딱 열 살이 되기 직전의 은색 폭스바겐 골프 왜건형을 샀는데, 차가 길지 않아서 주차하기도 좋고 무엇보다 짐이 많이 들어가서 우리 가족에겐 여러모로 쓸모 있는 차였다. 사자마자 큰돈 들여 수리할 거리가 잔뜩 있다는 걸 발견해서 좀 속상했는데, 원래 그런 시점에 차를 파는 거라고 남편이 이야기해 줬다. 남편의 냉철함은 이럴 때만큼은 참 도움이 된다.

아무튼 주차 표지판을 읽을 줄 몰랐던 이유는 일단 좀 어려워서였다고 할 수 있다. 크지 않은 표지판에 뭔가 잔뜩 쓰여 있는데, 내용이 우리나라와 많이 달라서 처음엔 이해하기가 쉽지 않았다. 우리나라 주차장의 표지판은 그저 시간당 주차 요금이 얼마라는 것과 주차 요금을 감면받을 수 있는 자격만 쓰여 있고, 거주자 우선 주차의 경우도 신청 방법이나 요금 정도만 적혀 있는 경우가 대부분이다. 그나마 표지판의 개수도 많지 않아서, 표지판 얼굴 볼 일이 많지 않다.

근데 영국의 주차 표지판은 꽤나 자주 있다. 게다가 거기 쓰인 정보가 처음 보는 나에겐 무슨 암호 같았다. 요일과 시간이 30분 단위로 깨알같이 나와 있고 그다음 'Resident permit holders only(거주자만 주차 가능)'라거나, 'Loading only(짐 내리고 싣는 전용)'라든가, 'Pay at machine(기계에서 주차 요금 지불)' 같은 내용이 있는데 이건 또 뭐지 싶었다. 사실 조금 익숙해지고서는 그다지 어려울 것도 없는 내용이란 걸 알았지만, 한국의 요금 표지판이 익숙한 데다 영어 알레르기가 있는 나로서는 디테일한 영어 표지판을 보는 순간 아득해졌던 것이다.

주차장 운영에도 디테일이 필요하다?

영국 주차 표지판이 그 모양인 건, 주차장에 따라 세워도 되는 시간이나 요일, 요금, 자격 등 운영의 디테일이 다 다르기 때문이다. 그래서 영국에서 차를 세울 때는 반드시 주차 표지판의 내용을 꼼꼼히 읽고 그에 맞게 세워야 한다. 빈 자리가 있다고 그냥 세웠다간 주차 위반 벌금이라는, 가계에 치명상을 입히는 폭탄을 맞게 된다.

일단 주차장마다 세울 수 있는 시간과 세워선 안 되는 시간이 있는데 그게 전혀 일정치가 않다. 지역에 따라서 주중과 주말이 다르고, 위치에 따라 붐비는 시간대와 그렇지 않은 시간대가 또 다르기도 하다. 주차 요금을 내면 주차할 수 있는 곳이어도, 몇 시간까지는 주차할 수 있지만 그 시간이 끝나면 몇 시간 이내에 되돌아 와서 다시 주차해선 안 된다고 쓰여 있는 것도 있다. 물론 그 시간도 천차만별이다. 번화한 위치가 아니면 돈을 내지 않고 주차할 수 있는 곳도 있는데, 그런 곳은 하루 중 특정 시간에는 오로지 거주자만 주차할 수 있다. 보통 그 시간을 정오 무렵으로 해 놓아서, 거주자가 아닌 사람이 차를 세우고 출근하는 장시간 주차는 꿈도 꿀 수 없다. 결과적으로 거주자에게 우선권을 주되, 붐비지 않는 시간에는 거주자가 아닌 차도 잠깐씩 주차할 수 있게 한 것이다. 그리고 거주자는 해당 구역 안에 어디든 세울 수 있다. 주차 구획마다 주차할 수 있는 차를 딱 한 대만 정해 놓는 우리나라 방식보다 주차 공간을 한결 효율적으로 활용하는 것이다. 아무튼 이 정도로 디테일이 복잡하니 주차 표지판에 쓸 내용이 얼마나 많겠는가. 그 내용을 주저리주저리 길게 안 쓰고 줄이려 하다 보니 얼핏 암호처럼 보일 지경이 된 것이다.

일단 믿어 주지만, 걸렸다간 큰코다친다

어마무시한 디테일도 그렇지만, 영국 주차장이 우리나라와 가장 크게 다른 점은 주차장 운영이 철저히 셀프서비스로 이루어진다는 점이다. 즉 주차 구획에 차가 들어오면 몇 시부터 주차했는지 알 수 있게 주차 티켓을 발행해서 와이퍼 아래 쑤셔 넣거나, 차를 빨라치면 잽싸게 달려와 요금을 걷는 주차 관리인이 영국에는 없다. 대신, 불법 주차를 단속하는 교통경찰이 2인 1조로 수시로 돌아다닌다. 그들은 주차 위반이 집중적으로 일어나는 시간과 장소를 골라 다니면서, 위반 차량에 우리돈으로 12만 원, 때로는 거의 20만 원 가까이 되는 후덜덜한 금액의 주차 위반 과태료 딱지를 끊어 이번엔 친히 와이퍼 아래에 살포시 넣어 준다. 그러니 주차하려는 사람은 간절한 심정이 되어 주차 안내 표지판의 내용을 열심히 확인할 수밖에 없다. 과연 지금이 주차할 수 있는 시간이 맞는지, 주차 요금이 얼마인지를. 그러고 보니 표지판이 크지 않은 사이즈로 엄청 자주 있는 이유를 알 것 같다.

아니, 관리인도 없고 차단기를 설치할 수도 없는 길가의 셀프서비스 주차장에서 어떻게 주차한 시간만큼의 주차 요금을 따박따박 걷을 수 있단 말인가? 그 해법은 바로 주차 요금 선불제에 있다. 즉, 주차를 다 하고 차를 타고 떠나기 직전에 주차 요금을 내는 것이 아니라 차를 세우자마자 근처 티켓 기계에서 주차할 시간만큼의 요금을 먼저 내고 티켓을 사서 계기판 위에 올려놓아야 한다. 그 티켓에 찍힌 시간까지만 주차할 수 있고, 그 시간이 지나면 불법 주차가 된다. 걸렸다 하면 벌칙금이 엄청나기 때문에 다들 불법 주차는 꿈도 꾸지 않는다.

한번은 영국 친구들과 바닷가로 놀러 갔다가 주차장에서 논쟁이 벌어졌다. 단속반이 올 것 같지 않은, 이렇게 고양이 한 마리 다니지 않는 한가한 시골의 바닷가 주차장에서까지 주차 티켓을 사야 하겠냐고. 내 친구 사라가 한마디로 정리해 버렸다. "여긴 잉글랜드라고!" (스코틀랜드는 사정이 나은 모양이다.)

이렇게 주차장을 만들면 좋은 점은, 셀프서비스 카페테리아처럼 아주 적은 인력으로도 운영할 수 있다는 것이다. 일일이 주차 티켓을 끊어 주고 요금을 받으러 쫓아다니는 일보다 쓰윽 지나가면서 주차 위반인지를 확인하는 편이 한결 간단한 일이니까. 그래서 한두 사람이 훨씬 더 넓은 지역의 많은 주차장을 '관리'할 수 있다. 그리고 운영 측면에서도 불법 주차가 줄어든다는 이점도 있다. 어쨌든 법은 지키라고 만들어 놓은 것이니까, 지키지 않으면 큰코다친다는 분위기는 필요한 것이다.

지금까지 이야기했던 영국의 주차장은 대부분 노상 주차장, 즉 길가에 차의 진행 방향과 평행하게 만들어 놓은 주차장들이다. 내가 살던 집 앞의 길도 그렇고 런던은 아주 좁은 길이나 붐비는 길, 차의 운행 속도가 빠른 간선 도로를 제외하고 많은 길에 그런 노상 주차장이 있다. 우리나라의 길에도 마찬가지로 노상 주차장이 있다. 다만 우리나라와 영국 사이에는 결정적인 차이가 있다. 영국에는 어느 길에나 걸어가는 사람을 위한 보도가 먼저 있고 그 옆에 주차장이 있는데, 우리나라는 보도는 없고 주차장만 있는 경우가 대부분이라는 것이다. 그것도 모자라서 주차 구획이 없는 곳에도 다 차를 세워 둔다. 한마디로 길에 주차장이 있는 것이 아니라, 길이 그냥 주차장이라고 할 수 있다.

골목길 주차장의 선사 시대

드라마 〈응답하라 1988〉에서처럼 집 앞 골목길이 동네 거실 역할을 했던 시절에는, 우리나라에서 자동차는 사치품이었지 필수품이 아니었다. 주차장이 있는 집은 거의 없었지만 그렇다고 골목길에 주차한 차도, 지나가는 차도 별로 없었다. 그랬기에 그 시절 골목길은 아이들이 길바닥에 쭈그리고 앉아 딱지를 치고 소꿉장난을 해도 차에 치일까 걱정할 필요 없는 안전한 놀이터였다. 그뿐인가. 차가 뿜어 대는 매연도 없으니 주부들이 반찬거리를 다듬는 깨끗한 공동의 일 마당일 수도 있었던 것이다.

나는 그 시절에 쌍문동이 아닌 잠실 주공 5단지 아파트에 살았는데, 거기도 차가 거의 없긴 매한가지였다. 아파트의 주차장은 늘 텅 비어 있어서, 나는 동네 친구들과 거의 매일 주차장에서 놀았다. 놀이터는 몇 개 동에 하나씩만 있었지만, 주차장은 모든 동에 있었기에 놀기 더 좋았다. 우리는 주차 구획선을 바탕 삼아 삼팔선 놀이도 하고 사방치기도 하며 놀았다. 전속력으로 달려야 하는 술래잡기에는 장애물 없는 주차장이 후련하니 제격이었다.

세월이 흐르면서 사치품이었던 자동차는 점차 필수품이 되어 갔다. 집집마다 텔레비전을 사듯이 자동차를 장만하기 시작한 것이다. 그렇게 되자 〈응답하라 1988〉의 쌍문동 골목길에도 한 대씩, 두 대씩 자동차가 등장하기 시작했고, 그로 인해 골목길 풍경은 완연히 달라졌다. 자동차가 지나갈 수 있거나 주차할 수 있는 골목길은 아이들에게 더 이상 안전한 놀이 공간이 아니었다. 동시에 주부들의 일 마당도 될 수 없었다. 평상을 내놓으면 주차할 수 있는 공간이 줄어들기 때문에 아무도 달가워하지 않았다. 물론 매연을 뿜어 대는 차 꽁무니 뒤에서 기꺼이 콩나물을 다듬고 싶은 주부도 별로 없었겠지만 말이다. 그렇게 공동의 거실이었던 골목길은 공동의 주차장이 되었다.

내가 뛰어놀던 아파트 주차장도 골목길과 비슷한 수순을 밟으며 무늬만 주차장에서 진정한 주차장이 되어 갔다. 우리가 놀 수 있는 빈 주차 구획은 해마다 성큼성큼 줄어들었고 우리는 그에 맞춰 놀이의 종류와 스케일을 바꾸고 바꾸다 결국 주차장을 버리고 놀이터로 후퇴했다. 우리의 옛 놀이터를 점령한 차들은 주차 구획을 다 채우고도 자꾸만 더 늘어나서, 주차 구획이 없는 곳에도 차를 세우는 창의적인 방법만 나날이 발달했다. 그렇게 넓게만 느껴졌던 아파트 단지가 구석구석 빈틈없이 주차된 차들로 비좁게 느껴지기 시작했다.

주차장법이 등장하다

차가 늘어나고 있으니 그만큼 주차할 공간이 필요하겠다 싶어지자, 우리나라는 1979년에 주차장법이란 걸 만들었다. 주차장법은 한마디로 주차장을 많이 만들기 위한 법이라고 할 수 있을 것이다. 길에는 노상 주차장을, 그리고 길이 아닌 곳에는 노외주차장을 만들게 했다. 그리고 그 무엇보다 도시에 결정적인 영향을 주게 될 항목을 만들었다. 바로 건축물 부설 주차장법•이다.

부설주차장이란 말이 좀 거창해 보이지만, 알고 보면 건축물의 부대시설로 만드는 주차장을 가리키는 말이다. 그리고 부설주차장법은 건축물을 새로 지을 때는 반드시 법에서 정한 규모 이상의 주차장을 함께 만들도록 법으로 강제한 것이다. 얼핏 보기에 이 법은 주차장법의 목적인 원활한 자동차 교통의 확보를 위해서 꼭 필요한 것으로 보인다. 차가 족쇄가 아니라 삶의 편리한 수단이 되려면, 사람이 차에서 벗어날 수 있게끔 차를 놓아둘 공간도 있어야 하니까. 그러나 이 법이 우리 도시에 드리운 어두운 그림자는 실로 어마어마하다. 지금부터 그 내용을 조곤조곤 살펴보자.

• 주차장법 제19조(부설주차장의 설치·지정).

더 많은 주차장이 있다면

어딜 가든, 누구에게든, 주차는 쉽지 않은 숙제다. 부설주차장법 덕분에 1979년 이후에 지어진 건물에는 죄다 주차장이 있는데도, 주차는 항상 힘들다. 사실 그 이유는 뻔하다. 주차장을 나보다 먼저 온 다른 차들이 이미 차지하고 있기 때문이다. 아무리 내가 폭 2.3미터, 길이 5미터의 좁은 주차 구획에 〈스타워즈〉의 마스터 제다이급의 능력으로 완벽하게 차를 집어넣을 수 있다 해도, 빈칸이 없는 주차장에선 속수무책이다. 꽉 찬 주차장 앞에서 사람들은 생각한다. 지금보다 주차할 곳이 더 많았으면 좋겠다고. 아마 다들 똑같은 생각인지, 주차장법도 대부분 그렇게 점점 설치 대수를 늘리는 방향으로 개정되어 왔다. 지자체 조례는 종종 한술 더 떠서, 주차장법보다도 더 많은 대수의 주차장을 만들라고 강짜를 부리기도 한다. 사람들은 일단 주차장이 부족할지도 모른다는 불안에 휩싸이기 시작하면, 거기서 벗어나기 힘든 것 같다. 그래서 시키지 않아도 법이 요구하는 규모보다 더 많은 대수의 주차장을 만드는 경우도 적지 않다.

근데 주차장을 더 많이 만들면, 정말로 주차가 더 편해질까? 만약 더 많은 주차장을 만드는 것이 주차난을 없애는 해법이라면, 대체 얼마나 더 많은 주차장을 만들어야 하는 것일까?

우리에게 필요한 주차장의 수를 따져 보자

부설주차장법이 생긴 이후로 이미 주차장의 수는 꾸준히, 엄청나게 늘어났다. 그런데도 주차장은 여전히 부족하다. 왜? 주차장 수가 가소로울 정도로 차는 훨씬 더 많이 늘어났기 때문이다. 물론 절대적인 숫자로만 비교했을 때는 주차장의 수가 자동차보다 조금 더, 1.3배 정도 많기는 하다. 그러나 주차장은 그 정도 많아 가지고는 턱도 없다. 조금만 생각해 보면 그 이유를 알 수 있다.

차는 여기서 저기까지 가기 위한 수단이다. 그 말인즉슨, 원래 있던 곳과 앞으로 가야 할 곳에 모두 차를 놓아둘 장소가 있어야 한다는 뜻이다. 출근할 때 차를 타고 간다면, 집과 회사에 모두 주차장이 하나씩 있어야 하고, 음식점에 갈 때 타고 간다면 집과 음식점에 모두 주차장이 있어야 한다. 물론 수건 돌리기를 하는 것처럼 누군가 빠져나온 칸에 내가 넣고, 내가 나온 칸에 누군가 들어가는 식이면 2배까지 필요하진 않을지도 모른다. 회사 옆에 누군가의 집이 있고, 우리 집 옆에 그 누군가의 회사가 있어서 서로의 주차장을 맞바꿔 쓸 수 있다면 말이다. 그러나 우리나라 도시는 회사가 모여 있는 동네엔 집이 별로 없고, 집이 많은 동네엔 회사가 별로 없다. 그래서 낮에는 업무 지구에 차들이 붐비고, 밤에는 주거 지구에 차들이 우르르 몰려 있다. 거기다 우리가 회사에 갈 때만 차를 가져가던가. 우리의 생활 패턴은 이미 차를 음식점, 병원,

마트까지 가지고 가는 식으로 굳어져 버렸다. 무엇보다 일단 차를 가지고 집을 나선 다음엔 중간 어느 지점에 차를 버리지 않는 한, 집에 돌아갈 때까지 계속 가지고 돌아다녀야만 한다. 그렇다면 차 한 대당 대체 몇 개의 주차장이 필요하단 말인가. 현실은 고작 한 대당 1.3개일 뿐인데.

만약 등록 자동차 수의 2배 이상의 주차장이 생기면 주차하기 쉬워질까? 이론상으론 그렇다. 차보다 주차장의 수가 월등히 더 많다면 주차가 지금처럼 어렵지는 않을 것이다. 그러나 여기엔 중요한 전제가 따라붙어야 한다. 차가 한 대씩 늘어날 때마다 주차 구획도 동시에 두 면 이상씩 늘어나야 한다.

주차장 선불제가 필요하다

근데 어떻게 차와 주차장의 수를 동시에 늘릴 수 있을까? 아무리 주차장 부족에서 벗어나는 유일한 길이 차와 주차장의 수 사이에 균형을 유지하는 방법밖엔 없다고 해도, 말이 쉽지 실제로 그게 쉽겠는가. 우리가 언제 시장 볼 때 냉장고에 넣을 수 있는 자리가 있는지를 확인하고 사던가. 그냥 어떻게든 구겨 넣으면 들어가겠지 하는 마음으로 사지(나만 그런가?). 차를 살 때도 마찬가지다. 주차할 공간이 없어도 별 망설임 없이 차를 산다. 어떻게든 세울 데가 있겠지 하는 생각으로.

그러나 우리가 사는 공간은 잡아서 늘리면 늘리는 대로 늘어나는 찹쌀떡이 아니다. 그보다는 아무리 눌러도 모양이 변하지 않는 딱딱한 고체들이 들어차 있다. 게다가 냉장고의 음식은 먹어서 치울 수 있지만, 자동차는 그럴 수 없지 않은가. 그렇다 보니 자동차가 많아지면 많아질수록 우리가 사는 한정된 공간인 도시는 점점 더 자동차로 가득 차게 된다. 가득 차고도 넘쳐 주차장뿐만 아니라 사람이 안심하고 걸어갈 수 있어야 할 길까지도 자동차가 떡하니 차지하게 되는 것이다.

그걸 막을 방법은 사실 법적 장치 정도의 강력한 조치밖에 없다. 그리고 그 조치는 우리나라 주차장처럼 후불제가 아니라 영국의 주차장처럼 선불제여야 한다. 즉, 주차장을 만들겠다는 약속을 믿고 차를 사게 해 줄 것이 아니라 먼저 빈 주차장이 있다는 걸 확인한 다음에만 차를 살 수 있게 해 줘야 한다는 뜻이다. 차를 사는 건 돈만 있으면 되지만, 주차장을 마련하는 건 돈뿐만 아니라 땅까지 필요한 일이니 훨씬 더 어렵고 비싼 일이다. 동네에 따라 다르지만 주차 구획 크기의 땅이 자동차보다 비쌀 때도 많다. 어지간해선 주차장을 만드는 속도가 차가 늘어나는 속도를 따라잡을 수는 없는 것이다. 주차할 공간도 없는데 차만 먼저 살 수 있게 해 주면 차가 주차장보다 많아지는 건 순식간이다. 지금 우리나라가 딱 그렇다. 아무리 계속 주차장이 생기고 있어도, 주차장은 항상 부족할 수밖에 없는 이유다.

주차장 부족에 대한 해법, 차고지 증명제

주차장 부족에 대한 해법이 없는 것이 아니다. 자기 소유의 빈 주차장이 있다는 증명을 해야만 차를 살 수 있게 해 주는 제도인 차고지 증명제가 그것이다. 앞서 이야기한 것처럼 주차장의 수와 자동차 수 사이의 균형을 맞추기 위한 장치이다. 이웃나라 일본은 오래전부터 전면적으로 시행해 왔고, 우리나라는 영업용 차량에 대해서만 일찍부터 적용해 온 제도다. 우리나라도 자동차 수가 기하급수적으로 늘어나면서 주차난을 해소하기 위한 방안으로 그 제도를 도입하려는 시도가 몇 번이나 있었다. 그러나 2007년부터 제주도만 차고지 증명제를 시행하게 되었을 뿐, 제주도를 제외한 나머지 지역은 아직도 시작조차 못 하고 있다.●

그러나 총기 소지를 금지하는 법이 총기 산업의 나라 미국 의회를 통과하지 못하듯, 자동차 구입을 제한하는 법이 자동차 산업의 나라인 우리나라 국회를 통과하기는 코끼리가 바늘 구멍을 통과하는 것만큼이나 어려운 일일지도 모른다. 자동차 산업의 타격을 우려하는 업계와 그들의 후원을 받는 정치인들, 그리고 나라를 오로지 살림살이 측면에서만 걱정하는 관련 정부 부처는 차고지 증명제의 도입을 막을 수 있는 그럴듯한 이유를 만들기 위해 최선의 노력을 다했다. 그렇게 해서

● 2007년 제주도 일부 지역에서 대형차를 대상으로 최초 시행됐고, 2022년부터 제주도 전역, 전 차종으로 확대 시행되었다.

간택된 논리는, 자동차를 생계 수단으로 하는 저소득층이 자동차를 사지 못하게 되면 안 된다는 야릇한 이유였다. 그게 그렇게까지 걱정이 된다면, 저소득층에겐 주차장까지 만들어 주면 되었을 텐데. 아무래도 그 돈을 쓰기는 아까웠던 것 같다. 하긴 업계의 목표는 돈을 버는 것이지 쓰는 것이 아니었을 테니까. 핑계야 무엇이었든 간에, 결국 자동차업계는 소기의 목표를 달성했다. 우리나라는 생계 수단이든 아니든 중산층은 말할 것도 없고 저소득층까지 싹 다 자동차를 타고 다니는 나라가 되었으니까.

그 대신 우리나라 도시는 주체하기 힘들 정도로 많은 자동차를 안고 살아가게 되었다. 자동차가 주차할 곳보다 훨씬 많으니 대체 이를 어찌해야 한단 말인가. 사실 주차장 없는 차들이 갈 곳은 정해져 있었다. 아니, 더 정확히 말하면 길 말고는 차들이 갈 수 있는 곳은 없었다. 그렇게 우리나라의 길은 서서히 주차장이 되어 갔다.

차가 아니라 냉장고라면

주차된 차와 지나가는 차 사이에 남은 80센티도 채 되지 않는 폭을, 나는 용감하게 아무렇지도 않은 척, 하지만 속으로는 살짝 쫄아서 걸어가며 생각한다. 대체 이 길은 누구의 것일까를. 대체 누구의 것이길래 다 같이 지나다니기 위해 만들어 놓은 이 길이라는 공간에, 이렇게 움직이지 않는 개인의 물건이 항상 자리를 차지하고 있게 허락한 걸까. 정작 길을 본연의 기능대로 사용하려는 사람이나 차는 불편하고 위험하게 말이다. 이 물건들은 그저 자동차라는 이유만으로 면죄부를 받은 건가? 바퀴가 있어서 여차하면 움직일 수 있기 때문에? 만약 이 물건이 자동차가 아니라 바퀴 달린 냉장고였다면, 그래도 이렇게 놔두도록 허락했을까? 아무래도 그랬을 것 같지 않다. 바퀴 달린 침대라면, 더더욱 이렇게 길의 공간을 차지하게 두진 않았을 것이다. 냉장고나 침대는 차와는 다르지 않냐고? 가만히 있으면서 자리를 차지하고 있다면 그게 자동차든 냉장고든 길을 지나가는 사람에겐 아무런 차이가 없다. 자동차라서 세워 두었다가 길로 나가든, 냉장고라서 집 안으로 가지고 들어가든 다 개인 소유의 물건인데 집 안에 둘 데가 없어서 길에 세워 두었다는 점에서도 똑같다.

거리에 냉장고나 침대가 주차되어 있다면

길은 주차장이 아니다

길은 공공재, 즉 모두의 재산이다. 그것도 꽤나 값비싼 재산이다. 해가 갈수록 땅값은 하늘 높은 줄 모르고 치솟고 있으니까 더욱 그렇다. 땅 1평의 값이 얼마던가. 게다가 주차 구획 하나는 1평도 아니고 3.8평(12.5제곱미터) 정도 된다. 동네에 따라서 주차 구획 하나 크기의 땅값이 1억이 훌쩍 넘는다는 뜻이다. 근데 누구는 차를 자기 땅에 세우고, 누구는 자기 땅이 아닌 길에 기껏해야 한 달에 몇만 원만 내고 세우고 있는 상황이 말이 되는가? 땅의 값어치를 생각하면 그 몇만 원은 대출 이자는커녕 거의 공짜나 다름없다. 생각해 보면 차가 없는 사람도 억울하긴 마찬가지일 것이다. 똑같이 나눠 먹으라고 나라에서 준 쌀을 누구는 다섯 되를 주고 누구는 한 톨도 안 주는 거랑 뭐가 다르단 말인가. 길은 그야말로 우리 모두의 소유인데.

너도나도 길에 주차를 하고 있고, 그럴 수밖에 없을 만큼 주차장이 절대적으로 부족하니, 어쩔 수 없지 않냐고 생각할 수도 있다. 무엇보다, 당장 내 차부터 길이 아니면 세울 공간이 없을 수도 있다. 그러나 내 차 한 대 세우자고 도시의 길을 걷는 경험이 위험하고 기분 나빠지는 게 과연 나한테도 수지 타산이 맞는 일일까 생각해 볼 일이다. 특히 우리나라 도시의 이면 도로처럼 보행자만을 위한 안전한 보도가 따로 없이 차와 보행자가 섞여서 지나가는 좁은 길에 주차를 하는 건 우리가 살아가야 할 도시의 환경을 그야말로 후지게 만드는 일이다. 일단 보기에 좋지 않을뿐더러 위험하기 짝이 없다. 실제로 우리나라에서 보행자가 사망하는 교통사고의 대부분이 이런 이면 도로에서 일어난다. 아무리 정성스럽고 커다랗게 길바닥에 '어린이 보호 구역'이라고 쓴다 한들, 그 바닥에 납작하게 붙은 글자가 키 작은 어린 보행자가 주차된 차들 사이에서 걸어 나올 때 그 여린 몸을 보호하진 못한다는 건 다들 알고 있는 일이 아닌가? 얼마 있지도 않은 학교 주변의 보도도 화분이나 의류 수거함들이 놓여 있고 울타리로 막혀 있어 보행자가 이용하기 아주 불편하다. 가느다란 울타리는 실상 차로부터 사람을 보호해 주지도 못하고 도시 미관만 해치고 있다. 오히려 자동차만 안심하고 달리게 만들 뿐이다.

주차 전쟁은 이제 그만

주차장으로 시작한 이야기가 어느새 길의 이야기가 되어 버렸다. 우리나라는 너무나 많은 길을 주차장으로 쓰고 있기 때문이다. 하지만 본디 길은 주차장으로 쓰려고 만든 공간이 아니다. 가만히 서 있는 차들 때문에 지나가는 일이 불편할 지경이 됐다면 그건 주객전도를 넘어 심각한 문제가 아닐 수 없다. 불편함만 문제가 아니다. 길에 차를 놔두기 시작하면 무엇보다 거리가 너저분해 보인다. 아무리 깨끗한 차를 세워 놔도 차라는 물건 자체가 있는 것과 없는 것은 정리한 집과 정리 안 한 집처럼 차이가 난다. 당장에 일본의 거리 모습과 비교해 보라. 일본은 일하는 차를 제외하고 도로에 주차를 일절 허용하지 않기 때문에 거리에 차가 없다. 일본의 거리가 유난히 정돈되어 깨끗하게 느껴지는 건 청소를 잘해서가 아니라 주차해 둔 차가 없어서다. 아무리 경관 설계를 신경 써서 하면 뭐 하나. 주차된 차들이 거리의 모습을 가린다면 말이다.

주차장 이야기로 돌아가 보자. 애초에 주차난, 즉 주차를 두고 벌어지는 전쟁이 문제가 되는 지점이 뭔지부터 되짚어 볼 필요가 있다. 물론 가장 일차원적인 문제는 싸움이긴 하다. 간밤에 주차할 곳이 없다는 이유로 내 차를 막고 주차한 인간이, 아침에 차를 빼서 출근하려고 아무리 연락을 해도 전화를 받지 않을 때, 그런 상황에서 말이 곱게 나가기는 쉽지 않으니까. 운전면허가 있을 만큼 다 큰 어른들이 싸우면 안 되는데, 참 곤란한 일이다. 미풍양속을 해치는 일이기도 하고. 근데 그 싸움이 일어난 원인을 한번 생각해 보면, 소유가 분명하지 않은 공간에 차를 세운 것이 가장 크다. 즉 나의 땅도 너의 땅도 아닌 곳을 두고 서로 차지하려고 하니 이렇게 싸울 일이 생기는 것이다. 차 주인이 자기 땅에 주차하게 하면 일어나지 않을 일인 것이다. 길을 이웃 간 다툼의 장으로 만들어서야 되겠는가. 지나가는 사람 불편하게 하고, 거리 지저분해 보이게 만들면서.

길에만 주차하지 않으면 된다

결국 주차난의 해결은 더 많은 주차장에 있는 것이 아니다. 길에 하는 주차를 없애고 자기 주차장에 주차할 수 있는 만큼만 차를 가지고 살아가게 해야 한다. 주차장을 확보한답시고 주차장을 건물마다 만들게 하면서, 길에도 차를 세우게 한다면 주차장 확보가 더 많은 자동차를 사게 하는 것 외에 무슨 의미가 있으랴. 그렇게 차를 가질 권리를 먼저 존중할 게 아니라, 안전하게 길을 걸을 권리를 먼저 존중해야 한다. 그리고 더 나아가, 부설주차장을 만들지 않을 권리도 존중해야 한다. 왜 억지로 주차장을 만들게 하는가. 사실 주차장은 내가 필요한 만큼만 만드는 것이 맞다. 길에만 주차하지 않는다면 주차장을 얼마나 만들든 차를 몇 대를 가지고 살든 무슨 상관이란 말인가. 어떤 사람이 집에 냉장고를 다섯 대를 두고 산다고 누가 뭐라 할 수 있겠냔 말이다.

지금은 애꿎은 부설주차장법 때문에 새로 짓는 작은 건축물은 길가에 면한 1층이 죄다 주차장이다. 길에도 주차가 되어 있어 길도 주차장이지만, 건물을 지어 놓은 땅까지 건물을 필로티 형식으로 띄워 1층이 다 주차장이다. 다가구, 다세대 주택이 이어서 서 있는 길은 길을 걷는 것이 아니라 주차장을 걸어가는 기분이다. 다른 게 아니라 법이 만든 풍경이다. 이런 동네를 걷는 일이 어찌 기분 좋을 수 있겠는가.

10장

시장 보는 공간의 다양함

식료품점

먹는 음식이 다르면 친해지기 힘들다

먼저 이야기했듯 우리가 런던에서 빌린 집은 한 건물을 3개의 세대가 나누어 쓰는 집이었다. 영국에서는 보통 벽 하나를 공유하면서 좌우로 나누어 쓰는 집을 세미 디태치트 하우스 Semi detached house 라고 부르는데, 우리 집이 그런 집인 것이다. (다른 세대와 나누어 쓰지 않는 집은 디태치트 하우스라고 부른다.) 다만 한 번만 나눠서 두 세대로 만든 것이 아니라 좌우로 한 번 나누고 한쪽만 다시 위아래로 나눠, 3개의 세대가 한 지붕 아래 함께 살고 있는 모양새다. 그러고 보니 우리나라에도 비슷한 개념의 집을 일컫는 땅콩집이라는 귀여운 용어가 있다. 땅콩은 하나의 껍질 안에 알이 보통 2개 들어가 있으니, 땅콩집이란 말은 한 지붕 아래 두 가족이 사는 집에 더 적합하긴 하지만 말이다.

아무튼 윗집에는 매일 컴컴한 밤에 퇴근하는 의사 양반이 혼자 살고 있지만, 침실 벽을 공유한 옆집에는 일요일이면 발목까지 내려오는 기다란 검정 옷에 거대한 검정 쟁반 모자를 쓰고 다니는 골수 유대교 가족이 살았다. 우리 집과 옆집은 본디 한 건물이라 마당도 하나이던 것을 담장으로 두 집 마당으로 갈라놓은 모양새였다. 근데 그 담장이 예닐곱 살 아이 키 정도로 낮은 데다 건드리면 픽 쓰러질 것 같이 얇은 나무널 담장이라 마당에 앉아 있으면 이웃 간에 서로 얼굴을 마주치지 않을 도리가 없었다. 마당에 나와 바비큐를 할 만한 날씨나 시간이 그 집이나 우리 집이 다를 리가 없으니까. 낮은 담장 덕분에 물건들이 서로의 마당으로 자주 넘나들었다. 우리 애들이 가지고 놀던 공이나 비행기가 넘어가면 넘겨받기도 하고 거센 바람에 날려 그쪽 빨래가 우리 쪽으로 넘어오면 돌려주며 최소한의 인사 정도만 하는 사이를 유지하며 지냈다. 사실 처음 이사 갔을 때 한국에서 하던 식으로 간단한 음식을 가지고 인사하러 갔었는데, 예의 바른 인상의 여주인으로부터 고맙지만 자기네들은 코셔 Kosher 가 아니면 못 먹는다며 말끔하게 거절당하고 나니 자연스레 거리를 유지하게 되었다. 나쁜 사람들은 아닌 것 같았지만, 그렇다고 편안히 왕래할 수 없는 사이임은 분명해 보였다.

다른 나라, 다른 문화를 표현하는 음식

사실 처음에 난 코셔가 뭔지도 몰라 옆집 사람이 미소 지으며 하는 거절의 말을 얼른 알아듣지도 못했다. 알고 보니 코셔란 유대교의 율법에 따라 생산한 식품으로, 육류의 경우 반드시 소, 양, 사슴 등 되새김위가 있고 발굽이 갈라진 동물만 먹을 수 있다고 한다. 그 동물이라고 다 되는 것도 아니고 유대교의 율법에 따라 도살하고, 소금을 사용하여 피를 제거한 것만 코셔로 인정하는데, 유대인들은 반드시 인증받은 코셔만 먹는다.

유대인들만 유난스러운 것이 아니다. 이슬람교에도 비슷한 개념으로 할랄 *Halal* 이라는 것이 있다. 아랍어로 '허용된 것'을 의미하는 할랄은 다른 종류의 식품에 대해서는 별다른 규정이 없지만, 육류만큼은 엄정한 이슬람식 도축법을 따라서 생산한 것만 할랄로 인정한다. 할랄 음식을 진지하게 가려 먹는 강경파 이슬람의 경우 할랄이 아닌 식품을 조리했던 도구나 담았던 식기마저 기피하기도 하는데, 2022년 한국을 방문했던 사우디아라비아의 빈 살만 왕세자는 하루 남짓 머물면서도 할랄이 아닌 음식을 담았던 호텔 식기를 사용하기 싫어서 자기가 사용할 새 식기를 구입하느라 자그마치 1억 원을 썼다는 일화도 있다.

그러고 보니 골더스그린의 하이 스트리트에는 코셔 또는 할랄을 판다고 간판의 가게 이름 옆에 크게 박아 놓은 가게들이 제법 많았다. 나 같은 초보 이민자는 보고도 몰랐지만, 런더너 *Londoner* 들은 하이 스트리트의 식료품 가게 간판만 봐도 이 동네엔 주로 어떤 이민족들이 사는지 짐작할 수 있는 것이다. 나도 코셔나 할랄이 무엇인지 알게 되고 나서야 이 동네에는 유대인들뿐만 아니라 이슬람교를 믿는 파키스탄 쪽 이민자들 또한 많이 살고 있다는 걸 알게 되었다. 그렇게 런던의 어떤 동네에는 인도인들이, 어떤 동네에는 이탈리아인들이, 어떤 동네에는 일본인들이나 한국인들이 모여 살고 있었다. 그리고 그 이민자들을 위한 식료품 가게의 숫자나 크기가 그 동네에 형성된 이민 사회의 규모를 거의 정확하게 보여 준다.

쉽게 다가가기 어려운 음식의 차이

외국에서 살림을 하며 살아 보기 전에는, 나라마다의 음식의 차이란 오로지 향신료에서만 비롯될 것이라 생각했다. 바탕이 되는 재료는 거기서 거기일 것이라고 말이다. 많은 사람의 입맛에 맞아서 대규모로 생산하는 종류는 비교적 한정되어 있을 테니. 그러나 음식 문화란 짐작했던 것보다 훨씬 더 섬세한 것이었다. 똑같이 돼지고기 삼겹살을 먹어도 어떻게 잘라서 파느냐부터 나라마다 달랐다. 영국 슈퍼엔 삼겹살이 있었지만 통삼겹만 있었다. 한국식으로 구워 먹을 삼겹살은 저어기 런던 반대편 한인타운의 대형 한국 슈퍼까지 가야 했다. 지극히 보편적일 것이라 생각했던 쌀조차도 한국 사람들이 먹는 찰진 품종은 전혀 흔하지가 않았다. 영국 슈퍼에서는 아주 작은 봉지에 든 것 말고는 구하기 어려웠다. 범위나 종류가 가장 크게 다른 건 야채였다. 얼추 비슷한 것이 있다 해도 자세히 뜯어보면 품종이 달랐다. 바로 옆 나라인 일본의 식재료조차 디테일이 달라서 무도 일본 가게엔 길쭉한 단무지용 무만 있었다. 가끔 한국 마트에 한국에서 보던 것과 비슷한 둥그런 무나 커다란 배추가 들어와 있으면, 너무 반가워 얼른 사다가 김치를 담갔다. 짧고 둥근 무를 보고 감격하는 날이 올 줄 누가 알았겠는가.
그리고 당연한 이야기지만 가공식품의 영역으로 가면 그 차이는 더 벌어진다. 장류나 젓갈은 한국 슈퍼가 아니면 구할 수가 없었다. 어려서부터 익숙한 양념이 만들어 내는 향은 잊고 살기 힘든 것이었고, 반면에 이국의 향이 주는 낯섦은 극복하기 쉽지 않은 것이었다. 아무리 바탕 재료가 같다 해도 향이 조금만 달라지면 입에 대기조차 힘든 음식이 되곤 했다. 그래서 이민족이 모여 사는 동네에는 코딱지만 하게라도 그 나라의 식료품점이 반드시 있는 이유를 알 것 같았다. 그 나라만의 향을 내는 양념이 그들에겐 꼭 필요하기 때문이다.

장바구니에 꽃다발이 함께 담기는 나라

나는 영국에 가서 한동안 규모가 있는 영국 슈퍼마켓에서 주로 장을 봤다. 한국에서 결혼하고 살림을 하는 동안 큰 슈퍼마켓에서 장을 보는 버릇이 들어서였던 것 같다. 내가 별난 것은 아닐 것이다. 요즘이야 온라인으로 쇼핑하는 일이 어쩜 더 흔해졌지만, 예전에는 퇴근길이나 주말에 대형 마트에서 장을 보는 것이 훨씬 더 보편적인 일상이었다. 도저히 큰 마트까지 갈 시간이나 여력이 없을 때만 동네 작은 슈퍼에 갔다. 하지만 거기서는 가공식품이나 몇 개 사지 신선식품에는 손이 가지 않았다. 대형 마트에 비해 비싸게 느껴졌고, 신선하지도 않은 것 같았기 때문이다. 아무튼 당연한 듯 향했던 영국의 체인형 대형 슈퍼마켓의 구조는 한국과 그리 다를 것이 없었다. 인건비가 비싼 나라라 그런지 사람이 상시 있는 코너의 수가 적다는 정도만 다를 뿐, 입구 근처에 과일과 야채를 두는 진열 순서도, 진열 방식도 엇비슷했다. 완연히 다른 점이 한 가지 있긴 했다. 그건 어느 슈퍼든 과일과 야채 근처나 계산대 주변에 꽃을 파는 코너가 반드시, 크게 있다는 거였다. 영국 사람들은 워낙 꽃을 좋아하다 보니 시장 보러 와서 당근이랑 사과 같은 먹거리를 사면서 꽃다발도 곁들여 사는 경우가 많았다. 노랗거나 하얀 프리지어들이나 붉고 희고 분홍이거나 노란색의 장미들, 흰 백합들이나 수선화들, 아이 주먹처럼 둥글고 탐스러운 튤립 송이들이 철철이 종류를 바꿔 가며 다채롭게 진열되어 있었다. 가격도 그리 비싸지 않았다. 열 송이 정도 들어 있는 꽃다발이 10파운드(우리돈으로 만 칠천 원) 정도였다. 먹지도 못할 꽃에 돈을 쓰는 게 사치스러운 일이라면 가난한 유학생 처지에 가당치도 않은 호사였지만, 나는 런던에 사는 동안 다른 영국 주부들처럼 슈퍼에서 꽃을 자주 샀다. 특히 겨울이면 런던의 해는 초등학교 아이들이 학교 갈 시간이 되어야 겨우 떴다가 오후에 차 마시는 시간쯤에 얼른 지고 말았기에, 기나긴 겨울밤 동안 식탁 위의 화사한 꽃송이는 따뜻한 위로를 건네는 소중한 존재였다.

골목길 상권의 힘

런던은 세계에서 몰려든 다양한 민족이 함께 사는 나라다. 그렇다 보니 영국 슈퍼마켓에는 자연히 여러 나라의 식료품이 갖춰져 있었다. 특히 향신료 칸의 가짓수가 어마어마해서, 보고 있노라면 세상에 이렇게나 많은 향과 맛이 있다는 사실에 절로 압도될 정도였다. 그러나 어디까지나 남의 나라 것을 찾을 때나 그렇게 갖춰진 것처럼 보일 뿐, 정작 내 나라 음식을 만들자고 치면 아쉬운 게 한두 가지가 아니었다. 그래서 나도 영국 슈퍼에서 장을 본 다음엔 꼭 한국 마트나 일본 마트로 가서 부족한 것들을 채워 넣어야 했다.

런던 생활이 조금씩 눈에 익고 나니, 영국 사람들은 큰 슈퍼마켓 못지않게 작은 가게를 애용한다는 것이 눈에 들어오기 시작했다. 가게들이 쭉 늘어서 있는 골더스그린 하이 스트리트에서는 이슬람 쪽 사람이 주인으로 보이는 바이투세이브 BUY 2 SAVE 라는 인터내셔널 슈퍼마켓이 가장 장사가 잘됐다. 우리나라에도 동네마다 있는, 과일이나 야채를 가게 앞 매대에 잔뜩 진열해 놓고 파는 아담한 슈퍼마켓 느낌이다. 정육 코너에 고기를 원하는 크기대로 잘라 주는 사람이 항상 있었고, 영국 슈퍼마켓에서는 팔지 않는 이민자들 나라의 식품이 다양하게 갖춰져 있었다. 어떤 음식이든 금방 팔려서 새로 채워 넣으니까 신선한데도 영국 슈퍼보다도 확실히 저렴했다. 그래서 국적에 상관없이 애기 주먹만 한 바퀴가 달린 장바구니를 돌돌돌 끌고 장 보러 온 사람들로 늘 북적였다. 계산대 옆에는 국적을 정확히는 알 수 없지만 더운 어느 나라의 것임이 분명한 알록달록하고 끈적한 디저트들이 꽉 차 있었다. 나도 런던에 살기 시작한 지 3년 정도 지나고 나서부터는 그 가게에서 자주 먹거리를 샀다. 한국 음식은 없었지만 영국 슈퍼에는 없는 소고기의 갈비 부위나 꼬리 부위를 냉장육으로 팔아서, 그걸로 갈비찜을 하고 꼬리곰탕도 끓일 수 있었다. 그러자 타향살이가 한결 안정된 느낌이 들었다. 그러고 보니 런던살이에 익숙해진 다음에 그 식료품점에서 장을 본 것이 아니라 그 반대였던 것 같기도 하다. 처음엔 들어갈 엄두도 못 낼 만큼 낯선 이국의 가게에서 내게 필요한 재료를 찾아내 영국에서 쉽게 먹기 힘든 한국 음식을 해 먹다니, 주부 만렙이 된 기분이었다. 거기다 한국엔 거의 없지만 달콤하고 즙 많은 납작한 복숭아나, 한국에서 먹던 것과 비슷한 수박까지 사다 먹을 수 있게 되자 이전보다 식생활이 한결 풍성해졌다. 빵도 슈퍼마켓보다 훨씬 부드럽고 촉촉한 빵을 파는 애들 학교 앞의 유대인 빵집에서 사기 시작했고, 생선도 야채도 그 종류만 파는 작은 가게들에서 사기 시작했다. 그렇게 한국에서는 잘 가지 않았던 작은 식료품 가게에 단골이 될 정도로 자주 들락거리게 되었다.

작은 가게에서 시장 보는 일의 즐거움

그렇게 작은 가게의 단골이 된다는 건, 똑같이 물건을 사는 일인데도 대형 마트만 다니는 것과는 생활의 결을 완연히 다르게 만드는 일이었다. 일단 동네의 길을 많이 걸어 다니게 된다. 나는 애들을 학교에 데려다주고 집에 돌아오는 길에 주로 장을 봤는데, 애들 학교 앞 길가나 우리 집 근처의 하이 스트리트에 내가 장을 보는 가게들이 줄지어 있었기 때문이다. 그렇게 상점가를 걷다 보면, 원래 가려던 가게의 옆 가게도 기웃거리다 들어가게 되었고 점차 더 많은 가게를 드나들게 됐다. 대부분 작은 가게라서 문을 열면 가게 전체가 한눈에 들어오는 것이 좋았다. 큰 슈퍼마켓은 문으로 들어간 다음에도 내가 원하는 물건이 어디에 있는지 잘 보이지 않고 물건까지 가려면 짧지 않은 거리를 걸어야 할 때가 많다. 그래서 한두 가지 사 가지고 나오는데도 적지 않은 시간이 걸린다. 근데 작은 가게는 몇 걸음 걷지 않아도 되고, 지키고 있는 사람이 금세 찾아 주기도 해서 정말 편리하다. 뿐만 아니라 가게에 있는 사람과 물건값을 계산하며 얼굴을 익히게 되니 갈 때마다 몇 마디씩 더 하면서 친해지게 된다. 자주 가니까 내가 찾는 걸 알아서 꺼내 주기도 하지만 그날 들어온 좋은 물건을 권해 주기도 하고, 때로 서비스를 주기도 해서 더 좋았다. 물건을 사는 일이 동시에 사람을 만나고 사귀는 일이 되었다는 뜻이다. 대형 마트 계산대는 사람이 매번 바뀌어서 누군가와 친해질 일은 거의 없다. 근데 작은 가게에서는 계산하는 일이 곧 사람과 인사를 주고받는 일이 되는 것이다. 작은 가게라 주차장이 없으니 걸어가게 되고, 무거우면 들고 오기 힘드니까 조금씩 사게 되고, 그래서 자주 가게 된다. 자주 갈수록 얼굴과 물건이 눈에 익어 물건을 사는 일이 점점 편안해졌다. 어떻게 보면 우리나라의 재래시장과 비슷한 구조라고 할 수 있을지도 모르겠다. 차이가 있다면 건물에 있는 가게라는 점뿐이다.

체인형 대형 슈퍼마켓은 식료품값 외에도 기업에서 가져가야 할 관리비와 이윤이 있으니 아무래도 거리의 작은 가게들이 가격 면에서 경쟁력이 있는 것이 당연하다. 그런데도 우리나라는 대형 마트가 워낙 도매가를 후려쳐서 납품을 받는 바람에 동네 가게들보다 대형 마트가 오히려 저렴할 때가 적지 않다. 그러나 사실 동네 가게가 더 저렴해야 정상이다. 게다가 작은 가게는 주인이 직접 물건을 관리하기 때문에 순환만 잘된다면 품질 관리도 잘될 수 있다. 해서 빵같이 하루를 넘기기 어려운 신선식품은 우리나라에서도 개별 점포가 더 인기 있는 편이다. 그러나 그 외의 품목에 대해서는 대형 슈퍼마켓에 밀려 거리의 가게들은 고전을 면치 못하고 있다. 특히 가공식품을 제외한 야채나 육류 등의 신선식품은 순환율이 떨어질수록 신선도가 떨어지고 가격을 낮추기 어려워 거리의 작은 가게로서는 악순환이 계속된다. 우리나라 골목길에서 식료품을 파는 가게들이 점점 줄어들고 있는 이유다.

우리가 사는 방식이 우리가 사는 공간을 좁게 느끼게 만들고 있다면

우리나라의 소비자들은 거리의 작은 가게의 품질이나 가격이 만족스럽지 못해 대형 마트로 향하지만, 대형 마트는 낮춘 가격을 보상받을 만큼의 이윤을 남기려고 파는 상품의 단위를 크게 만들어 놓아서 소비자로서는 몇 가지 사지도 않은 것 같은데 늘 커다란 카트가 금세 가득 차게 만든다. 그럼 우리에게는 그 많은 물건을 집으로 꾸역꾸역 가져와 상하지 않게 관리하며 먹어야 하는 까다로운 미션이 따라온다. 냉장고는 점점 커지고 개수마저 늘어나도, 음식의 종류와 양이 워낙 많다 보니 뭐가 어디에 얼마큼 있는지를 잊고 집에 있는 음식을 또 살 때도 부지기수다. 관리할 물건이 많아지는 것도 고달프지만 가장 문제는 공간 부족이다. 이런 생활 패턴에서는 집을 점점 더 좁다고 느낄 수밖에 없다. 엄청난 양의 물건을 사들

쇼핑 카트 끄는 두 사람

이면서도 편안하고 쾌적하다고 느끼는 집을 만들려면 수납공간을 더 늘려야 한다. 그건 바로 집을 마련하는 데 더 많은 돈이 필요하다는 것을 의미한다. 근데 과연 그렇게 사는 방법밖엔 없는 것일까? 반대로 물건을 덜 사면 수납공간이 적어도 집이 좁다고 느끼지 않으며 살 수도 있는 것이 아닐까?

물건을 사는 일의 의미가 그 물건을 사는 데 필요한 돈뿐만 아니라 그 물건을 둘 공간에 대한 비용까지 지불해야 함을 의미한다는 것은, 우리가 미처 생각하지 못하는 일들 중 하나일지도 모른다. 그리고 설혹 지불할 능력이 있다고 해도, 거기에 돈을 쓰는 일이 과연 그만큼 가치가 있고도 꼭 필요한 일인지는 다시 생각해 볼 일이다. 너무 많은 물건, 너무 많은 음식은 우리의 삶을 피곤하고 지치게 만드는 측면이 분명 있으니까 말이다. 그러고 보니 런던 집에서 쓰던 아담한 냉장고가 생각난다. 냉장과 냉동이 구분되어 있긴 했지만 내 키보다도 작은 130리터짜리 냉장고였다. 우리나라에서 가장 흔히 쓰는 양문형 냉장고 용량이 800리터 정도인 걸 생각하면 그야말로 초미니 냉장고다. 근데도 5년 동안 4인 가족이 김치냉장고도 없이 그 작은 냉장고 하나로 김치까지 담가 먹어 가며 큰 불편함 없이 살 수 있었다. 지금 돌이켜 생각하면 가난한 유학생 살림에다 작은 가게를 오가며 장을 보았던 런던의 생활 방식 때문이었겠다 싶다. 근데 꼭 런던이 아니어도, 그렇게 사는 삶이 불가능한 것만은 아닐 것이다.

11장

집 밖에서
먹고 노는 공간

카페, 음식점, 술집

외식은 꿈도 꾸지 못할 만큼 비싸다니

영국으로 떠날 준비를 하면서 이미 10년 가까이 런던살이 중인 선배 언니에게 이것저것 물어본 적이 있다. 그중에 런던의 음식은 어떠냐는 내 질문에 대한 언니의 대답은 완전 예상 밖이었다. "네가 잘하면 맛있지." 무슨 말인지 못 알아듣고 어리둥절해 있는 나에게, 언니는 다시 설명을 해 줬다. "사 먹을 일이 거의 없으니 네가 만든 음식이 바로 네가 런던에서 먹을 음식이란 뜻이야."

맙소사, 대체 물가가 얼마나 비싸길래 외식도 못 하고 꼼짝없이 집밥만 먹고 살아야 한다는 걸까. 짐 꾸리기를 시작도 하기 전인데 겁부터 왈칵 났다. 그리고 그렇게 졸아붙은 심정으로 도착한 런던은 과연 모든 게 놀라울 만큼 비쌌다.

비싸다는 건 과연 무엇인가?

근데 '비싸다'라는 건 뭘까? 아니, '비싸다'는 판단의 근거는 대체 무엇일까? 외국에 갓 도착한 여행자는 마치 생존 본능처럼 모든 가격에 환율을 자동 대입해서 계산하기 시작한다. 물 한 병의 값부터 시작해서 버스 한 번 타는 값, 한 끼의 밥값, 그리고 하룻밤 묵는 방값까지 전부 내가 살던 나라의 돈으로 얼마인지를 가늠해 보는 것이다. 사실 이건, 엄마에게 받은 용돈으로 학교 앞 문방구에서 불량 식품을 사 먹던 코흘

리개 시절부터 시작된 나름의 소비 습관이 시키는 일이다. 아무리 호떡 하나 겨우 사 먹을 수 있는 푼돈이라 할지라도, 그 돈을 쓰기 전에는 쓸지 말지를 결정하는 짧지만 엄연한 순간이 있는 것이다. 그 결정에는 판단이 필요하고 판단에는 근거가 필요한 법이니, 과연 이게 꼭 써야 하는 돈이냐 같은 본질적인 질문부터 시작해서, 이 가격이 과연 비싼지 아닌지에 대한 판단도 빠질 수가 없는 것이다.

아니, 어차피 몸은 이미 다른 나라에 와 있는데 굳이 내가 떠나온 나라의 가치에 기대어 비싼지 아닌지를 따져 보는 게 의미가 있을까? 어차피 써야 할 돈인데. 그런데도 나는 런던에 도착해서 살기 시작한 이후로 한참 동안 돈을 쓸 때마다 계산을 하고 또 했다. 지금 내가 하는 이 구매 행위가 과연 온당한 것인지를 판단할 근거가 너무도 절실해서였다. 그러고 보면 인간은 참으로 가련한 존재인 것이다. 때마침 1파운드가 거의 이천 원에 육박하던 시절이라서, 계산해 보면 모든 물가가 우리나라의 딱 2배 이상이었다. 돈을 쓸 때마다 가슴이 벌벌 떨렸다.

내 영국살이가 조금은 익숙해졌다고 느끼게 된 시점이 지금도 선명하게 생각난다. 어느새 벌벌 떨림이 없이 지하철을 타게 되고, "1파운드는 천 원이야"라고 말하는 선배 언니의 말에 기꺼이 수긍할 수 있게 되었을 때였다. 실제로 1파운드가 천 원은 아니었지만, 그렇게 생각하고 살아야 평정심을 유지하고 살 수 있었다.

사람이 하는 일에 대한 대가가 비싼 나라

가만히 보니, 영국이 우리나라보다 진짜로 비싼 건 '사람이 하는 일에 대한 대가'였다. 영국은 보일러가 고장 나서 기사를 부르면, 고치든 못 고치든 무조건 출장비로 100파운드, 우리 돈으로 바꾸면 20만 원 가까이 되는 돈을 줘야 한다. 고작 한두 시간의 출장 수리에 지불해야 하는 돈이 그 정도라니 무섭지 않은가. 그런 일을 겪으면 누구라도 왜 난 진작에 보일러 수리 기사가 되지 않았을까 하는 후회가 밀려올 것이다. 그래서 영국 사람들은 가전제품이 고장 나면 수리를 하기보다 버리고 새로 사고 만다. 영국에 사는 사람의 손을 거쳐서 고치느니, 중국에 사는 사람이 만들어서 산 넘고 물 건너온 새 제품을 사는 게 훨씬 더 싸기 때문이다. 그러니 외식 또한 비쌀 수밖에 없다. 영국에 사는 사람이 만들어야만 요리한 음식이 식기 전에 먹을 수 있을 테니까.

근데 그렇게 인건비가 비싼 게 항상 억울한 것만은 아니다. 영국에 살면서 일을 하게 되면, 나도 그만큼의 대가를 받을 수 있다는 뜻이기도 하니까. 그러나 학교 다니느라 제대로 돈을 벌지 못하는 학생들에겐 살기 고달픈 물가임엔 분명하다. 런던에서 1년 동안 학교를 다니면서 친구들과 음식점에 앉아 밥을 사 먹은 일이 한두 번 정도나 되었을까…. 아무튼 손에 꼽을 정도로 적었다.

식사 문화가 만드는 마을의 풍경

일단 끼니때가 되면 밥 먹으러 같이 식당에 가는 문화 자체가 없었다. 특히 점심은 그냥 각자 '해결'해야 하는 간단한 그 무엇일 뿐이었다. 사람은 삼시 세끼 밥심이 있어야 살 수 있다는 건전한 국민 정서 속에 나고 자란 나로서는 상상도 해 보지 못한 분위기였다. 그런 줄도 모르고, 오전 수업이 끝나고 점심시간이 되었는데 아무도 점심 먹으러 갈 생각을 하지 않자 나는 말도 못 하고 속으로만 끙끙 앓고 있었다. 왜 아무도 밥을 먹으러 가지 않는 거지? 난 이렇게 배고파 미치겠는데. 그렇게 점심을 안 먹고도 전혀 곤란하지 않은 사람들을 보고 있자니 내가 이렇게 먹을 걸 밝히는 사람이었던가 하는 생각이 들어 갑자기 민망해졌다. 그래서 꼬르륵거리는 배를 움켜쥐고 눈치만 보며 앉아 있었다. 물론 이탈리아에서 온 학생들은 진지한 표정으로 오늘 점심을 뭘 먹을지만 가지고 벌써 긴 토론을 한 다음 자기들끼리 어딘가로 유유히 사라졌다. 역시 이탈리아 사람들은 먹는 일엔 진심인 것이다. 그 외 대부분의 영국 애들은 점심을 어딘가에서 무언가로 대충 때우는 것 같았다(십중팔구 편의점 샌드위치를 먹었을 것이다). 당황스러웠다.

낯선 나라에 오면 먹는 음식이 다를 거라 생각했지, 제대로 먹지 않는 것이 문화일 줄이야.
그제야 거리에 음식점이 별로 많지 않다는 사실이 눈에 들어왔다. 물론 런던은 간판이 우리나라처럼 크지가 않아서 가까이 가서 유심히 보기 전에는 가게의 이름은 물론이고 업종조차 알아채기 쉽지 않긴 하다. 그래도 비교적 자주 오가는 학교 근처의 길은 밥을 어디서 먹어야 하나 하고 하나하나 유심히 살펴봤는데, 아무리 봐도 레스토랑은 우리나라의 채 절반도 되지 않는 것 같았다. 하긴 이렇게 끼니를 대충 때우려는 사람들이 많다면, 음식점을 열어 봤자 파리만 날릴 것이 뻔했다. 그리고 점차 간단한 점심은 카페에서 먹는 경우가 많다는 것도 알게 됐다. 우리나라 카페는 주로 음료를 마시는 공간인데 비해, 영국의 카페는 크루아상 같은 페이스트리류부터 샐러드, 샌드위치, 빵과 함께 나오는 수프 정도까지 간단한 식사가 될 수 있는 음식을 함께 팔았다. 요즘 식으로 치면 브런치 카페인 것이다. 그래서 점심은 물론이고 아침도 카페에서 먹는다. 음식점으로 보이지 않았던 카페가 사실은 음식점이었던 것이다. 그래서 테이블과 의자도 식사를 할 수 있는 높이의 것을 비치해 놓는다. 낮은 커피 테이블이 있는 소파 좌석은 거의 없는 것이다. 아무리 식사 비슷한 걸 판다고는 해도 밥과 국이나 찌개에 반찬 몇 가지까지 차린 한 상으로 제대로 끼니를 챙겨 먹는 우리나라 사람이 보자면 한마디로 엄청 대충들 먹고 사는 것이다. 그렇게 대강 배를 채우고 긴 오후를 보낸 다음, 저녁이 가까워지면 마치 다음 수업을 가듯이 모두 학교 앞의 펍으로 향했다.

술 먼저, 그다음 밥

내가 다녔던 북런던 대학(현 런던 메트로폴리탄 대학)의 건물은 다른 유럽 대도시에 있는 대학과 마찬가지로 캠퍼스라는 울타리 안에 있는 것이 아니라 그냥 도시의 일반 건물들 사이사이에 고춧가루처럼 끼어 있었다. 그래서 학교 건물만 나서면 바로 도시가 펼쳐졌다. 캠퍼스를 벗어나려면 자그마치 버스를 타야 했던 대학교를 다녔던 나로서는 이게 여간 편리한 게 아니었다. 식당이나 문구점 등 웬만한 가게는 학교 안에도 있었지만, 차마 술집은 없었기 때문이다.

그렇다고 내가 대학교 때 술집에 출석하는 학생이었다는 뜻은 아니다. 나는 어떤 면에선, 아니 그러고 보니 대부분의 면에서 인생을 남보다 한 박자씩 늦게 사는 편이라 대학 때는 술을 거의 마시지 않았다. 학교를 같이 다니던 친구들 중에서도 술을 마신다, 라고 할 수 있는 친구는 절반이 채 되지 않았다. 그런데도 학교 앞 가장 편리한 자리에서 성업 중인 가게는 언제나 술집이다. 가장 가깝고 가장 눈에 띄는 자리에서 학생들을 블랙홀처럼 빨아들이고 있다. 나는 그런 술집을 보면 학교와 자매결연을 맺었거나 사실은 운영 주체가 학교와 같은 것이 아닐까 하는 의구심이 들곤 한다. 아무튼 우리나라나 영국이나 그렇게 가장 편리한 위치에 밥집이 아니라 술집이 있는 걸 보면, 술집이 더 절실한 업종임은 분명하다.

영국 학교 앞의 술집은 펍이라는, 영국 특유의 음식점 겸 술집이었다. 음식점인데 술을 팔기보다는 술집인데 음식도 파는 집이라는 설명이 아무래도 더 적절할 듯하다. 같은 술집이어도 동네에 따라 고객층이 다르면 분위기도 따라서 달라지듯이, 위치에 따라 펍의 성격도 살짝씩 달라지는 것 같다. 학교 앞의 펍은 가난한 학생들이 주로 맥주만 마시며 수다를 떠는 술집의 성격이 강한 반면, 시골 마을의 펍은 주민들이 맥주를 마시는 동네 사랑방이기도 하지만 지나가는 여행객이 식사를 해결하는 음식점의 성격 또한 강하다. 그래서 시골 여행을 하면서 맛집을 검색하면 펍이 소개되는 경우도 많다. 아무튼 영국 사람들은 저녁이 되면 약속이나 한 듯이 가까운 펍으로 간다. 학생이면 학교 앞의 펍으로, 직장인이면 회사 앞이나 집 앞의 펍으로. 거기서 일단 맥주부터 한잔 마신다.

나중에야 펍에서 가족들과 함께 점심이나 저녁을 먹는 게 익숙해졌지만, 영국에 간 지 얼마 되지 않아 학교 앞 펍을 가게 되었을 땐 모든 게 너무나 낯설었다. 무엇보다 어색했던 건 점심도 제대로 먹지 않은 빈속에 안주도 없이 술부터 부어 넣는다는 것이다. 술이 세지 않은 나는 반드시 한 숟갈이라도 밥을 먼저 뜨고 술을 먹는다는 나름의 원칙을 가지고 있었다. 그렇지 않으면, 즉 단 한 모금이라도 술을 먼저 마시고 밥을 먹으면 훨씬 더 빨리 취하기 때문이다. 물론 취하려고 마시는 것이라면 술을 먼저 마시는 편이 한결 효율적이긴 할 것이다. 그러나 우리나라 사람은 아무리 주당이라 하더라도 안주 하나 없이 술만 한 병 넘게 먼저 마시진 않는다. 일단 1차는 밥집이고, 2차가 술집이다. 근데 영국은 1차가 술집이고 2차가 밥집인데, 사실 2차는 없을 때가 더 많다. 펍이나 음식점에서 음식(푸드라고 부른다)을 조금 먹거나 집에 가서 각자 먹는 경우가 더 많은 것이다. 아마 앞서 이야기한 대로 남이 해 주는 음식의 값이 만만치 않아서일 것이다.

펍에서 술 마시는 법

근데 또 놀라운 건 그렇게 빈속에 먹는 술을 심지어 '서서' 마신다는 거다. 테이블에 앉아서 먹는 경우도 없지는 않지만, 그렇게 주저앉아 먹는 건 늙은이 스타일이라고 생각하는 것 같았다. 다들 맥주잔을 들고 돌아다니며 이 사람, 저 사람과 이야기하며 마신다. 나도 분위기에 휩쓸려 그렇게 마셔 봤는데, 여간 산만하고 힘에 부치는 게 아니었다. 영국 사람들은 펍에서 맥주를 마시기 시작하면 없던 에너지가 샘솟는 걸까? 근데 알고 보니 영국 애들은 오히려 자리에 앉아 한 사람과 마주 보고 오랜 시간 이야기하는 편이 더 힘들다고 한다. 이 사람, 저 사람과 짧게 이야기하는 편이 대화가 깊어질 필요가 없어 편안한 모양이다. 나는 그렇게 깊이 없는 짧은 대화가 반대로 더 피곤하기만 하던데. 아무튼 사람은 자라 온 문화와 환경의 영향으로부터 자유로울 수 없는 모양이다.

펍이란 공간이 그렇게 각자 술을 들고 돌아다니며 마시는 형식이다 보니, 테이블별로 계산을 할 수가 없다. 해서 펍에서는 자기가 마실 맥주는 자기가 먼저 사도록 되어 있다. 더치페이와 선불의 컬래버 시스템인 셈이다. 그래서 펍의 평면은 입구에 들어가서 가장 먼저 만나게 되는 곳에 생맥주 탭이 줄지어 있는 바가 위치하도록 설계되어 있다. 그 바 테이블에서 돈을 내고 맥주를 받기 때문에 계산대를 따로 만들 필요가 없다. 그러니 자연스레 펍의 중심은 바 테이블이 되고 가장자리에 테이블을 배치하게 되는데, 중간에 서서 이야기하며 마실 수 있게끔 바 테이블로부터 테이블까지를 널찍하게 떨어뜨

서서 마시는 영국의 펍

려 놓는다. 그럼 사람들은 바에 기대어 마시기도 하고 테이블에 앉아서 마시기도 하지만 대부분 그 사이에 서서 이야기를 하며 마신다. 나는 힘에 부치기도 해서 앉아서 흑맥주인 기네스를 마셨는데, 애들이 흑맥주는 할머니들이 마시는 거라고 이야기해 줬다. 아무래도 나는 할머니로 찍혔던 것이 분명하다.

'외식'이라는 행사에 대해 우리가 기대하는 것들

아무리 로마에 가면 로마법을 따르라는 말이 있다고 해도, 30년 훌쩍 넘게 살면서 익숙해진 습관을 금세 바꾸기는 힘들었다. 영국 사람들처럼 펍에 서서 마시는 맥주 한잔으로 하루를 마무리하는 루틴을 갖게 되진 못했다는 뜻이다. 그보다는 가족들과 외식을 하러 가는 장소로 펍을 찾는 경우가 더 많았다. 학생의 신분을 벗어나 돈을 벌게 되자, 비로소 우리 가족은 점차 음식점 테이블에 앉아 먹는, 소위 외식이란 걸 하기 시작했기 때문이다.

그러나 영국에서 하는 외식은 우리나라에서 하던 그것과는 많이 달랐다. 일단 자가용을 타고 가지 않았다. 집 근처에 있는 식당으로 온 가족이 함께 슬슬 걸어가거나, 버스를 탔다. 런던의 음식점들은 죄다 주차장이 없기 때문에 차를 가지고 가면 길가 주차장의 복잡한 규정에 맞추어 눈치껏 세워야 한다. 그래서 차라리 차 없이 가는 것이 편했다. 런던 생활에선 외식이란 것 자체가 이미 호사스러운 일이라는 생각이 들어서인지, 차까지 가지고 가야겠다는 생각이 들지 않았다.

그런데 우리나라는 외식이라는 행사의 이미지 안에 자가용이 이미 들어가 있다. 이제는 외식이 너무도 흔해졌지만, 전쟁 이후 없이 살던 시절을 오래 겪던 당시엔 외식은 부유함의 상징이었다. 그래서 자가용을 멋지게 타고 음식점에 가서 먹고 오는 형식 자체가 뭘 먹었는지 못지않게 중요했다. 그래서인지 우리나라의 음식점들은 주차장을 확보하려고 안간힘을 쓴다. 주차장이 없으면 장사가 잘 안될 거라 생각하기도 한다. 마침 부설주차장법으로 건물마다 주차장을 만들게 했기에 많은 음식점이 서너 대 정도는 세울 수 있는 주차장을 갖고 있다. 그러나 덕분에 우리는 음식점 창밖으로 자동차 궁둥이를 보며 식사하게 되었다. 런던처럼 거리를 지나가는 사람들을 보는 편이 훨씬 나을 것 같은데 말이다.

아이를
철저히 보호하되
마음껏
뛰어놀게 하라

초등학교

뒤늦은 유학 생활엔 아이들이 딸려 있었다

나와 남편은 인생의 스케줄이 남들보다 좀 별나게 느린 편이다. 대부분의 사람들은 대학교를 졸업하자마자 유학을 가는데, 우리는 졸업하고 일을 한참 하다가 애를 둘 낳아서 몇 년이나 키우고 뒤늦게 갔다. 세 살, 다섯 살 천방지축 두 아이를 데리고 유학을 가겠다고 하니, 마침 유학 갔다가 돌아온 동기들은 그제야 떠나겠다는 우리를 보고 의아한 표정을 지었다. 건축사 자격증이 있으니 개소를 해도 괜찮을 만한 상황이었지만, 그땐 앞뒤 생각 없이 그냥 외국으로 나가 보고 싶었다. 그게 결혼하면서 세운 우리의 목표였으니까(인간의 뇌는 이렇게 놀랄 만큼 단순해질 수도 있는 것이다). 물론 우리도 유학이 이렇게까지 늦어질 줄은 몰랐다. 원래 목표는 일단 졸업하고 한국에서 직장 생활을 최소 3년은 하자는 것뿐이었다. 근데 직장 생활을 3년 하고 나니 첫애가 생겼고, 첫애를 키워 보니 둘째도 얼른 낳고 싶었다. 그렇게 둘째까지 낳아서 첫째랑 같이 키워 보니 둘째도 갓난아기 시절은 좀 지난 다음에 움직이는 게 조금이라도 덜 힘들 것 같았다. 그렇게 이런저런 이유가 징검다리처럼, 혹은 줄줄이 사탕처럼 엮이고 이어져 유학이 늦어지게 된 것이다.

영국에 가서도 남편과 나는 공부를 동시에 하지 않고 차례를 정해서 순서대로 했다. 둘 다 1년짜리 대학원 과정이었는데, 부지런하고 성적 좋은 남편이 먼저 공부를 시작하고 나는 다음 해에 남편이 졸업하면 이어서 하기로 한 것이다. 남편이 공부하는 동안 나는 집에서 아이들을 돌보기로 했다. 그래서 나는 정말로 하루 종일 애들과 함께 집에만 있었다. 가끔 식료품을 사러 나가거나 공원에 산책을 하러 가는 것 외에는 외출도 거의 하지 않았다. 우리 애들은 집을 제일 좋아해서 밖으로 나다니는 걸 달가워하지 않는다. 런던에 5년이나 살았지만 런던의 상징인 타워브리지●도 가 보지 못했으니까 어느 정도인지 짐작이 갈 것이다. 근데 나도 그렇게 애들과 하루 종일 집에 있는 게 별로 힘들지 않고 자연스러웠다. 한국에서도 어린이집을 보내지 않고 내가 집에 데리고 있었기 때문이다. 그렇게 매일 집에서 한국 음식만 해 먹고 살고 있자니, 나중엔 내가 사는 곳이 한국인지 영국인지 별로 구분이 가지 않았다.

본전 생각에 보내기 시작한 애들 학교

그러다가 마침 같이 유학 온 직장 동료가, 영국에 살면서는 애들 학교 보내는 게 돈 버는 일이란 이야기를 해 줬다. 한국에서는 비싼 돈 내고 영어 유치원 다녀야 하는데, 영국에서는 공립 학교에 다니면 공짜로 영어 교육을 받을 수 있으니 그

● *Tower bridge.* 템스강에 놓인 다리로 런던 최고의 랜드마크 중 하나이다.

거야말로 남는 장사라고. 그 이야기를 듣고 나니 낯선 언어로 버벅대며 생활하느라 잠시 잠자고 있던 나의 본전 찾기 기질이 발동했다. 사실 한국에 있었어도 유행 따르는 일에 도통 게으른 내가 애들을 영어 유치원에 보냈을 리는 만무하다. 그러나 그렇다고 애들이 무료로 영어를 배울 수 있는 기회를 뻥 차 버릴 것까진 없지 않은가. 마침 나와 남편의 대학 학비는 꽤 비싸기도 하니 애들이 학교를 공짜로 다닌다면 왠지 학비를 할인받는 기분이 들 것 같아, 그 이야기가 꽤나 솔깃했다. 그러고 보니 큰애는 한국에 있었으면 어차피 학교에 입학해야 할 나이었다. 그러저러한 계기로 결국 우리 첫째도 런던의 공립 초등학교에 다니게 되었다. 나로서도 영국의 초등학교 건축을 간접 경험할 기회가 생긴 것이다.

아이가 다니게 된 학교는 햄스테드 가든 서버브 Hampstead Garden Suburb 라는 동네에 있는 가든 서버브 스쿨이었는데, 평판이 꽤나 좋은 학교였다. 정성스럽게 정원을 가꾼 작고 예쁜 집들이 옹기종기 늘어서 있는 동네에 있는 학교라 그럴 만했다. 동네랑 학교 분위기가 무슨 상관이랴 싶겠지만, 나라를 불문하고 학교는 그 학교가 자리한 동네 분위기로부터 영향을 받는다. 학교도 결국 사람들이 모인 곳이라 그 동네에 사는 학생들이 분위기를 만들게 되는데, 그 학생들은 결국 자기 부모의 영향을 받기 때문이다. 동네의 분위기가 학교에서도 나타날 수밖에 없는 이유다. 다들 대단한 부자는 아니지만, 그래도 예쁘게 정원을 가꿀 정도의 심적 여유는 가진 동네였다.

2층짜리 나지막한 건물이 학교라니

아무리 동네에 따라 학교 분위기가 달라진다고는 해도, 사실 나랏돈으로 짓는 공립 학교는 건물 모양이 대부분 거기서 거기이기 십상이다. 길을 가다 왠지 학교 같은 건물이다 싶으면 대부분 그 의심을 저버리지 않고 학교이고 마는 것이다. 특히 초등학교는 국적을 불문하고 또렷이 표가 난다. 아무리 감추려고 애를 써도 마지막 순간에 눈에 띄고 마는 여우 꼬랑지처럼, 알록달록한 놀이기구 귀퉁이가 슬쩍 보여서다. 물론 놀이기구가 놓였다고 다 초등학교는 아니다. 그 놀이기구가 놓인 마당이 퍼질러 앉아 모래놀이나 겨우 할 만큼 작으면 어린이집이고, 아이들이 뜀박질할 수 있을 정도로 널찍하면 초등학교다. 그런 식으로 중학교, 고등학교가 되면 아이들의 덩치가 커지고 활동 반경이 넓어지는 만큼 운동장도 조금씩 커진다. 그리고 무엇보다, 도시에서 주차장으로 쓰지 않는 빈 마당을 갖고 있는 건물은 학교 말고는 달리 없는 것이다.

교실이 있는 건물과 운동장이 함께 있다는 점에서 학교 건축은 나라마다 엇비슷할 것 같지만, 그게 또 나라마다 꽤나 다르다는 것을 영국에 가 보고서야 알게 되었다. 영국의 초등학교는 한국의 초등학교와 여러 가지 면에서 다른데, 일단 건물의 높이가 2층 정도로 나지막하고 운동장도 우리나라에 비하면 마당으로 보일 정도로 조막만 하다. 우리나라 학교의 모습을 떠올려 보라. 축구장 하나는 너끈히 들어가는 널찍한 운동장을 남쪽에 두고 한 층에만 교실이 10개는 들어가는 4층짜리 길쭉한 일자형 건물이 마치 장군처럼 보무도 당당하게 서 있지 않던가. 그 모습에 비하면 영국의 학교는 높이도, 넓이도 반밖에 되지 않아서 왜소하고 얌전한 책사처럼 보인다.

운동장도 쓰임에 따라 여러 개로

건물의 규모만이 다른 것이 아니라 운동장을 만들고 사용하는 방식도 다르다. 영국의 초등학교는 건물을 땅의 한가운데 배치해서 운동장을 2개로 나눠 만드는 경우가 많다. 그러면 우리나라의 전통 한옥에 있는 바깥마당과 안마당처럼 운동장의 성격이 각각 달라진다. 길에 가까운 운동장은 바깥마당처럼 좀 더 방문객에게 접근이 쉬운 바깥 운동장이 되고 건물 너머 안쪽은 안마당처럼 안쪽 운동장이 되는 것이다.

운동장을 이렇게 만드는 건 영국 사람들이 분류를 좋아한다거나 유난히 아기자기한 공간을 좋아해서가 아니다. 그보다는 우리나라 기준으로 봤을 땐 다소 유난스런 아동 보호 문화 때문이라고 할 수 있다. 바깥 운동장은 큰 학생들이 뛰어노는 공간이자 학생들이 학부모들 같은 외부인을 만나는 장소로 사용하고, 안쪽 운동장은 학교 건물로 들어가야만 접근이 가능하게 만들어 각별히 안전하게 보호해야 할 더 어린 학생들이 맘 놓고 뛰어놀 수 있는 공간으로 사용하기 위해서다.

법으로 명문화되어 있는 것은 아니지만, 영국에서는 11세가 되기 이전의 아동은 반드시 보호자인 어른과 함께 있어야 한다는 제법 강력한 사회적 동의가 있다. 그래서 많은 사람들이 11세 이전의 아이를 어른 없이 다니게 하거나 집에 혼자 두면 부모가 경찰에 잡혀가는 줄로 알고 있을 정도다(나도 그랬다). 실제로 학교 또한 교칙으로 아이가 등하교를 할 때는 반드시 부모 혹은 성인 보호자가 동행하도록 강제하고 있다. 그래서 아침에 등교할 때는 선생님이 학교 건물 현관에서 아이가 혼자서 학교에 오진 않았는지 확인하고, 오후에 하교할 때도 아이를 데리러 온 보호자를 확인한다.

바깥 운동장은 학교가 학생을 보호자에게 넘겨주는 공간

영국 초등학교의 하교 풍경은 그런 문화의 영향으로 우리나라와는 아주 많이 다르다. 우리나라의 초등학생들은 아무리 어려도 혼자서 어디든 갈 수 있기에 수업이 끝나면 학교 건물을 나가 순식간에 뿔뿔이 흩어진다. 하지만 영국에선 그런 일은 절대 벌어질 수 없다. 학교 수업이 끝나면 영국의 초등학생들은 아기 오리들이 엄마 오리를 졸졸 따르듯 선생님을 따라 줄지어 학교 건물을 나온 다음, 보호자가 자기를 데리러 올 때까지 바깥 운동장에서 선생님과 함께 얌전히 기다려야 한다. 그래서 부모나 보모는 약속된 하교 시간에 맞춰 아이를 데리러 와서 바깥 운동장에서 기다리고 있다가, 선생님이 데리고 가도 좋다는 사인을 해 주면 그제야 학생을 데리고 간다. 여기서 중요한 포인트는 선생님에게 허락을 받아야 한다는 점인데, 선생님은 학생을 데리러 온 보호자가 부모가 아니면 미리 이야기된 사람인지를 일일이 확인한다. 다른 학생의 부모라든가 해서 선생님이 이미 아는 사람이라 할지라도, 부모로부터 미리 연락을 받지 않았으면 절대로 아이를 넘겨주지 않는다. 학교에 있을 때까지, 그리고 그 시간 이후 아이를 안전하게 보호할 사람에게 제대로 넘겨주는 것까지가 학교의 책임이라고 인식하기 때문이다.

해서 학교 수업이 끝나고 안전한 보호자에게 학생을 무사히 넘겨주는 건 학교로선 매우 중요한 의식이다. 등교할 땐 도착하는 대로 학교 건물로 들여보내면 그만이므로 별도의 공간이 필요하지 않지만, 하교 땐 선생님, 학생, 학부모까지 여러 명이 한꺼번에 서 있을 수 있는 너른 공간이 반드시 필요하다. 그래서 바깥 운동장이 있어야 하는 것이다. 외부인이 접근하기 어렵지 않아서 부모나 보호자가 들어올 수 있고, 그러면서도 울타리가 있어 학생들이 자기를 데리러 오는 어른을 안전하게 기다릴 수 있는 공간이 바로 그 바깥 운동장이다. 영국에 비하면 우리나라 학교의 운동장은 그야말로 운동에만 초점을 맞춰 만든 공간이라고 할 수 있다. 우리나라 학교

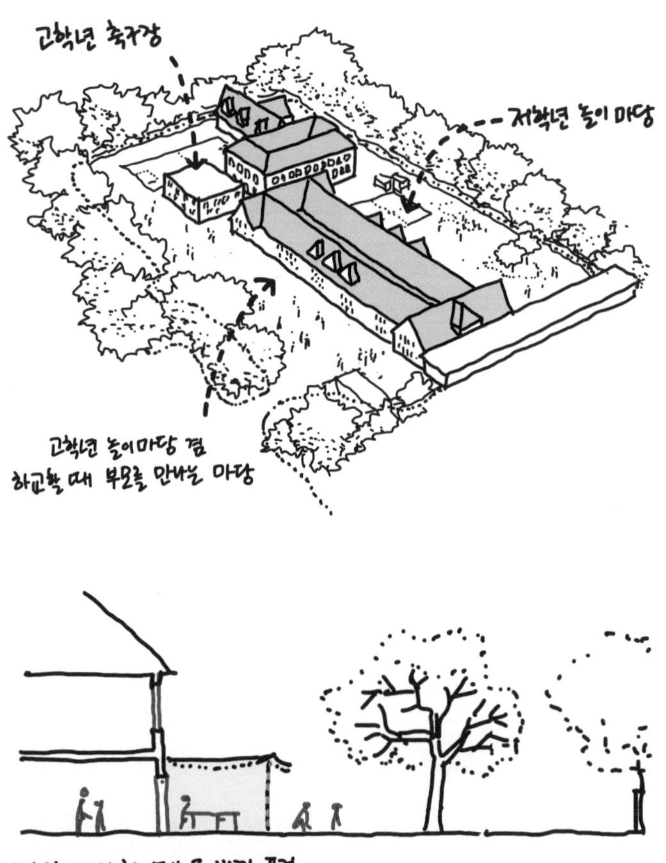

건축을 설계할 때 지켜야 할 법에는 운동장의 설치 기준[●]이 있는데, 학생들이 작고 어린 초등학교냐 아니면 덩치가 큰 중학교, 고등학교냐에 따라 학급 수당 적용해야 할 운동장 면적의 기준이 달라진다. 그리고 대충 짐작이 가겠지만 그 기준은 주로 운동 경기의 종류로부터 나온다. 모름지기 학교 운동장이라면 축구 정도는 할 수 있어야 한다는 생각이 아주 오래전부터 있었던 것인지, 골대가 양편에 있는 축구장 구획이 있고 그 주변으로 운동장을 한 바퀴 도는 트랙이 있는 형식이 우리나라 학교 운동장의 전형적인 모습이 되었다. 덕분에 봄마다 산불이 나면 불이 축구장 몇 개의 면적을 태웠다는 식의 뉴스를 듣게 되는데, 온 국민이 어렵지 않게 축구장 면적을 상상할 수 있기 때문인 것 같다. 초등학교를 다녔던 경험은 누구나 있을 테니까. 그러고 보니 온 국민이 축구장이 있는 운동장을 다닌 것치고 우리나라는 축구의 나라는 아니다. 오히려 축구에 미쳐 있는 나라는 영국이 아닌가.

어찌 됐건 요즘 우리나라에서는 소위 다목적 강당이라 부르는 실내형 운동 공간, 즉 체육관을 거의 모든 학교에 짓게 되었기 때문에, 구비해야 할 운동장의 면적 기준이 이전보다 많이 작아졌다. 학교 건물을 지을 만큼 학생 수가 충분한 곳은 사람이 많이 모여 사는 도시일 것이고, 상대적으로 땅값이 비

● 학교 시설, 설비 기준령.

쌀 것이기에 운동장을 줄여도 된다면 다들 옳다구나 하고 줄일 것이다. 운동장의 크기에 연연할 필요는 없지만 그렇다고 너무 줄여서 건물로 채우기보다는 활용도 높은 외부 공간이 되도록 건물과 연결해서 잘 쓸 수 있게 만들면 좋을 것이다. 그리고 기왕에 확보한 학교용지가 있다면 일정 부분을 학교 숲으로 만들게 하는 시설 기준이 있었으면 좋겠다는 생각이 든다. 영국이야 학교 밖에 녹지가 많지만, 우리나라 도시엔 녹지가 너무 없기 때문이다. 학교 안에 작게라도 숲이 있다면 운동장 못지않게 학생들의 건강에 도움이 될 것임이 분명하다.

아이를 보호하려면 이쯤은 되어야

한국에서 애들 학교는커녕 어린이집도 보내 본 경험이 없는 생초짜 학부모인 나도, 로마에 가면 로마법을 따라야 한다는 것 정도는 눈치껏 알고 있었다. 그래서 아이가 학교를 다니기 시작하자 영국의 룰을 따라 열심히 아이를 학교에 데려다주고 데리러 갔다. 신기하게도 내가 살던 런던 동네에는 통학버스라든가 학원 버스 같은 것이 전혀 존재하지 않았다. 그래서 거의 모든 학부모들이 아침저녁으로 애들 학교를 오가며 등하교 수발을 든다. 그래서 런던에서는 출퇴근 시간보다 애들 등하교 시간이 러시아워처럼 차가 막히는 신기한 현상이 벌어진다. 물론 맞벌이하는 부모는 등교 수발은 몰라도 하교 수발은 쉽지 않다. 특히 한창 일하는 시간인 3시에서 4시 사이 하교 시간에 아이를 데리러 가는 건 무리이므로 보통 보모를 고용해서 대신 애들을 집으로 데리고 가 퇴근할 때까지 돌보게 한다. 나와 남편이 모두 일할 때는 나도 그렇게 했다.

우리나라에서 학교를 보내 본 경험이 전혀 없는 백지상태에서 영국 학교에 애들을 보내는 경험을 해 보니, 분명 우리나라와는 많이 다른 그들의 아동 보호 문화가 처음엔 낯설고 힘이 들었지만 점차 동조하는 심정이 되어 갔다. 길바닥에, 표지판에 아무리 크게 '어린이 보호'라는 글자를 쓴다 해도, 영국 사람들이 매일매일 하고 있는 노력에 비하면 글자는 너무 공허한 외침이 아닌가. 물론 잠시도 아이를 혼자 두지 못한다는 건 때로 아주 버거운 일이었다. 애를 제시간에 데리러 갈 수 없을 땐 갈 수 있는 순간까지 동동거려야 했으니까. 어쩔 수 없이 여기저기 애를 맡기다 보면, 아이가 숨 쉬는 짐짝 같다는 생각도 들었다. 그러나 힘들어도 분명 그게 더 옳았다. 그래야 아이들은 안전할 수 있는 것이고, 무엇보다 아이는 편하려고 키우는 건 아니니까 말이다.

학교에서 가끔 학교 근처 공원으로 나들이를 갈 때면, 학생들 열댓 명 남짓에 교사 둘, 학부모 두세 명은 따라붙는다. 어른 한 명당 아이 서너 명을 챙길 수 있게끔 어른 수를 늘리는 것이다. 공원까지 가는 길이 우리나라 골목길에 비하면 위험한 것도 아니다. 모든 길엔 널찍한 보도가 있고, 차도에는 주택가를 천천히 지나가는 차가 어쩌다 가끔 있을 뿐이다. 그런데도 선생님들은 아이들을 철저히 보호한다. 길이라도 건널라치면 어른들이 손에 손을 잡고 아이들이 안전하게 길을 건너갈 수 있도록 아예 인간 장벽을 친다.

교실에서 운동장으로 바로 뛰쳐나가 놀 수 있는 학교

그러니 학교에서 학생들이 노는 공간의 안전은 또 얼마나 어마무시하게 중요하게 여기겠는가. 나는 애들 학교 나들이에 도우미로 갔다가 내 아이 사진을 찍고서 선생님에게 심각한 표정으로 한 소리 들은 적이 있다. 옆의 애까지 찍히면 안 되니 절대 사진을 찍지 말라고. 한마디로 남의 애는 사진으로 담지도 말란 이야기다.

외부인은 쉽게 접근은커녕, 시선조차 닿지 못하도록 학교 건물 너머 안쪽 깊숙한 곳에 운동장을 만드는 건 다 이런 이유가 있어서다. 그리고 학교 건물 자체도 그 안쪽 운동장에 가장 어린 학년의 교실을 면하게 설계한다. 단지 면하기만 한 것이 아니라 아예 운동장과 교실 사이의 벽에 문을 만들어서, 언제든 문을 열고 바로 운동장으로 나갈 수 있도록 만든다. 그러면 어린 학생들은 쉬는 시간이든 수업 시간이든 안전한 안쪽 운동장으로 쉽게 나가 신나게 놀 수 있다. 그렇게 신경 써서 운동장을 안전하게 만들어 놓고도 마치 수영장에 안전요원을 배치하는 것처럼 아이들이 노는 동안 안전을 위한 상주 지킴이를 배치하는 것은 물론이다. 뿐만 아니라 교실의 문 바로 앞의 공간에도 천막 지붕을 설치하고 그 아래 테이블과 의자를 놓아, 야외 수업을 할 수 있는 공간으로 꾸미기도 한다. 1층이 교무실, 교장실, 행정실이었던 우리나라의 학교 건물과는 참 다른 모습이다.

물론 우리나라도 학교 건축을 바꾸려는 노력들이 있다. 무엇보다 지역 사회로의 연결과 개방, 줄어드는 학생 수로 인해 빈 학교 공간을 활용하려는 시도까지, 시대와 상황에 따른 학교 건축의 변화는 분명 필요하다. 그러나 소통이라는 거창한 명분 속에 우리 아이들의 안전이 위협을 받는다면, 초등학교 건축이 지역 사회에 대해 갖는 개방성이 과연 적절한 가치인가는 다시 되짚어 볼 일이다. 어쩌면 아동을 보호하는 실질적인 노력은 영국 생활이 나에게 남긴 가장 강력한 문화적 메시지였던 것 같기도 하다.

13장

아이들은 놀 때
어디로 가야 하나

공원, 놀이터, 도서관

도시에 아이들이 놀 수 있는 공간은 어디인가

애들을 영국 학교에 보내기 시작하면서 등하교 수발을 들어야 한다는 걸 알았을 땐 세상에 그걸 힘들어서 어떻게 하나 싶었는데, 역시 인간은 적응의 동물인지 어느새 우리는 아침저녁으로 다람쥐처럼 학교를 오가게 되었다. 심지어는 그걸 아주 당연히 해야 하는 일로 여기게 되어서, 한국에 돌아온 다음 태어난 막내가 초등학교를 다니게 되자 아무도 하라고 하지 않았음에도 자동으로 온 가족이 등하교 수발을 들고 있다. 주로 애들 아빠인 남편이 아이 의자를 달아맨 자전거에 애를 태우고 다니며 그 업무를 전담하고 있지만, 남편이 바쁘면 가끔 나도 가고 첫째나 둘째, 할머니나 할아버지까지 돌아가면서 막내를 데려다주거나 데리러 간다.

영국과 다를 수밖에 없는 점은, 역시 하교할 때의 풍경이다. 수업이 끝나고 학교에서 나올 때 우리나라 아이들은 혼자 걸어 나온다. 그런 아이를 만나러 1학년 1학기 때는 학교로 갔지만, 2학기가 되자 점차 학교 앞 놀이터로 애를 데리러 가기 시작했다. 우리 애는 어차피 학교가 끝나면 놀이터로 직행하는데, 데리러 간 어른이 놀이터에서 망부석처럼 한 시간이고 두 시간이고 애가 집에 갈 마음이 들 때까지 기다리고 있자니 너무 힘들어서였다. 처음엔 우리도 아이 옆을 지키지 않는다는 게 좀 불안했다. 그러나 가만 보니 놀이터 한 켠 정자에는 언제나 누군가의 할머니나 엄마가 있었고, 어차피 맨날 놀이터에서 노는 애는 그리 많지 않다 보니 점차 우리 막내를 다 알게 되었다. 아무튼 그 손바닥만 한 놀이터 안에서만 있다면 그렇게 위험할 것 같진 않았다. 그리고 달리 갈 데도 없었다.

막내아이 학교 앞에 있는 놀이터는, 동네마다 한두 개씩 있는 작은 공원에 있는 놀이터다. 사실 전체 규모가 손바닥만큼 작은데 그중에서도 녹지는 더 적어서 공원에 놀이터가 딸려 있다기보다는 놀이터에 녹지가 좀 묻어 있는 모양새다. 그나마 이 작은 공간이라도 없었으면 이 도시가 얼마나 삭막하고 막막했을까. 아이들이 놀 수 있는 공간이 우리나라는 정말 부끄럽도록 빈약하기 짝이 없다. 첫애를 키울 때는 녹지가 풍성한 도시인 과천에 살아서 그나마 갈 데도 있고 공원에 앉아 있어도 편안했는데, 다른 동네는 그렇지 않다. 우리나라 보통 골목길에 있는 평범한 쌈지 공원은 크기도 작은 데다가 바로 옆으로 차가 하도 자주 지나다녀서 그냥 길바닥에 나앉은 느낌이 든다. 런던에 살다 와서 유난히 더 그렇게 느껴지는 것일까.

공원에 가면 고민 끝

그러고 보니 런던에 사는 동안엔 애들이 놀 공간에 대해서는 고민을 해 본 적이 한 번도 없었다. 공원이 있기 때문이다. 그것도 아주 큼직한 공원부터 작고 아담한 공원까지 런던엔 공원이 그야말로 여기저기 사방팔방 널려 있었다. 아무리 아담한 공원이라 해 봤자 우리나라 쌈지 공원 4개는 쑥 들어갈 정도의 크기였지만 말이다.
공원만 있으면 애랑 노는 일은 누워서 떡 먹기였다. 그저 공원으로 데리고 가서, 물고기처럼 풀어놓으면 그만이었다. 그러면 아이들은 물 만난 고기처럼 신나서 달려 나갔다. 그 순간엔 언제나 마음이 스르르 풀어지면서 행복감이 밀려왔다. 집 밖에서 아이들이 나한테서 떨어져 나가도 죄책감 없이 마음이 편할 수 있는 데는 오로지 공원뿐이었다. 예쁘고, 여유롭고, 공기도 좋고, 무엇보다 차로부터 안전해서 언제 어디로 튈지 모르는 애들을 데리고 있어도 마음이 놓였다. 공원을 사랑할 수밖에 없는 이유는 그야말로 차고 넘쳤다.
공원이 워낙 넓다 보니 그 안에는 꽃밭도 있고, 연못도 있고, 숲도 있고, 산책로도 있고, 놀이터도 있고, 차를 마실 수 있는 티하우스도 있었다. 좀 더 큰 공원에는 호수도 있고 물놀이장이나 야외 수영장, 심지어 작은 동물원도 있었다. 애들과 함께 공원에 가면 시간 가는 줄 몰랐다. 계절에 따라 피는 꽃이 다르고, 풀의 색이 다르고 크기가 다르고, 나무의 느낌이 달라서 별다른 프로그램이 없어도 항상 다채로웠다. 사람이 만든 그 어떤 정교한 물건도 자연의 풍요로움을 따라가진 못하는 것이다.
애들이 다닌 영국 학교에도 바로 앞에 크지 않은 잔디밭이 있었는데, 날이 좋으면 다들 약속이나 한 듯 학교를 마친 애들을 데리고 거기 모여 놀았다. 애들은 공놀이를 하고 엄마들은 피크닉을 하며 수다를 떠는 시간이었다. 그렇게 오후의 볕이 나른하게 내리쬐는 잘 가꿔진 푸른 잔디밭에 돈 한 푼 내지 않고 앉아 있노라면, 인생의 선물을 받는 기분이 들었다. 더 바랄 것 없이 넉넉한 삶을 사는 부자가 된 느낌이라고나 할까. 물론 냉정하게 생각하면 내가 부자가 아니라 부자 나라에 살고 있는 느낌이긴 했지만 암튼 그랬다. 서울보다도 훨씬 비싼 런던의 땅값을 생각하면, 이게 무슨 호사란 말인가. 영국이란 나라는 어쩜 이렇게 공원 인심이 좋을 수가 있는지 놀라웠다. 우리나라는 공공 건축을 지을 때도 부지 매입 비용을 아낀다고 그나마 얼마 남아 있지도 않은 공원 땅부터 야금야금 갉아 먹는데 말이다. 내가 영국에 살던 5년 동안 나무 한 그루 허투루 베는 걸 본 적이 있던가. 모두에게 돈 한 푼 받지 않고 공짜로 개방되는 공원은 언제나 정성스럽게 가꿔지고 있었다. 아아, 진정한 부티는 이럴 때 느껴지는 것이다.

작은 도서관이 아름답다

공원에도 많이 갔지만, 애들을 데리고 자주 간 곳 중의 하나는 동네 도서관이었다. 집에서 몇 발자국만 걸어가면 되는 가까운 거리에 딱 주민 센터 민원실 크기만큼 아담한 도서관이 하나 있었다. 완만한 경사로를 따라 가까이 다가가서 땅에서 솟아나온 키 작은 기둥 위의 둥글넓적한 버튼을 누르면 나무로 된 두짝문이 마치 두 팔 벌려 환영이라도 하듯 활짝 열려 유아차를 밀고 들어가기도 좋았다. (영국엔 신기하게도 그런 여닫이형 자동문이 솔찬히 있다. 오로지 슬라이딩형 자동문만 존재하는 나라에 살다가 그런 문을 보니 신기해서 깜짝 놀랐다.) 들어가자마자 바로 도서관 열람실이 나오는, 조막만 한 도서관이었다. 로비라고 할 만한 공간도 따로 없었다. 그냥 입구 부분에 도서 검색과 신간 안내를 위한 작은 코너가 있을 뿐이고, 더 들어가면 한쪽에 어린이 열람실로 쓰는 방이 한 칸 더 있는 게 전부였다.

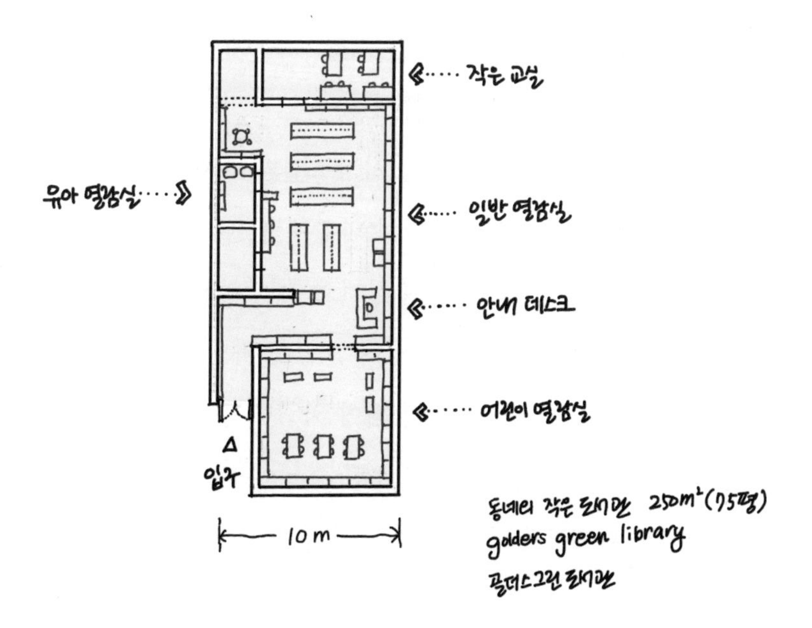

골더스그린 도서관의 평면

한눈으로 쓱 훑는 데 일 분도 걸리지 않을 만큼 작은 도서관이었지만, 책은 다 읽기 힘들 만큼 넉넉히 있었고 소장하고 있지 않은 책은 다른 도서관에서 득달같이 배달해 주었다. 지금도 강렬하게 기억에 남아 있는 것은, 놀랄 만큼 넉넉한 도서 대출 인심이었다. 나같이 근본 모르는 외국인에게도 주소지에서 받은 우편물 외에 별다른 증명을 요구하지 않고 신청서 한 장만 쓰면 대출 카드를 선선히 만들어 주었다. 그뿐이 아니었다. 처음 도서관에 간 아이들에게는 'Book Start(독서생활 시작)'라고 쓰인 에코백과 책 몇 권을 선물로 안겨 줬다. 그 가방을 가지고 다니며 책을 열심히 읽으라는 따뜻한 격려인 셈이다. 정말 감동적인 건 아이들 책은 아무리 늦게 갖다 줘도 연체로 처리하지 않는다는 거였다. 세상에 뭐 이런 인심이… 눈물 나는 행정이 아닐 수 없다.

사실 런던의 날씨는 좋은 날은 사랑스럽기 그지없지만, 나쁜 날은 상상을 초월하게 얄궂어서 바깥에 잠깐 나다니기도 끔찍하게 싫어진다. 비가 바람에 실려 수평 방향으로 오기 때문에 우산도 있으나 마나다. 오히려 그렇게 바람이 센 날에 우산을 쳐들었다간 우산이 돛이 되어 바람에 끌려가기 십상이다. 날씨가 나빠 공원에 가지 못하는 날에 도서관은 애들과 시간을 보낼 수 있는 공짜 실내 놀이터가 됐다. 슬쩍 책도 읽게 할 수 있으니 일석이조였다.

그렇게 좋은 점이 주렁주렁 있었지만, 그중에서도 최고는 그

도서관이 날씨가 나쁜 날에도 부담 없이 걸어서 갈 수 있을 만큼 가까운 곳에 있다는 거였다. 아이를 데리고 슬렁슬렁 걸어갈 수 있는 도서관이 있다는 게 얼마나 좋은지! 아무리 시설이 화려하고 커다란 도서관이 있다 해도 차를 타고 가야만 하는 거리에 있다면 이렇게 좋진 않았을 것이다.

그래서 나는 큰 도서관 하나를 짓는 것보다 작은 도서관을 여러 개 짓는 것이 이용하는 사람들에게 훨씬 더 좋은 일이라 생각하고 있다. 공공 건축을 만드는 입장에선 큰 건물 하나를 만드는 게 더 쉽긴 하다. 일하는 팀도 한 팀이면 되므로 공무원 입장에서 봤을 땐 훨씬 효율적이다. 근데 건물이 커지면 따라서 필요한 부대시설의 규모도 커진다. 주차장도 커지고, 로비 같은 공용 면적도 커지고, 땅도 큰 땅이 필요하다. 넓은 땅을 마련하자면 자연히 땅값이 싼 곳으로 가게 되니 많은 사람이 걸어서 갈 수 있는 중심하고는 거리가 먼 외곽이 되기 마련이다. 운 좋게 외곽이 아닌 곳에 자리 잡는다 해도 벌써 건물에 들어가 열람실에 닿기까지도 한참 걸어야 한다. 그에 반해 작은 도서관은 이용하는 사람 입장에서 효율적이다. 집에서 도서관까지도 몇 걸음 안 되는데, 건물 안에 들어가서 책이 있는 곳까지도 몇 걸음만 더 가면 된다. **그래서 내겐 작은 도서관이 훨씬 더 아름답다.**

런던의 도서관에선 책만 읽으라 하지 않는다

그렇게 작은 도서관이었지만 이런저런 행사도 많았다. 특히 어린이들에게 책 읽어 주는 시간이 부모들에게 인기였다. 사실 책이야 부모도 읽어 줄 수 있지만, 오손도손 모여서 새로운 목소리로 듣는 건 또 다른 재미가 있는 법이다. 그런 행사는 큰 비용 들이지 않고도 준비할 수 있어서 그런지 정기적으로 있었다.

사실 런던의 도서관은 조용히 책만 읽는 곳이 아니라, 갖가지 문화 행사가 열리는 동네 사랑방이자 문화 센터이기도 하다. 영화도 상영하고, 어린이들을 위해 만들기 교실은 물론 소규모 공연이나 파티를 하기도 한다. 어린이들을 위한 프로그램만 있는 것도 아니다. 여러 연령층을 위한 다양한 프로그램이 있다. 청소년을 위해 게임을 주제로 한 정보 기술 *IT* 교육을 하기도 하고, 직장인들을 위한 저자와의 만남이나 독서 토론 모임도 있고, 어르신들을 위한 디지털 교육을 하기도 한다. 사실 책은 모든 분야의 지식은 물론 재미와도 연결 지을 수 있는 훌륭한 매개체다. 도서관이 중심이 되어 사람들의 관심을 모으고, 만남을 이끌어 내는 건 즐겁고 바람직한 변화다.

조용히 책만 읽는 공간이 아니라, 여러 가지 행사를 통해 다양한 경험을 할 수 있는 매력적인 공간으로 만들려다 보니 런던 도서관의 모습은 우리에게 익숙하던 조용한 열람실의 모습과는 꽤 다르다. 어찌 보면 카페 같기도 하고 문화 센터 같기도 하다. 열람실도 아기자기하고 편안한 분위기의 공간을 만들기 위해, 의자도 딱딱한 것부터 푹신해서 거의 드러누울 수 있을 만큼 편안한 소파까지 다양하게 배치한다. 취향에 따라 자기만의 공간이라고 느낄 수 있는 구석구석을 많이 만들기 위함이다.

다양한 행사가 벌어진다고 해서 도서관 설계가 거창하게 달라야 하는 건 아니다. 그저 기존의 조용하게 책만 읽는 독서실 같은 도서관을 만들겠다는 생각만 내려놓으면 된다. 어른이 책을 읽는 일반 열람실과 어린이 열람실을 구분하면서 소음을 차단하기 위해 유리 벽을 만들어야 한다는 생각 대신에, 도서관을 조금이라도 편안하고 즐겁게 책을 읽고 이웃을 만날 수 있는 공간으로 만들려는 생각을 시작하면 된다. 사실 다양한 프로그램은 한두 개의 다목적실만으로도 충분히 소화할 수 있다. 도서관이 그렇게 변화해 간다면, 부모들도 안심하고 보낼 수 있는 아이들의 놀이터가 될 수 있을 것이다.

학교에서 나온 아이들이 갈 곳은 어디인가

2019년, 내가 운영하는 아이디알건축은 '놀세권'이라는 이름의 생소하지만 흥미로운 주제의 전시에 참여한 적이 있었다. 아이들이 갖고 노는 작은 블록 장난감으로 엄마 아빠이기도 한 건축가들이 놀이 공간을 모형으로 만든 다음, 그걸 전시하는 거였다. 놀세권은 이 전시의 바탕이 된 연구(동네 놀이환경 진단도구 개발연구)에서 만들어진 말로 역세권, 숲세권이라는 말처럼 아이들의 놀이터로부터 가까운 거리의 동네를 뜻한다.

말이란 참 신기하다. 무엇보다 말은 너무 적나라하기도 하다. 말을 사용하는 사람들이 무엇을 욕망하는지 혹은 혐오하는지까지도 숨김없이 드러내기 때문이다. 또한 어떤 말이 없다는 건, 그 말이 표현하는 내용에 아무도 관심이 없다는 뜻이기도 하다. 놀세권이란 말의 생소함, 그 비슷한 말조차 우리말에 존재하지 않음은 우리가 아이들이 노는 공간에 얼마나 관심이 없었는지를 보여 주는 지표이기도 한 것이다.

대체 우리나라 아이들은 어디서 놀까. 학교 수업이 끝나고 건물에서 나온 아이들이 뿔뿔이 흩어져 향하는 곳은 과연 어디일까. 물론 몇몇 아이들은 집으로 가기도 할 것이다. 또 놀이터로 직행하는 우리 막내 같은 애도 있을 것이다. 그러나 우리는 이미 알고 있다. 많은 수의 아이들이 학교가 끝나면 정문 앞에서 기다리고 있던 학원 버스를 타고 학원으로 직행한다는 사실을. 아이들이 뛰어놀 거라 생각하고 만들어 둔 놀이터가 더 이상 노는 아이들로 붐비는 장소가 아니라는 것을 말이다. 솔직히 까놓고 이야기하면, 피시방이나 키즈 카페야말로 지금 우리나라 아이들의 진정한 놀이터가 된 것이 아닐까?

그런데 곰곰이 뜯어보면, 아이들의 놀이터가 사실은 아이들을 위한 공간이라기보다는 아이들이 내는 돈을 벌려는 어른들을 위한 공간, 아이들을 떼어 놓고 쉬려는 어른들을 위한 공간이 된 것이라면 얼마나 슬픈 일인가.

동네마다 있는 놀이터와 쌈지 공원은 이미 충분히 작은데도 그마저 경로당이나 공영 주차장으로 바뀌고 있다. 그 작은 공원은 옆으로 차가 매연을 내뿜으며 쌩쌩 달려서 마음의 평화를 주지 못한다. 일단 집에서 놀이터까지 가는 길부터 아이들에게 너무나 위험하다. 이렇게 아이들을 위해 작은 공간도 푸근히 내어 주지 않는 도시에서, 아이를 낳고 싶은 마음이 들겠는가.

14장

건강하고 볼 일

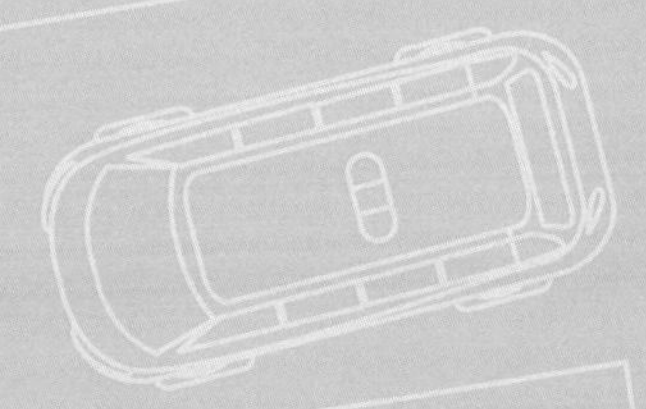

병원

건강 문제는 피해 갈 수 없다더니

어릴 적부터 사귄 친구라 해도 만날 때마다 그 나이에 따라 이야기의 소재가 달라지는 걸 경험했을 것이다. 한창 결혼할 즈음엔 연애 이야기, 결혼하고 나면 배우자나 시댁 이야기, 아이를 낳고 나면 아이 이야기, 그다음엔 아이 입시 이야기…. 그러다가 슬슬 건강 이야기로 옮겨 간다. 그래서 요즘은 누굴 만나면 어디가 어떻게 아파서 고생했다거나 어떤 운동을 어떻게 한다 같은, 옛날 같았으면 관심이 하나도 없었을 이야기를 서로 열렬히 하게 된다. 하긴, 누군들 건강 문제를 피해 갈 수 있으랴. 아무리 주행 거리가 짧아도 연식은 무시할 수 없는 법. 20대에 신나서 장만한 물건들도 가만 보면 세월을 이기지 못하고 낡아 버린 걸 뒤늦게 발견하고 슬금슬금 버리기 시작하는 중년의 나이가 되면, 내 몸도 이와 같겠구나 하는 생각을 떨칠 수가 없는 것이다.

런던에 살면서 사귄, 나보다 대여섯 살 정도 나이가 많은 이웃이자 친구가 내게 해 준 이야기가 있다. 누구나 대충 마흔 살 즈음에 한 번쯤 건강에서 큰 고비를 맞는다고. 그 법칙은 나에게도 어김없이 맞아떨어졌다. 사실 마흔은 좀 남았는데, 어느 날 갑자기 한쪽 귀가 들리지 않았다.

건강하다는 자만

나는 누가 봐도 건강하게 보일 만한 외모를 타고 태어났다. 뼈가 굵고, 어깨도 벌어진 데다 아줌마가 되면서 활달해진 성격까지 표정으로 숨김없이 드러난다. 고등학교 2학년 때 척추 측만증으로 큰 수술을 해서 몇 년 동안이나 플라스틱 코르셋처럼 생긴 보조기를 몸통에 끼고 다니긴 했지만, 그것 말고는 건강 가지고는 별다른 고생을 하지 않고 살아왔다. 여리여리해서 보호 본능을 느끼게 하는 외모가 아니라는 게 한창 연애를 해야 할 시절엔 나름 콤플렉스였지만, 지나고 보니 여자라고 남자의 보호를 받아야만 하는 것도 아니고 기왕이면 보호를 해 주는 편이 더 낫다는 생각이 들었다. 그래서 여리여리해 보이는 남자를 만나 결혼한 다음 무거운 물건은 내가 번쩍번쩍 들면서 잘 살아왔다.

첫째와 둘째를 낳을 때도 병원에서 낳고 싶지 않아서 첫째는 조산원에서, 둘째는 집에서 자연 분만으로 낳았다. 우리 애들의 출산을 도와주신 조산사 선생님은 3년 동안 천 명의 아이를 받으신 베테랑이신데, 내가 둘째 낳는 걸 보시고는 이렇게 애를 잘 낳으니 꼭 또 낳으라는 덕담을 해 주셨다. 애를 낳는 데도 재능이란 게 있다면, 나는 그런 재능을 갖고 태어난 모양이었다.

경고는 어느 날 갑자기 찾아왔다

근데 영국살이가 오래되자 나는 골골대기 시작했다. 둘째까지 학교에 보내 놓으니 긴장이 풀어진 것도 같았고, 불경기의 영향으로 맘에 드는 회사에 취직하지 못해서 받는 스트레스도 컸다. 무엇보다 햇빛 부족한 나라에 사는 게 생각보다 쉬운 일이 아니었다. 나는 몸만 튼튼한 게 아니라 마음도 튼튼한 사람이라, 날씨에 영향을 받는 성격이 아니니 흐린 날씨쯤이야 대수롭지 않다고 생각하고 런던살이를 시작했다. 근데 막상 겪어 보니 날씨란 엄청나게 대수로운 것이었다. 결국 모든 건 체력의 문제였다. 날씨의 영향을 받지 않는 것도 일종의 체력이고, 나이를 먹으면 아무리 관리해도 이전 같지 않은 건 당연한 일이다. 그런데 나는 흐린 날씨를 견디는 게 성향의 문제라고만 생각했던 것이다.

감기가 걸렸을 때와 안 걸렸을 때의 경계마저 희미해져서 콧물이 흐르다 말다를 반복하던 어느 날, 갑자기 오른쪽 귀에 소리가 전혀 들리지 않게 됐다. 돌이켜 생각해 보면 몇 초 동안 귀를 찢을 듯 날카로운 비프음이 들렸었는데, 그게 신경이 망가지는 소리였던 것 같다. 흔하게 겪는 일이 아니다 보니 그게 어떤 의미인지 모르고 그냥 며칠을 지내면서 조금 있으면 다시 들리겠지, 했던 것이다.

근데 며칠이 지나도 집 나간 청력은 돌아올 생각을 하지 않았다. 그래서 난 일단 동네 보건소에 갔다. 거기서 첫 번째 진료를 받아야 했다.

의료 시스템이 달라서 겪어야 했던 아픔

영국의 의료 시스템은 우리나라와 많이 다르다. 영국은 영국에 살고 있는 모든 사람이 국가 의료 보험의 혜택을 무료로 받을 수 있게 해 주는 나라다. 무료라니! 놀랍지 않은가. 미국은 엄청나게 높은 보험료를 내야만 겨우 치과 치료가 포함된 의료 서비스를 받을 수 있는 걸로 악명이 높고, 미국만큼은 아니어도 우리나라 또한 소득에 비례한 보험료를 따박따박 내야만 한다. 의료 수가를 받는 의료인들 대부분이 부족하다 느끼는 금액이긴 해도, 국민으로서는 매달 꼬박꼬박 내야 하므로 만만치 않은 금액을 내야만 겨우 돌아가는 것이 국가 의료 보험 시스템이다. 근데 무료라니! (물론 국민에게 걷은 세금으로 운영하는 것이긴 하겠지만 말이다.)

영국의 의료 시스템은 무료인 대신, 운영 비용을 절감하기 위해 고안한 그들만의 독특한 시스템을 가지고 있다. 일단, 첫 번째 진료는 동네마다 있는 GP General Practitioner (보건소)에서 받아야 한다. 거기서 첫 진료를 받았을 때 의사가 이 환자는 전문의를 만나야 하는 상황이라고 판단해 주면 그제야 상위 의료 기관으로 가서 그 분야의 전문의를 만나 볼 수 있다. GP에는 의사 서너 명이 대략 일주일에 이틀 정도씩만 근무하게끔 교대로 나와 진료를 보는데, 환자가 의사를 선택할 권리는 없고 그냥 아파서 찾아간 날 근무하고 있는 의사에게 진료를 받아야 한다. 주로 가정의학과 의사가 많다고 하는데 다른 전공과목을 전공한 의사도 있을 수밖에 없다. 그래서 환자가 아픈 부분과는 상관없는 분야를 전공한 의사가 진료하게 되는 상황도 생기는 것이다.

내가 딱 그랬다. 귀가 들리지 않아서 찾아갔지만, 그날 진료를 본 의사는 이비인후과 전문의가 아니었다(이비인후과 전문의의 수가 많을 리가 없지 않은가). 그리고 그 의사는 먼저 내게 감기 기운이 있었냐고 물었다. 그렇다고 대답하자 내 증상을 단순한 중이염으로 진단했다. 그래서 나는 그 의사가 처방한 중이염 약을 먹으며 일주일이란 시간을 흘려보냈다. 나중에 알고 보니 내 증상은 돌발성 난청으로, 증상이 나타난 지 일주일 안에 스테로이드를 투여해서 순간적으로 신진대사를 활발하게 만들어 주어야만 나을 수 있는 병이었다. 스테로이드는 쉽게 구할 수 있는 데다 꿀꺽 삼키면 되는 알약도 많아 아주 간단한 치료였지만, 일주일을 넘기고 나면 치료가 되지 않는다. 내가 그랬다.

건강하다는 말이 주는 상처

가까이 지내던 선배는 이건 명백한 의료 사고이니 소송을 하라고 득달같이 변호사를 소개시켜 줬다. 나도 알았다. 그리고 사실 그렇게 해야 마땅했다. 대단한 보상을 받으려 해서가 아니라, 이런 일이 다시 일어나지 않도록 해야 하니까. 어떤 일은 개인의 차원에서만 끝나게 둬선 안 되는 것이다.

그러나 그때 내겐 그럴 수 있는 기운이 전혀 없었다. 하루아침에 한쪽 귀가 영원히 들리지 않게 된 상황이 너무나 화가 나고 기가 막혔지만, 누군가에게 화를 내고 싸울 힘이 남아 있지 않았다. 일단 내 자신이 너무나 가치 없는 사람으로 느껴져서, 혼자 버티고 서 있을 힘조차 없었다. 나는 먼저 나를 일으켜 세워야 했다.

건강하지 못하다는 것이 이렇게 사람의 마음을 무너지게 하는 것이었던가. 그동안 남들에게 내가 건강하다는 말을 했던 게 갑자기 몸 둘 바를 모를 정도로 미안해졌다. 나도 모르게 건강하지 못한 사람들에게 마음의 상처를 주면서 살아왔다 생각하니 가슴이 푹 찔린 것처럼 아팠다. 죄책감과 함께 자괴감이 동시에 밀려왔다. 무엇보다, 내가 가치 없는 인간이 된 것 같은 느낌이 가장 견디기 힘들었다.

내가 사랑하는 수필집《살아온 기적 살아갈 기적》[5]에서 저자인 고 장영희 선생은 유방암 진단을 받았을 때의 심정을 온 세상이 힘을 합쳐 나를 밀어내는 것 같다고 표현했다. 어쩜 아픈 사람의 마음을 저보다 더 정확하게 그려 낸 글을 나는 지금껏 만나지 못했다.

상위 의료 기관으로 가다

처음엔 오른쪽 귀로 아무 소리도 들리지 않았다. 그러나 이윽고 엄청난 소음이 들리기 시작했다. 여러 개의 기계가 한꺼번에 돌아가는 시끄러운 공장 안에 갑자기 들어앉게 된 기분이었다. 그 어디로도 도망갈 수도 없는 공간에. 원래 청신경이 망가지면 그런 것이라 했다. 아무 소리도 들리지 않는 것이 아니라 앞으로 이런 엄청난 소음 속에 살아야 하는 것이라니. 내 처지가 도저히 믿기지 않았다.

내 사태를 뒤늦게 파악한 GP는 편지를 써서 나를 재빨리 상위 의료 기관으로 보내 줬다. 덕분에 나는 영국에 사는 길지 않은 기간 동안 큰 병원까지 구경하는 기회를 얻게 되었다. 역시 삶은 좀 다이내믹해야 이야깃거리가 생긴다. 그리 달가운 소재는 아니지만.

병원 건물에 대해서 이야기하자면, 처음 진료를 받았던 보건소인 GP는 실제로도 우리나라 보건소와 비슷한 규모였다. 작은 진료실 몇 개와 진료실에 딸린 대기실, 처치실, 검사실, 주사실, 행정실 등이 있는 2층짜리 작은 건물이었다. 도로에 면하는 정면 마당에 주차장이 있는 형식은 우리나라에선 흔해 빠졌지만 런던에선 흔치 않은데, 보건소는 그랬다. 비상 차량이나 아픈 사람이 타고 오는 차가 주차할 수 있도록 그렇게 만든 것 같았다. 물론 그런 특별한 사유가 있는 차량이 아니면 엄격하게 주차가 금지된다. 그래서 그 주차장은 대부분 텅 비어 있다. 그 썰렁한 마당을 지나 1층 입구로 들어가면 접수를 할 수 있는 공간이 먼저 나타난다. 거기서 접수를 하고 안내를 받아서 진료실로 가게 된다. 전체적으로 우리나라의 의원 같은 느낌이고 평면도 별다를 것은 없었다. 다만 창틀이 나무이고 카펫 바닥이 많아서 조금 더 집 같은 따뜻한 느낌이 드는 공간이었다.

보건소 의사가 써 준 편지를 들고 간 큰 병원은 우리나라의 서울역 격인 킹스 크로스역 근처에 있는 로열 내셔널 이비인후과 전문 병원 Royal National Throat, Nose and Ear Hospital 이었다. 왕립에다 국립이라는 형용사까지 달고 있는 것으로 보아 영국의 이비인후과 병원 중에서는 가장 계급장이 높은 병원인 것 같았다. 근데 이 병원도 별로 크지가 않았다. 물론 보건소보다는 컸다. 그러나 의사의 편지를 들고 가야 하는 우리나라 상급 병원에 비하면 영 작고 허름했다. 오래된 학교를 개조해서 병원으로 만들어 놓은 것 같은 분위기라고 해야 하나. 사실 진짜 옛날에 지은 건물이라서 그런 것일지도 모르겠다. 런던은 오래된 건물도 웬만해선 계속 사용하니까.

건물은 분명 낡았지만, 알고 보니 런던 대학교의 대학 병원이었다. 의사들과 간호사 여럿이 바쁘게 움직이고 커다란 의료기계가 있었다. 진료실도 대기실도 더 크고 여러 개였다. 나는 고등학교 2학년 때 서울대학교병원에서 수술을 받고 이후로도 외래 진료를 여러 번 다녀 봤기 때문에 병원 구조에 익숙하다. 크고 화려한 로비만 없을 뿐, 한국 병원과 공간 구조는 거의 비슷했다.

그러나 그 병원이 아무리 전문적인 상급 병원이어도 내 귀를 고쳐 주진 못했다. 아주 젊은 의사가 내 차트를 보더니, 치료 시기를 놓쳐서 청력이 돌아오지 않을 것이라고 분명하고 단호하게 말해 줬다. 그러고는 그냥 지금이라도 할 수 있는 건 다 해 보자는 차원에서 내 고막에 주사로 스테로이드를 놔 줬다. 애들은 학교에 보내 놓고 남편은 회사에 갔기에 혼자 병원에 갔는데 그런 무서운 주사까지 맞을 줄이야. 집으로 돌아오는 길에 다리가 휘청거려 넘어지지 않으려고 안간힘을 써야 했다.

병원이 많지 않은 나라

이런 일을 겪고 보니, 그제야 우리나라에 비해 거리에 병원이 별로 없다는 사실이 눈에 들어왔다. 병원들이 있긴 하지만, 의료 보험이 적용되지 않는 사설 병원인 것 같았다. 건강상 특별한 사정이 있거나 부유한 계층은 사설 의료 보험을 들고 그런 병원을 이용한다고 들었다. 그러고 보니 나도 아이들 치과 치료는 사설 병원에서 했다. 병원에서 권해 주는 의료 보험에 가입하면 한 달에 6~7파운드 정도의 부담 없는 돈으로 치료를 받을 수 있었는데, 의사 선생님도 친절하고 결과도 아주 만족스러웠다. 의료 보험이 적용되는 치과는 겁에 질린 아이를 잘 달래지도 못할뿐더러 치료한 부분이 자꾸만 떨어졌다. 그러나 그 외의 사설 보험은 그리 보편적이지 않은 것 같았다.

나도 사설 의료 보험에 가입했으면, 이런 일을 겪지 않았을까. 그러나 가난한 유학생인 내가, 한국에서도 의무가 아닌 어떤 보험도 들지 않았던 짠순이인 내가 국가 의료 보험이 공

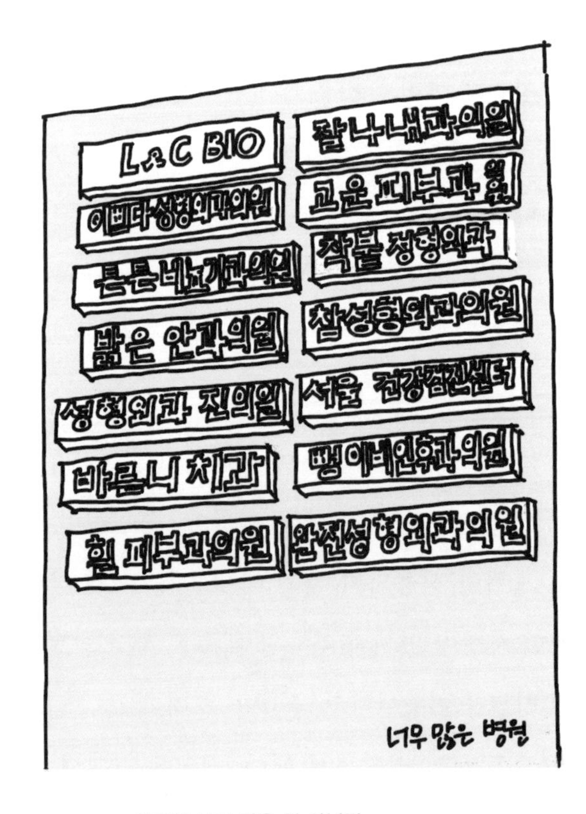

병원이 너무 많은 것 아닌가

짜인 나라에서 사설 의료 보험에 들었을 리가 없다. 그러니 이 일은 마침 영국에 살았던 나에게 일어날 수밖에 없었던 일이었다. 똑같이 돌발성 난청을 한국에서 겪은 친구는 병원에서 치료를 받고 청력을 되찾았다. 그 친구가 처음 진료를 받은 의사는 분명 이비인후과 전문의였을 것이다. 우리나라는 환자가 병원을 선택해서 갈 수 있으니까. 처음부터 전문의를 만날 수 있는 구조니까.

그러나 영국은 환자가 처음에 전문의를 만나기 힘든 구조로 되어 있다. 1차 진료 기관은 보건소로 통일되어 있고 의사를 선택할 권한은 환자에게 없기 때문이다. 첫 진료에서 상위 병원으로 갈지 말지를 의사가 결정하고 보내기 때문에 전체적으로 병원이 별로 없을 수밖에 없다. 병원은 환자에게 선택받으려고 노력할 필요도 없으므로 화려하게 지을 필요도 없다. 우리나라 종합 병원 로비가 호텔 뺨칠 정도로 화려한 것에 비하면 영국 병원 건축은 검박하기 그지없다.

다른 의료 시스템, 그래서 다른 병원 풍경

아픈 일을 겪기는 했지만, 영국 의료 시스템은 나쁘고 한국의 의료 시스템은 좋다고 쉽게 말하긴 힘든 것 같다. 우리나라 의료 시스템은 결국 환자가 돈을 더 많이 쓰게 만들기 때문이다. 감기같이 굳이 치료를 하지 않아도 되는 가벼운 질

병에 국가 의료 보험의 비용을 많이 쓰기 때문에 큰 병이 나면 가게 되는 상급 의료 기관에서 개인이 추가로 부담해야 하는 비용이 너무 많다. 그 안에는 큰 병원을 화려하게 만들어 운영하는 데 들어간 비용도 들어 있을 것이다. 한마디로 실제 의료 서비스하고는 관계없는, 병원 수익을 위해 필요한 돈까지 치료비로 내야 하는 것이다. 그래서 우리나라는 국민 건강 보험이 있어도 국민의 절반 이상이 사설 의료 보험인 실비 보험에 이중으로 가입한다. 큰 병이 생기면 치료 비용을 감당할 수 없기 때문이다.

반면 영국은 아무리 큰 병이 나도 상급 병원에서 치료받을 때 일체의 추가적인 지불이 필요 없어 가산을 탕진할 일은 없다. 다만 큰 병이란 걸 진단받기까지가 험난한 편이다. 영국의 GP에서 일하는 의사들은 진료한 환자들을 상위 의료 기관에 보내기를 꺼려 하기 때문이다. 환자가 돈을 내는 시스템이 아니다 보니 환자가 상위 병원에서 진료와 치료를 받는 건 고스란히 국가 의료 시스템 NHS 의 비용이 되고, 그 비용이 누적되면 세금을 많이 쓴다는 비판을 받게 되는 것이다. 충분히 예측 가능한 일이지만, 영국의 국가 의료 시스템은 만성 적자에 시달린다.[6] 물론 돈을 벌자고 하는 사업은 아니므로 원래 쓰려고 계획했던 돈보다 더 썼다는 표현이 옳을 것이다. 국민이 건강하게 살 수 있게 하는 것이 복지의 중요한 한 축이라고 볼 때, 의료 비용은 어차피 써야 할 돈이다. 그런데도 정부 사업을 비교하고 평가하는 지표가 워낙 빈곤하다 보니(이건 영국도 한국과 다를 바 없는 모양이다), NHS는 야당의 손쉬운 공격 대상이 된다. 마치 돈 먹는 하마라도 되는 양, 방만 경영을 했다며 비난을 퍼붓는 것이다. 그런 분위기에서 의사들은 저절로 방어적이 될 수밖에 없다. 거기다 전문 과목이 아닌 환자까지 봐야 하므로, 전문의가 보는 것보다는 상대적으로 오진이 많을 수밖에 없는 것이다.

그래서 영국 사람들은 우스갯소리로, 영국은 죽기 직전에나 큰 병원에 갈 수 있다는 말을 한다. 겪은 사람들에겐 웃을 일은 아니지만. 그나저나 한국과 영국, 그 중간의 시스템을 만들 순 없을까? 그렇다면 오진도, 의료 비용도 줄일 수 있을 것 같은데. 입에 딱 맞는 떡은 없겠지만.

너와 나,
모두를 위한 공간

3부

도시

도시 설계에 임하는 우리의 자세

15장

머리는 하늘에, 발은 땅에

우리에겐 도시가 필요하다

이제는 마을을 벗어나 도시로 달려 나갈 차례다. 아니, 도시는 넓으니까 뭔가를 타고 나갈 차례다. 마을을 벗어나는 순간, 우리는 더 이상 걸어 다닐 수가 없다. 집을 나섰다가 잘 시간이 되기 전에 돌아오려면 어쨌든 내 다리보다 더 빨리, 그리고 덜 고달프게 내 몸을 옮겨 줄 수단이 필요한 것이다. 사람만 그런 게 아니다. 집으로 돌아올 필요는 없겠지만 물건들도 자기를 필요로 하는 어딘가의 누구에게로 빨리 가야 하는 법이다. 냉철한 눈길로 주변을 둘러보라. 집구석을 한 자리씩 차지하고 있는 이 많은 물건들, 낡은 이불이 덮여 있는 더블 사이즈 침대부터 시작해서 먼지 쌓인 스탠드, 바퀴 4개 달린 의자, 징징거리는 컴퓨터, 김 나오는 부분만 누렇게 변색된 밥솥, 이빨 빠진 컵, 커피 물 끓인 주전자까지. 이 많은 물건들 중에 내 발로 시장에 걸어가서 사 온 게 얼마나 되느냔 말이다. 도시는 이렇게 사람이 모여 사는 장소인 동시에 사람과 물건이 오가는 거대한 네트워크이기도 하다.

그래서 마을이 아닌 도시에 대한 이야기는 한결 복잡하다. 건물을 하나씩이 아니라 떼를 지어 만드는 방법에 대한 이야기이고, 이 동네와 저 동네의 연결에 대한 이야기이며, 사람과 물건의 이동에 대한 이야기도 있다. 더 나아가 그 모든 것들을 어떻게 운영해 나갈 것인지까지 생각해야 하니 더 복잡할 수밖에. 더 넓게 흩어져 있는 더 많은 것들에 대해 생각하려면 우리에겐 더 넓은 범위의 시각이 필요한 것이다.

사실 그게 말처럼 쉬운 일은 아니다. 하지만 아무리 복잡하고 어렵다 해도, 도시에 대한 생각을 멈출 수는 없다. 우리나라 사람 열에 아홉이 도시에서 살고 있다는 건, 그만큼 우리가 도시를 필요로 하기 때문이다. 생각해 보면 우리가 누릴 수 있는 가장 좋은 것들은 도시라 부를 만한 규모가 되어야 나온다. 은은한 불빛 아래 반짝이는 그릇들, 그 위로 우아한 선율이 흐르는 고급 레스토랑이나 특급 호텔들, 마음의 양식을 주는 공연장, 전시장, 박물관 같은 것들 말이다. 없어도 사는 데 큰 지장은 없지만 있으면 삶의 어떤 순간만큼은 특별해진다는 느낌을 주는 그런 호사스러운 공간은, 돈 쓸 사람이 많이 모여 있어야만 더욱 화려해질 수 있는 것이다.

건물뿐이겠는가. 만약 우리가 연애나 결혼할 상대를 같은 동네 사람들 중에서만 찾아야 한다면 얼마나 갑갑한 노릇이겠는가. 큰 병을 고쳐 줄 의사라든가, 내 아이에게 악기를 가르칠 선생님이라든가, 당장 우리 회사에서 일할 사람을 찾을 때도 그렇다. 조금이라도 더 좋은 사람을 만나기 위해서 우리는 도시라는 넓은 범위의 복닥복닥함이 필요한 것이다. 어쩌면 우리가 욕망하는 것이 많을수록, 도시는 점점 더 커지고 있는 것일지도 모르겠다.

도시를 생각할 땐 발이 땅에 닿아 있어야 한다

도시가 주는 흥미진진함에 비하면, 대부분의 도시에 관한 이야기는 막연해서 따분할 때가 많다. 그럴 수밖에 없는 것이, 멀찍이 떨어져야 도시라고 부를 만한 넓은 땅이 한눈에 들어오기 때문이다. 그러나 사람은 하늘을 나는 새가 아니라 땅바닥에 발을 대고 살아야 하는 존재다. 도시를 생각하기엔 하늘이 편리할지 몰라도, 땅에서 멀어지면 실제 도시를 걸으면서 겪게 되는 디테일은 무시하기 쉽다. 우리가 실제로 경험하는 도시랑 동떨어진 도시 이야기는 지루할 수밖에 없는 것이다. 그래서 도시에 관해 생각할 땐, 발이 땅에서 떨어지지 않게 착 붙일 필요가 있다. 필요할 땐 다리와 목을 길게 뽑아 올려 하늘에서 아래를 내려보기도 해야 하지만, 그런 순간조차 발을 대고 그 거리를 걸어갈 때의 경험에 대한 감을 놓지 않아야 한다. 그래야 도시를 더 정확하게 이해할 수 있다. 그리고 이 원칙은 도시를 설계할 때도 마찬가지다. 그렇지 않으면 세운상가 같은 도시의 애물단지가 탄생하게 된다.

하늘에서 내려다본 도시 설계의 비극

세운상가. 얼핏 보기엔 도시에 담대한 획을 그은 듯 뭔가 있어 보이는 엄청난 구조물이지만 알고 보면 40년째 꾸준히 서울의 애물단지 그 자체인 건물. 8개동에 걸친 길이는 장장

1킬로미터에 이르고 높이는 10층을 훌쩍 넘는 이 거대한 건물 떼가 어떻게 허허벌판에 새로 짓는 신도시도 아니고 자그마치 500년 역사를 자랑하는 오래된 도시 서울 한복판에 번쩍하고 지어질 수 있었을까. (세운상가는 1966년에 착공이 시작되어 2년 후인 1968년에 완공되었다.)
그건 바로 헬기를 타고 다니며 하늘에서 도시를 시찰하던 당시의 절대 권력자 박정희 대통령 덕분(?)이었다. 모더니즘 건축가 르코르뷔지에의 입체도시이론에 영향을 받은 젊은 건축가 김수근의 입체적인 세운상가 계획을, 대통령이 흔쾌히 지지했기 때문이다(하긴 그 정도 스케일의 프로젝트가 잘난 건축가의 입방아로 실현될 수 있겠는가). 건축가가 '세운' 계획이란 1층은 자동차 전용 공간이 되게 하고, 보행자는 자동차로부터 안전한 3층의 보행 데크 위를 걸어서 편리하게 남산과 종묘 사이를 오갈 수 있게 하겠다는 거였다. 종로, 을지로, 충무로 등 주된 길이 동서 방향으로 발달한 서울에 남북 방향의 연결은 정말이지 대단히 필요한, 꼭 들어맞는 계획처럼 보였던 것이다.
그런데 세운상가 계획에는 몇 가지 중요한 오류가 있었다. 일단 도시를 연결하는 방법으로 사람과 차가 활발하게 움직일 수 있는 공간이 생기도록 '비움'을 선택한 것이 아니라, 건물의 모양 자체가 연결로 보이는 '채움'을 선택했다는 점이다. 세상 대부분의 길이 비워 두는 방식으로 만들어지는데, 그와는 반대로 거대한 건물로 꽉 채워 놓고서 길로 연결했다고 우길 수 있었던 이유는 뭘까. 그건 사람이 걷는 길이 너무나 입체적이게도 건물 위로 날름 올라와서였다. 사실 그렇게 길을 지나가는 곳과 다른 레벨에 만드는 건, 강이나 골짜기를 건너는 다리를 만드는 방식이지 도시에서 길을 만드는 방식이 되어선 안 되는 거였다. 도시의 보행로는 실핏줄처럼 닿는 곳마다 사람과 물건이 통할 수 있게 해야 하는데, 닿지 않고 지나가기 위해 만드는 다리 형식으로 만들었으니 길로서의 역할을 제대로 할 수 있을 리가 없는 것이다.

주변 지역과 소통이 안 되는 것도 문제지만, 길이 2개층 높이나 올라가야 닿는 3층에 있는 것도 문제였다. 그 길을 걸으려는 사람에겐 불편한 높이임이 불 보듯 뻔했지만, 땅 위를 걸어 다닐 일은 거의 없고 주로 헬기를 타고 도시를 보는 대통령에겐 그 정도 높이 차이는 종이 한 장처럼 얇고 하찮아 보였을 것이다. 도시를 하늘에서 내려다본 자의 명백한 착각이 아닐 수 없다. 그리고 슬프게도 그런 착각은 헬기를 타 본 적도 없는 자들도 도면을 내려다보면서 자주 한다. 그리고 이 지점에서 위안이 될는지 모르겠으나, 우리나라 사람들만 그랬던 것이 아니었다(사실은 꽤 위안이 된다). 영국 사람들도 비슷한 착각을 했었다.

런던의 세운상가, 바비칸 센터•

서울에서 세운상가가 지어지던 1966년, 지구 반대편 런던에서는 바비칸 센터라는 이름의 건물이 지어지고 있었다. 세운상가가 일렬로 늘어선 판상형 고층 건물 8개를 직선형 공중보행로로 쭉 연결했다면, 바비칸 센터는 거대한 도시 블록을 꽉 채운 건물들 사이를 공중보행로로 연결했다. 물론 바비칸 센터의 공중보행로는 여러 건물을 연결하려다 보니 일자형이라기보다는 결국 보행을 위한 넓은 바닥 모양이 되었지만 말이다.

완성된 모습을 보면 세운상가는 도시 한가운데 멈춰서 어쩔 줄 모르는 거대한 기차 같았고, 바비칸 센터는 작은 그릇들로 차려진 잔칫상 위에 물정 모르고 올려진 거대한 결혼식 케이크 같았다. 둘 다 주변의 도시 조직과 어딘지 어울리지 못하고 겉도는 느낌이 드는 것이다. 게다가 이 글을 쓰면서 발견한 흥미로운 사실은, 두 건물의 공중보행로가 모두 정확히 지상 3층 높이에 있다는 점이다. 아마 건물들을 연결해서 길을 만들면서도, 그 아래로 1개층 정도는 실내 공간으로 연결하고픈 욕구가 있었기 때문이 아닐까. 입체적 연결을 하려면 그 정도의 다채로움은 있어야 할 테니 말이다. 근데 그렇게 공들

• 바비칸 센터는 '바비칸 에스테이트Barbican Estate'라는 복합 시설 내에 있는 공연 예술 센터이다. 우리나라에서는 두 단어를 크게 구분하지 않고 '바비칸 센터'로 통용되는 경우가 많다. 우리 본문에서도 '바비칸 센터'로 통일해 썼다.

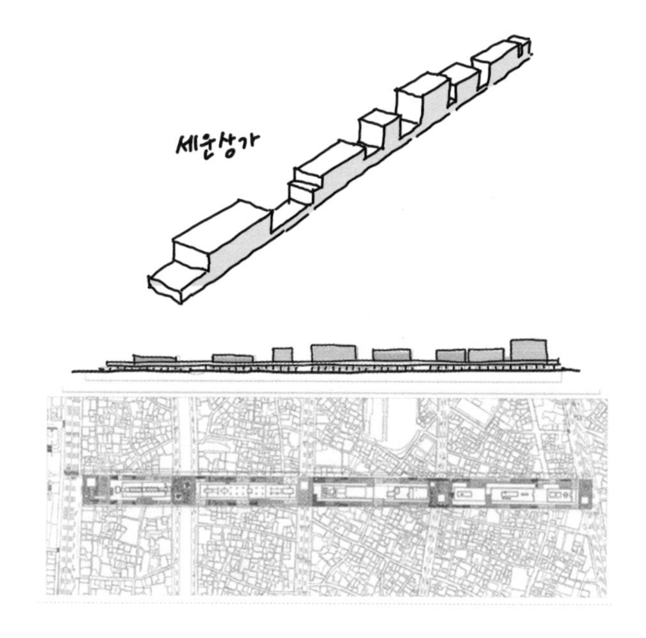

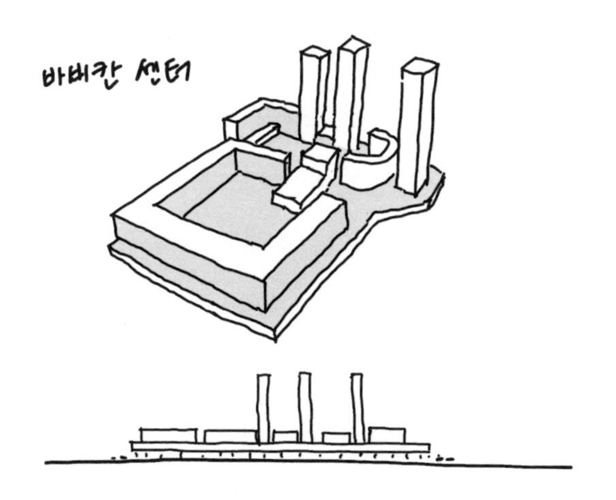

세운상가(위)와 바비칸 센터(아래) 비교

여 만든 바비칸 센터인데, 나는 왜 그곳에만 가면 길을 잃으면서 급격하게 기분이 나빠지는 것일까. 아무리 낯선 곳에 뚝 떨어져도 금세 방향 감각을 장착하고 새로운 길을 걷는 즐거움에 빠져드는 나인데. 돌이켜 생각해 보면 바비칸 센터는 지상인데도 불구하고 햇빛이 드는 공간이 중정뿐이라 당최 내가 어디 있는지 감을 잡을 수가 없어서였던 것 같다. 게다가 지금 걷고 있는 이 공간이 다른 곳으로 이어지는 도로 레벨이 아니란 걸 알기에, 어떻게든 이 안에서 빠져나가지 않으면 집으로 갈 수 없다는 생각에 이 길 잃음이 더욱 으스스했다.

세운상가와 바비칸 센터는 서로 비슷한 점도 있지만 다른 점도 많다. 일단 세운상가는 번갯불에 콩 볶아 먹는 우리나라 스타일에 걸맞게 짓기 시작한 지 1년 만에 짠! 하고 완성되었다. 그에 비해 바비칸 센터는 일할 때만큼은 세상 급할 것 없는 런던 사람들의 스타일 때문인지 세운상가보다 1년 빨리 시작했는데도 자그마치 10년이나 더 걸려 1976년에 완성되었다. 규모 차이가 커서 그랬나 싶지만 그렇지도 않다. 세운상가는 부지 면적이 약 1만 6천 제곱미터(5천 평) 남짓에 연면적이 약 20만 4천 제곱미터(6만 2천 평)이고, 바비칸 센터는 부지 면적 약 14만 제곱미터(4만 2천 평)에 연면적은 약 9만 2천 제곱미터(2만 8천 평)이다. 연면적으로만 따지자면 세운상가가 오히려 더 크다. 그러나 세운상가가 아파트형 공장에 가까운 밀집형 오피스 건물이고 모양마저 단순한 판상형인 데 비해, 바비칸은 타워형과 테라스형 공동 주택이 여러 동 들어가 있을 뿐만 아니라 유럽에서 가장 큰 콘서트홀, 극장, 도서관, 상업 시설, 공원까지 오만 가지 용도가 들어가 있어서 볼륨도 다양하고 건물의 구조 자체가 훨씬 더 복잡하다. 시간을 들인 만큼 아무래도 공도 들였는지, 몇 번의 대수리를 거치긴 했어도 지금까지 많은 사람들이 살고 있고, 갖가지 용도의 공간도 아직까지 원래 기능대로 쓰이고 있다. 반면 세운상가는 준공 직후에는 고급 주택, 호텔, 백화점 등으로 화려하게 쓰였지만 나중에는 포르노 테이프를 파는 어둠의 전자상가 시절을 거쳐 지금은 빈 가게들을 주체 못 하는 초라한 신세를 면치 못하고 있다. 서울시가 도시 재생 사업의 일환으로 리모델링을 하면서 메이커 스페이스(사람들이 모여 각종 장비를 가지고 물건을 만들 수 있는 커뮤니티 센터) 등을 만들어 넣으며 생명의 불씨를 꺼뜨리지 않으려 애를 쓰고는 있지만, 옛 영광에 비하면 한참 서글픈 모양새다. 세운상가보다 형편이 낫다고는 해도, 바비칸 센터 또한 좋다는 사람만큼이나 못마땅해하는 사람도 많다. 주변과 연결되지 못한 채 외딴섬처럼 동떨어져 있어서다.

입체적 보행 환경이 좋은 걸까

썩은 이빨처럼 꺼멓게 비어 있는 가게가 군데군데 박혀 있는 쓸쓸한 세운상가에 비해, 지금도 꽤 많은 사람들이 기꺼이 살고 있다는 바비칸 센터. 그런데 신기한 건 건물 바로 코앞까지 가도, 많은 사람들이 살고 있다는 사실이 도저히 믿기지 않을 정도로 거리가 썰렁하다는 것이다. 길에서 보이는 것이라곤 필로티 아래 컴컴한 주차장이나 위층으로 올라가기 위한 옹색한 건물 입구 정도뿐이어서 그럴까. 그래도 그렇지 런던 시내의 다른 동네에 비하면 거리를 오가는 사람이 적어도 너무 적다. 가게도 별로 없고 주차장만 있는 거리의 입면이 그다지 매력적이지 않아서 그런 것일까? (우리나라도 그런 거리가 결코 적지 않지만 말이다.) 아무리 안쪽에 멋들어진 넓은 정원이 있으면 뭐 하나. 도로에선 털끝만큼도 보이지 않는데. 그것도 위로 2개층이나 올라가야만 닿을 수 있는데. 게다가 그곳으로 가는 길이나마 잘 보이면 말도 안 하겠다. 길 자체도 거대한 건물의 안쪽에 있어, 모르는 사람은 우연히 찾게 될 일조차 거의 없다. 바비칸 센터는 여기저기를 관통하고 연결하는 보행로가 많다고 선전하지만, 그 길을 미리 알고 있거나 가야 할 필요가 있는 사람들의 발길만 닿을 뿐이다. 찾아 들어가는 것이 어려운 것도 문제지만, 쉽게 나올 수 없는 건 더 큰 문제다. 한번 올라갔다가 빠져나올 길을 찾느라 고생한 경험이 있었던 나는 다시 찾고 싶은 마음이 싹 사라졌다. 그리고 그런 곤란함은 세운상가의 공중보행로가 한산한 이유와 정확하게 일치한다. 이쯤 되면 길을 여느 길과 다른 높이에 만드는 일에 대한 환상이 와장창 깨질 법도 하지 않은가. 그런데도 우리나라는 아직 그런 보행로에 기대를 걸고 있다.
다행히 공중보행로를 다시 만들려고 하진 않는 것 같다. 세운상가라는 거대한 애물단지가 준 교훈 덕분일 것이다. 대신 이번엔 땅 밑이다. 보행 환경을 입체적으로 만들겠다며, 실제로 시청에서 을지로를 거쳐 동대문까지를 지하보도로 연결했다. 물론 없는 것보단 낫겠지만 주변의 길과 다른 레벨에 있는 길의 한계를 아직도 모른단 말인가? 세운상가의 무참한 실패를 경험하고도, 아직도 입체적 보행 환경에 기대를 걸다니. 이 지점에서 나는 '입체'라는 단어가 가진 '(평면에 비해) 발전된'이라는 의미를, 도시를 만드는 사람들이 얄미운 방식으로 이용하고 있는 것이 아닌가 하는 강력한 의심을 품지 않을 수가 없다.
말 자체는 그렇긴 하다. 입체에는 평면에 없는 '높이'에 대한 정보가 더 있으므로, 보다 발전된 형식일 때가 많다. 그러나 그 뒤에 '보행 환경'이 붙으면 사정은 완전히 달라진다(한국말은 끝까지 들어 봐야 안다). '입체적 보행 환경'은 '평면적 보행 환경'보다 발전된 형식이 아니라, 반대로 후진적인 방식이다. 자동차가 가다 서다 하지 않고 편안히 쭉 달려갈 수 있도록, 보행자는 불편하더라도 자동차가 다니는 길의 위나 아래로 오르락내리락하면서 길을 건너는 걸 뜻하기 때문이다. 그러기 위해 만든 장치가 바로 육교와 지하보도다. 그러고 보면 보행자는 꽤 오랫동안 고작 길 건너편으로 가기 위해 산 넘고 바다를 건너는 수준의 생고생을 해야 했던 것이다. 보행자가 길을 건너는 잠깐 동안 자동차를 멈추는 일조차 하지 않으려 했다니, 지금 생각하면 한숨이 푹 나오는 후진적인 사고방식이다. 천만다행으로 최근 십여 년 동안 그런 입체적 보행 환경은 거의 다 사라지고 평면적 보행 환경인 횡단보도로 바뀌었다.

이렇게 세상이 바뀌었는데도 미련을 버리지 못하고 더 본격적으로 만들어 가고 있는 지하보행로는, 공중보행로인 육교보다 환경은 어쩜 더 열악하다. 햇빛도 바람도 없으니 답답할 뿐만 아니라 표지판이 없으면 방향을 분간할 수도 없다. 적어도 나에겐 바깥이 쪄 죽을 정도로 덥거나, 얼어 죽을 정도로 춥거나, 우산이 없는데 비가 퍼붓는 상황이 아니면 들어가고 싶지 않은 답답한 공간이다. 괜히 지하층 임대료가 지상의 절반이겠는가. 지하철을 타러 갈 때면 모를까, 지상보다 지하를 더 좋아하는 사람은 없다.

도시의 길이 가지는 힘은 다른 길과의 연결에서 나온다

사실 도시의 길이 갖고 있는 위력은 그 길이 다음 동네로, 또 그다음 동네로 계속해서 연결된다는 점에서 나온다. 앞서 말했듯 도시의 매력은 넓은 범위의 복닥복닥함에서 나오는 것이고 그 넓은 범위는 긴밀하게 연결되어 있어야만 의미가 있다. 아무리 바로 옆에 있어도 편안히 왕래할 수 없다면, 아니 길로 연결되어 있지 않다면 하나의 도시라고 보기 어려운 것이다.

도시의 길은 이 동네와 저 동네를 잇기에 가치가 있다. 도시가 커질수록 땅값이 올라가는 것처럼 더 많은 곳으로 연결되는 길일수록 길의 가치도 올라가기 마련이다.

그렇게 길의 '연결'이 중요한데도, 어느 한 구간만 레벨을 달리해서 만든 입체적 보행로가 도시의 길로서 제 역할을 다할 수 있을까? 다른 길과 연결이 툭 끊어진 그 길들이?

보행자에게 외면당하지 않는 길을 만들려면

하늘에서나 도면으로 내려다봤을 땐 별 불편함이 없어 보이는 데다, 도시를 효율적으로 사용하기에 아주 그럴듯한 방법으로 보이는 입체적 보행 환경. 그러나 땅에 발을 대고 걸어가는 사람 입장에서는 결코 불편함이 없지도, 그럴듯하지도 않다. 장사하는 사람 입장에선 단 한두 단이라도 계단이 있는 것과 없는 것은 천지 차이라고 하니 말이다. 심지어 한 건물에 있는 입구라도 모퉁이 하나 돌아서 들어가야 하는 입구는 들어오는 손님 수가 반으로 줄기도 한다니 대체 사람의 발길이란 얼마나 예민하고 섬세한 것인가. 물론 인터넷으로 맛집을 찾는 시대엔 심심산골이나 막다른 골목 끝자락이나 매한가지일 수 있을 것이다. 그러나 물이 쉬 흐르는 물길이 있듯, 사람들의 발길이 더 자주 닿는 길도 있는 법. 어디로 통하는 길인지 혹은 걷기 편한 길인지뿐만 아니라 길이 주는 느낌에 따라 사람의 발길이 자주 닿는 길이 되기도, 혹은 외면당하는 길이 되기도 하는 것이다. 어느 길로 갈 것인지 결정하는 그 짧은 순간마다 보행자들이 내린 결정에는 1/1,000짜리 도면으로는 절대로 파악할 수 없는 깨알 같은 디테일들이 영향을 준다.

그러니 아예 한 층을 오르락내리락해야 하는 입체적 보행 환경이 보행자들에게 외면당하는 건 어찌 보면 너무나 당연한 일이다. 그런 보행로는 결국 도시 공간으로서의 생명력을 잃고 황폐한 공간이 될 수밖에 없다. 아무리 억만금을 들여 만들었다 해도, 사람들의 발길에 외면받는 입체적 보행 환경은 결국 없느니만 못한 도시의 곰팡이 같은 존재가 되는 것이다. 그걸 깨닫기까지 우리 서울도, 그리고 지구 반대편의 런던도 오랜 시간에 걸쳐 적지 않은 돈을 쓴 셈이다. 비싼 수업비를 지불하고 얻은 소중한 교훈이니만큼, 앞으로 도시를 설계할 땐 발을 땅에서 떼지 말고 뚜벅뚜벅 걸어가 보면서 디테일을 결정해야 할 것이다.

16장

도시의 보디랭귀지

도로 설계

시골 같았던 런던의 첫인상

런던은 내게 특별한 도시다. 대학교 2학년 배낭여행길엔 고작 사나흘 머물렀을 뿐이지만, 유학을 위해 다시 갔을 땐 장장 5년 동안이나 살았으니 나로서는 고국을 떠나 가장 오랜 시간을 보낸 도시인 것이다. 그 많고도 많은 날들 중에서, 이상하게도 런던에 도착하던 날의 기억이 가장 강렬하게 남아 있다. 오랫동안 미술을 공부했던 나로 하여금 건축이라는 새로운 분야에 매력을 느끼게 만든 바로 그 도시에, 15년 만에 건축 공부를 하러 다시 오다니 묘한 기분이 들었다. 쌀부대같이 거대한 20킬로짜리 배낭을 무식하게 짊어지고 소매치기 당할까 겁이 나서 유레일 패스를 손아귀에 꼭 그러쥔 풋내기 대학생이었던 내가, 이젠 남편에 어린아이 둘까지 대동한 아줌마가 되어 런던에 다시 온 것이다. 이런저런 생각들이 복잡하게 오갔기 때문일까. 그날의 풍경은 작은 디테일까지도 선연하다. 이민 가방 네 덩이랑 유아차에 태운 어린아이 둘을 질질 끌고 히드로 공항을 나와 예약해 둔 미니캡•에 짐을 욱여넣고 달리던 그 흐린 날의 풍경이 말이다. 구해 놓은 집도 없이 어린애를 둘이나 앞세우고 가는 그날의 심정이 너무 막막해서였을까. 나는 낯선 도시의 모습 속에 마치 내 막막함에 대한 해답이 있기라도 한 것처럼, 런던의 풍경을 핥듯이 바라

• Minicab. 자가용 승용차로 영업하는 택시.

보았던 것 같다.

그런데, 창밖으로 펼쳐지는 런던의 모습을 바라보던 내 감상은 막막함에서 차츰 놀라움으로 변해 갔다. 런던이 내가 상상했던 모습과는 달라도 너무 달랐기 때문이다. 길은 좁고, 건물은 낮았다. 어쩌다 좁은 길이 나오는 것이 아니라, 내내 좁은 길이었다. 건물도 높았다가 낮았다가 하는 것이 아니라, 내내 낮은 건물들이 이어졌다. 어째 도시의 풍경이 한국의 어지간한 지방 도시보다도 더 추레했다. 한마디로 말하자면 너무, '시골 같았다'. 과연 여기가 세계적인 대도시 런던이 맞나? 혹시 지금 우리가 엉뚱한 곳으로 끌려가고 있는 건 아닐까 슬쩍 걱정이 되기 시작할 정도였다.

그런데 나중에 보니 좁아서 시골길 같다는 생각을 했던 바로 그 길은 6차선 도로로 런던의 길 중에서는 가장 넓은 축에 속하는 길이었고, 동네도 2존으로 5층짜리 건물들이 줄지어 있어 다른 동네보단 건물도 높은 편이었다. 그런데도 그때의 내게는 런던이 시골 같아 보였다. 그럴 수밖에 없지 않겠는가. 난 버스가 다니는 길은 10차선 도로고, 10층짜리 건물은 고층 건물로 치지도 않는 서울에서 갓 날아온 참이었으니까 말이다.

그날 우리는 예정된 숙소에 무사히 도착했다. 우리가 달렸던 그 길은 모두 런던이 맞았다. 놀랍게도, 세계적인 대도시 런던은 그렇게 좁은 길과 낮은 건물로 이루어진 소박하기 짝이 없는 모습의 도시였던 것이다.

좁은 길만 있는 도시

대체 얼마나 길이 좁기에 시골 같다는 느낌이 들었던 것일까. 그때부터 나는 런던의 길들을 유심히 살피기 시작했다. 정말로 런던 시내 한복판의 길 대부분은 차 두 대가 조심조심 겨우 지나갈 수 있을 정도로 좁았다. 길이 국수 가락처럼 쭉 같

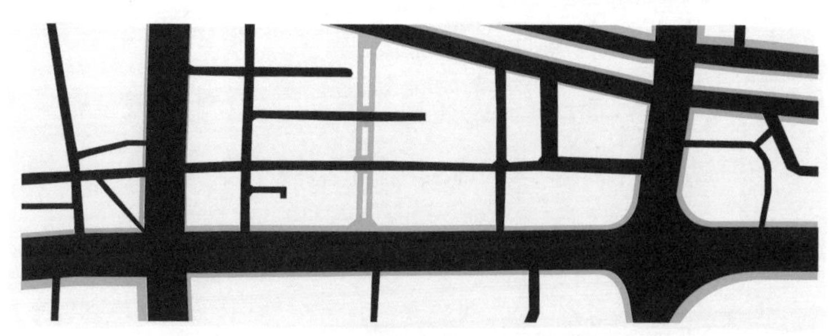

런던(위)과 서울(아래)의 큰길과 이면 도로 폭 차이

은 폭일 수는 없으므로 조금 넓어지기도 하고 반대로 좁아지기도 하지만, 넓어져 봤자 한 켠에 작은 차 한 대를 간신히 세울 수 있을 정도의 폭만큼만 넓어질 뿐이었다. 모든 길이 그런 건 아니었지만 정말 너무나 많은 길이 그랬다.

사실 자동차가 발명되기 이전에 만들어진 소위 유서 깊은 도시는, 대부분의 길이 그렇게 좁다. 왕의 행렬이 지나가야 하는 길이나 좀 널찍하게 만들었지, 나머지 길들은 딱 그 시대의 필요에만 맞게끔 만들었던 것이다. 그때는 길을 이용하는 사람의 대부분이 뚜벅이 보행자였고 가끔 지나가는 마차나 수레가 덩치가 있는 이동 수단의 전부였다. 마차가 많이 다니던 시절조차 지금처럼 모든 사람이 자동차를 타듯이 마차를 타진 않았으니 찻길이 드넓을 필요가 별로 없었던 것이다. 그러나 자동차란 물건이 세상에 등장하고 그 수가 점차 늘어나

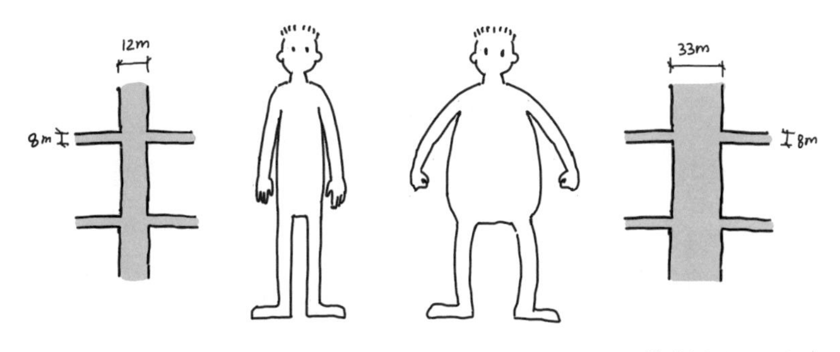

런던(왼쪽)과 서울(오른쪽)의 도로를 사람으로 표현한 모습

서 도시의 길을 서로 먼저 지나가려 하게 되자 사정이 완전히 달라졌다. 보행자와 마차가 다니기엔 불편함이 전혀 없던 길도 자동차들이 몇 줄로 동시에 오가기엔 말도 안 되게 좁게 느껴졌던 것이다. 공들여 길을 만들어 놓고 '모든 길은 로마로 통한다'며 으스대던 로마조차 지금 가 보면 넘쳐 나는 자동차로 골머리를 앓고 있다.

가만, 서울도 로마나 런던처럼 자동차가 없던 시절에 만들어진 도시인데 왜 서울의 길은 이렇게 좁지 않은 걸까? 서울의 모든 길이 넓은 건 아니지만 적어도 버스가 다니는 큰길은 런던에 비해 2배 혹은 3배 이상 넓다. 우리 조상들은 후세에 자동차라는 물건이 나타날 걸 예측하고 신통하게도 그 옛날부터 미리미리 도로를 널찍하게 만들었던 것일까? 설마 그럴리가. 조선 시대부터 있었던 종로, 을지로와 같은 길의 오래된 기록을 보면 분명 지금처럼 폭이 넓지 않다는 걸 알 수 있다. 지금 우리가 사용하는 길은 도시 계획이라는 제도를 통해 꾸준히, 끈질기게 그 폭을 넓혀 온 결과물인 것이다. 건물이 이미 빼곡히 들어찬 도시의 길을 넓힌다는 게 결코 쉬운 일이 아닌데 어떻게 그게 가능했던 것일까. 그건 우리나라만이 가진 몇 가지 특수한 조건 때문에 가능했다. 일단 서울은 일제 시대와 6.25같이 수도가 헤집어지거나 파괴되는 난리를 여러 번 겪어서 새로 지어야 하는 건물이 많았다. 조선 시대에 지어진 대부분의 건물은 구조가 나무로 되어 있어 돌로 지은 건물에 비하면 건물을 다시 짓는 주기가 상당히 짧은 편이었고, 다시 지을 때가 아직 안 되었더라도 부수는 데 죄책감이 덜 드는 저층 건물이 많았다(무언가를 부숴서 버릴 때 죄책감의 크기는 절대 무시 못 할 요소다). 또한 목구조가 아니어도 급하게 배운 근대 기술을 이용해 날림으로 지은 소규모 벽돌 건물이 많은 것도 도시의 길을 넓히는 데 유리한 조건이었다. 낡은 건물을 부수고 다시 지을 때 관청의 허가를 받아야 한다는 점을 이용하면, 도시 계획에서 지정한 선에 맞춰 물러나서 짓게 할 수 있었다. 그래서 불과 30~40년 만에 서울은, 버스가 다니는 간선 도로의 폭을 새로운 도시 계획에서 목표한 대로 2배 가까이 넓힐 수 있었던 것이다. 해서 지금의 종로와 을지로는 왕복 6차선 도로가 되었고, 남북 방향의 도로들도 자그마치 왕복 8차선에서 10차선이 되어 만주 벌판만큼이나 광활한 길이 되었다.

반면 건물의 구조로 돌이나 벽돌을 사용해서 비교적 오래전부터 단단한 고층의 건물을 짓고, 1666년 대화재 이후에는 도시를 완전히 갈아엎을 기회가 거의 없었던 런던은 옛 건물 사이의 도로 폭을 그대로 유지할 수밖에 없었다. 그래서 런던은 자동차 넉 대가 동시에 오갈 수 있는 왕복 4차로 이상인 도로조차 손에 꼽을 정도로 적다. 동서를 가로지르는 메릴본 로드와 남북을 가로지르며 하이드 파크 옆을 지나가는 파크레인 정도가 왕복 6차선 도로로 런던 시내에서 가장 넓은 길이고, 고급 상점이 늘어서 있기로 유명한 리젠트 스트리트와 그 외 몇 개의 길이 왕복 4차선 도로일 뿐이다. 나머지 도로는 버스가 다니는 길이라 해도 죄다 3차선 혹은 2차선이다. 버스 정류장만 버스가 서 있을 수 있도록 불룩 나온 주머니처럼 아스팔트 포장 폭을 조금 늘려 놓았을 뿐이다.

길의 느낌을 다르게 만드는 건 도로 설계 기준

여기서 또 런던과 서울의 중요한 차이를 말하지 않을 수 없는데, 바로 차가 다니는 1개 차선의 폭이다. 서울은 그 폭이 3미터인 반면 런던은 2.75미터다. 기껏해야 어른 발 사이즈 정도인 0.25미터의 차이가 뭐 대수일까 싶지만, 차선의 개수가 4개만 되어도 도합 1미터 차이가 되니 밀도 높은 도시에선 결코 무시 못 할 차이가 된다. 거기다 우리나라 도로는 차로 양 가장자리에 최소 0.75미터에서 1미터의 길 어깨(갓길)까지 반드시 만들게 되어 있는 반면, 런던은 그 길 어깨조차 만들지 않는다. 해서 런던의 길은 다이어트를 빡세게 해서 몸에 찰싹 달라붙는 옷을 입은 느낌이다. 차가 다니는 공간엔 그야말로 여유라곤 아예 없는 설계인 것이다. 그래서인지 런던 시내에선 택시나 버스가 아닌 자동차는 잠깐 서는 것을 포함해서 그 어떤 허튼 행동도 할 엄두가 나지 않는다. 반면 서울의 차로는 1개 차선 자체도 넓은 데다 길 어깨라는 여유 공간까지 있으니 푸짐한 살집에 주름을 풍성하게 잡은 옷을 아무렇게나 걸친 느낌이다. 여분의 공간인 길 가장자리엔 항상 오토바이도 서 있고 짐도 부려져 있고 가끔 주차 구획도 그려져 있다. 주름 사이사이마다 뭔가가 너저분하게 끼어 있는 모양새인 것이다. 해서 같은 왕복 6차선 도로라도 서울의 길과 런던의 길은 사실상 같은 폭도 아니고 전혀 비슷하게 느껴지지도 않는다. 치수로 따져 봐도 런던의 6차선 도로는 서울의 5차선 도로와 같은 너비다. 10차선, 12차선 도로가 널려 있는 서울 기준으로는 결코 넓다고 볼 수도 없는, 오히려 좁은 길인 것이다. 그런데도 런던 시내를 다니며 2차선, 3차선의 좁은 차로의 길에 익숙해지고 나면 6차선 도로는 지나치게 넓은 길로 느껴지니 참으로 기묘한 일이다.

이토록 차가 다니는 길이 좁은데, 런던 사람들은 별 불만이 없다니 처음엔 그게 제일 신기했다. 우리나라 사람들이라면 절대 가만히 있었을 것 같지 않아서다. 특히 런던의 옥스퍼드 스트리트를 처음 보고 난 적지 않은 충격을 받았다. 옥스퍼드 스트리트는 셀프리지, 존 루이스 같은 고급 백화점뿐만 아니라 프라이마크 같은 저가 제품의 종합 백화점을 비롯, 각종 브랜드의 대표 상점까지 모여 있어, 런던에서 쇼핑이라는 걸 하자면 제일 먼저 찾게 되는 쇼핑의 성지다. 그래서 하루 종일, 1년 내내 사람이 그야말로 바글바글한 길이다. 아마 런던에서 가장 많은 버스 노선이 지나가는 길이 아닐까? 어떤 동네든 옥스퍼드 스트리트로 가는 버스가 있는 걸 보면. 모든 길이 로마로 통하듯, 런던 버스는 옥스퍼드 스트리트로 통하는 것이다. 근데 그런 길의 차로가 고작 2개라니, 상상이 가는가? 서울 같았으면 어땠을까? 광화문 앞 세종대로에 광장을 만들면서 차선을 고작 몇 개 줄이는 것 가지고 차가 더 막힐 거라며 얼마나 오랫동안 실랑이를 벌였던가. 참고로 세종대로는 도로 중앙에 광화문 광장이 설치되기 전에는 전 세계에서 가장 차로가 많은 20차선 도로였다. 광장이 설치된 다음인 2010년엔 12차로로 줄었다가 최근 광장을 다시 만들면서 8차로로 줄었다. 12차로를 8차로로 줄이는 것도 쉽지 않았다고 하는데, 시내에서 가장 통행량이 많은 길을 2차로로 버젓

런던 옥스퍼드 스트리트

이 사용하는 런던을 보고 있노라면 그야말로 여긴 완전히 다른 세계라는 생각이 들었다. 바꿔 말하면 런던 사람들은 완연히 다른 기준, 목표점부터 다른 가치관을 가지고 있는 것임이 분명하다는 생각이 들었다.

넓은 길을 싫어하는 런던 사람들

아니나 다를까, 런던 사람들은 차로가 많은 드넓은 길을 끔찍이도 싫어한다는 걸 런던에 살면서 알게 됐다. 물론 내가 런던에서 엄청나게 많은 사람들을 만난 건 아니다. 고작 5년여 살면서 학교와 동네에서 사귄 몇 명의 친구들과 오가는 잡담 사이에서 파편처럼 주워들은 이야기들일 뿐이다. 그러나 내가 직접 런던에서 살아 보니, 굳이 더 많은 사람들에게 물어보지 않아도 되겠다는 생각이 들었다. 똥인지 된장인지 꼭 직접 먹어 봐야만 알 수 있는 건 아니지 않은가. 런던 시내 몇 안 되는 6차선의 넓은 도로인 하이드 파크 옆 파크 레인이나 동서를 가로지르는 메릴본 로드에 가 보면 알 수 있었다. 벌써 그 길을 걷는 사람의 수 자체가 많지 않고, 걸어가는 사람들의 얼굴을 보면 긴장한 표정이 보였다. 런던의 다른 길을 걷는 사람들처럼 편안한 얼굴이 아니었다. 우선 나부터도 그 길이 싫었다. 가장 큰 이유는 지나가는 자동차들이 내는 소음 때문이었다.

차로가 많은 길은 어쩔 수 없이 시끄럽다. 아무리 차들이 경적을 울리지 않고 조심조심 지나간다 해도 차가 멈췄다가 출발하면서 나는 부르릉 엔진 소리와 빠르게 지나가면서 바람을 가르는 쐐엥 소리만도 충분히 시끄럽기 때문이다. 교통량이 많은 도로에서 나는 소음의 데시벨은 70에서 80인데, 때로는 90까지도 올라간다고 한다. 우리가 일상에서 평정심을 잃지 않는 상한선은 60으로, 대화를 하거나 설거지를 할 때 나는 소음 수준이 그 정도다. 불쾌한 것까진 아니지만 잠들고 싶을 때나 집중해야 할 일이 있을 땐 두런두런 이야기를 나누는 소리도 신경 쓰이니 60데시벨도 평온을 주는 수준은 아닌 것이다. 근데 80데시벨의 도로 소음을 들으면서 길을 걷는 일이 어떻게 쾌적할 수 있겠는가. 게다가 도로 소음의 가장 큰 문제는, 소리의 종류 자체가 위협적이라는 것이다. 특히 자동차가 빠르게 지나가며 내는 소리는 사람으로서는 부딪히면 죽거나 다치게 되는 흉기의 소리인 셈이니 소리의 크기를 떠나 절로 섬뜩한 마음이 든다. 아마 같은 70데시벨의 소리라도 사람들이 시끄럽게 떠드는 소리나 청소기 소리라면 무서운 기분까지 들진 않을 것이다. 섬뜩한 흉기 소리가 들리는 길을 계속 걸으라는 건 사실 고문에 가깝다. 서울처럼 모든 길이 이렇다면 그러려니 하고 자포자기하겠지만, 런던처럼 대부분의 길에선 그런 흉한 소리가 들리지 않는다면 누구라도 차로가 많은 길을 싫어하게 될 수밖에 없을 것이다.

넓은 길의 또 다른 문제

차로가 여러 개인 넓은 길은 불쾌한 소음을 만드는 것도 문제지만, 사실은 더 심각한 문제를 만들어 낸다. 그건 바로 길이 지나가면서 그 동네를 두 동강 낸다는 것이다. 아니, 길이란 게 서로 연결하기 위해 만드는 것인데 대체 무슨 소리냐고? 그러나 곰곰 생각해 보면 길이 연결하고 있는 것은 길 따라 움직이는 방향이지, 길의 좌우, 즉 이편과 저편은 아니다. 오히려 길이 넓어서 그 길 따라 움직이는 통행량이 많은 데다 움직이는 속도는 빠르고 멈추는 횟수가 적으면 그 길 너머로

동네를 단절시키는 길(위)과 이어 주는 길(아래)

건너가는 일은 훨씬 더 어렵고 불편한 일이 된다. 사람들의 행진을 떠올려 보자. 전혀 위협하지도, 빠르지도 않은 사람들의 행렬이라도 일단 움직임의 흐름이 있으면 그들을 뚫고 지나가기란 쉽지 않다. 그런데 도시의 넓은 길은 빠르게 움직이는 쇳덩어리인 차의 흐름으로 꽉 차 있다. 그런 흐름은 맨몸은 말할 것도 없고 철갑을 두르듯 자동차를 탔더라도 아무때나 가로질러 간다는 건 엄두도 못 낼 일이다. 신호등을 보고 차들이 완전히 멈췄다는 확신이 들어야만 겨우 건널 수 있는 것이다. 그러나 그놈의 신호등이 있는 횡단보도는 몇백 미터를 걸어가야 겨우 하나 있고(우리나라는 200미터 이내에 횡단보도를 다시 못 만들게 하는 법이 있다),[•] 그 앞까지 가서도 신호가 바뀌기를 한참 기다려야 하고, 기다린 끝에 보행 신호로 바뀌어도 길 자체가 넓다 보니 건너느라 걸어야 할 거리가 거기서부터 또다시 구만리다. 그러니 꼭 필요할 때가 아니면 좀체 길을 건너지 않게 된다. 그렇게 길을 사이에 두고 이편과 저편은 다른 동네가 되는 것이다.

넓은 길이 만들어 내는 이런 '단절'을 우리는 인식조차 하지 못하고 있다. 우리 머릿속에 길에 대해 장착된 개념이 '연결, 이음'을 뜻하기 때문일 것이다. 그래서 넓은 길을 여기저기, 거침없이, 계속해서 만들고 있다. 서울 시내는 물론이고 모

• 도로교통법 시행규칙 제11조(횡단보도의 설치 기준) 제4호.

든 도시의 길, 특히 간선 도로라고 불리는 블록 바깥의 길들을 도시 계획을 통해 꾸준히 넓혀 가고, 또 새로 만드는 길도 최대한 넓게 만들고 있다. 우리나라에서 신도시를 설계할 때 간선 도로의 기본 폭은 8차선, 심지어 10차선이다. 우리나라 사람들은 길이 넓어지면 '길이 전보다 좋아졌다'고 생각한다. 그래서 도시 계획이든 혹은 재건축의 기부 채납이든 길을 더 넓게 만들 수 있으면, 그게 마땅하고 또 도시에 더 좋은 것이라고 생각한다. 사실 넓은 길은 도시를 이편과 저편으로 토막 내고 있는데도 말이다.

런던 사람들이 좁은 길을 좋아하는 이유

런던 사람들이 넓은 길을 싫어하는 이유는 어쩌면 상대적인 비교 대상이 있어서일지도 모르겠다. 런던 시내의 길은 몇몇 개를 빼고는 거의 다 좁은 길인데 그 좁은 길이 훨씬 걷기 좋기 때문이다. 맛있는 음식을 자주 먹어 봐서 입맛의 수준이 높아져야, 맛없는 음식에 대한 가차 없는 평가도 내릴 수 있는 법이다. 그처럼 어떤 길이 좋은지를 몸으로 경험하고 나면, 어떤 길이 싫은지, 나아가 나쁜지도 더 쉽게 말할 수 있다. 나도 런던의 길을 경험하고 나서야, 길에 대한 가치관을 갖게 됐다. 어떤 길이 도시에 더 나은 길인가를 생각하기 시작한 것이다.

세계적인 대도시 런던을 시골처럼 시시해 보이게 했던 좁은 길은 실제로 걸어 보니 걷는 사람에겐 너무나 매력적이고 좋은 길이었다. 일단 쇼핑을 해 보면 딱 감이 온다. 좁은 길은 차들이 속도를 내어 달릴 수 없기 때문에 위협적인 소리가 들리지 않아 쾌적하고 실제로도 훨씬 더 안전하다. 게다가 조금만 두리번거려도 길 건너편의 가게까지 훤히 잘 보이기 때문에 길 한편에만 가게가 있는 것보다 2배 이상으로 구경하는 재미가 있다. 흥미로운 가게를 발견하면 길의 어디서든 손쉽게 건널 수 있어 길 양편을 자유로이 오가며 걷게 된다. 그런 길은 정말 걸어도 걸어도 지루하지 않다. 사실 그렇게 계속 걸어갈 수 있는 거리가 있다는 것, 그것이야말로 도시의 매력이 아닌가? 우리가 도시에서 사는 이유는 더 많은 선택의 기회를 경험하고 그래서 더 나은 선택을 할 수 있기를 바라서니까 말이다. 그렇게 길을 더 걷게 만드는 것은 그만큼 장사하기 좋은 환경을 만드는 것이기도 하니, 그 도시를 살리는 일이기도 하다.

신기하게도 2차선 정도의 좁은 길은 동네를 반으로 나누는 게 아니라 오히려 길 양옆을 본드로 붙여 주는 것 같다는 느낌을 받았다. 가끔 천천히 지나가는 버스나 자동차가 오히려 생기를 불어넣어 주는지, 차가 하나도 없는 보행자 전용 도로와는 다른 종류의 활기가 있었다. 이런 길에서는 가게 앞 테라스에 앉아 밥도 먹고 차도 마시면서 바람과 계절을 느끼는 것도 가능했다. 소음과 매연이 없는 좁은 길이어야 누릴 수 있는 호사다. 우리나라 도시의 길 중에 그런 길이 과연 얼마나 될까?

너무 넓거나, 아니면 너무 좁거나

나도 한국에 사는 동안에는 도시의 드넓은 길을 그냥 당연하게 여겼다. 여기도 저기도 넓은 길이 널린 강남에서 어린 시절을 보낸 나에겐 어쩌면 넓은 길이 더 익숙하기도 했다. 게다가 그렇게 길이 넓다가 좁아지면 차가 더 많이 막히는 것 같기도 해서 길 폭을 유지하는 게 낫다고 생각한 적도 있었다. 그러나 사실 우리나라의 길이 모두 넓다고는 볼 수 없다. 버스가 다니는 간선 도로는 걸어서 건너기 버거울 정도로 넓은 반면에, 골목길인 이면 도로는 안전하게 걸어 다닐 한 뼘의 여유도 없을 만치 비좁다. 도시의 길이란 것이 꼭 이동해야 할 것들이 움직이는 혈관과 같은 역할을 한다고 볼 때, 우리나라 도시의 길은 태생적으로 혈액 순환 장애가 생길 수밖에 없는 구조를 가지고 있는 것이다. 30미터짜리 대로를 쌩쌩 달리던 차들이 그 길을 벗어나자마자 갑자기 4미터도 되지 않는 골목길로 들어서야 하니 이 얼마나 하지 정맥류스러운 상황인가. 그러고 보면 이면 도로에 주차된 차들은 혈관에 낀 기름처럼 도시의 흐름을 막고 있는 존재인 것이다.

물론 간선 도로의 차들이 한꺼번에 이면 도로에 들어오지는 않을 테니, 큰 길과 작은 길의 차이는 있을 수밖에 없다. 그러나 그 변화가 너무도 드라마틱한 게 문제다. 도로 폭이 1/4로 줄어들면 속도도 그만큼 확 줄여야 하는데, 어떤 사람들은 그게 되지 않는 것 같다. 간선 도로를 시속 80킬로미터 정도로 달려 버릇해서인지 골목길에 들어서서도 틈만 나면 속도를 내려고 안달인 인간들이 꼭 있다. 그 증거는 골목길 교통사고 사망률이 보여 준다. 우리나라 보행자 교통사고 사망률은 OECD 국가 평균의 2배 가까이 되는데, 사망자 열 명 중 일곱 명이 보도와 차도의 구분이 없는 골목길에서 사고를 당한다고 한다. 가뜩이나 보도가 따로 없어서 위험한 좁은 길을, 자동차는 사람이 부딪히면 죽을 정도로 빨리 달린다는 이야기다. 그러니 속도를 내서 달리게 하는 넓은 길은 또 다른 문제점을 갖고 있는 셈이다.

도시의 보디랭귀지, 보도

도시를 자꾸 토막 내고, 걷기 싫은 도시로 만드는 원흉은 넓은 차로뿐만이 아니다. 사람 걸으라고 만들어 놓은 보도 자체도 그렇다. 차로는 미치도록 광활한 데 비해, 보도는 법정 최소 폭이 1개 차선의 폭도 채 되지 않는 꼴랑 2미터인데도 갖가지 핑계를 대서 그나마도 지켜지지 않는 경우가 허다하다.

우리 동네 수영장 근처의 보도는 글쎄 폭이 1미터다. 그래서 둘이 손잡고 걷다가 마주 걸어오는 사람이 있으면 즉시 도보 대오를 앞뒤 나란히로 바꾸어 걸어야만 한다. 뒤에서 오는 사람이 나보다 걸음이 빨라도 그렇게 대오를 변경해서 양보해야 한다. 우리나라가 다이내믹 코리아라서 그런가, 보행 방식도 참 다이내믹해야 하는 것이다.

물론 모든 보도가 좁은 건 아니다. 광활한 간선 도로 가장자리 보도의 폭은 꽤나 널찍하다. 근데 널찍하기만 할 뿐, 환경은 여전히 열악하다. 한가운데 갑자기 솟아올라 있는 지하철 출입구, 시꺼먼 지하 환풍구, 한전 변압기 박스, 로또 판매 부스, 버스 정류장, 가로수, 전봇대, 화단, 간판 등등이 잔뜩 포진해 있다. 공간이 넓어도 온전하게 쓰지 못할 뿐만 아니라 꽤나 위험하기까지 하다. 무엇보다 제일 문제는 자동차들이다. 보도를 걸으면서 웬 자동차 걱정인가 싶지만 모든 건물에 주차장을 만들어야 하는 그놈의 부설주차장법 때문에, 보도를 걷는 보행자는 건물의 주차장으로 들어가려는 자동차와 언제 충돌할지 모르는 상황이다. 요즘처럼 스마트폰을 보면서 걸어가는 사람이 많으면 아찔한 순간이 더 자주 생긴다. 참, 보도에 주차해 놓은 차도 빼놓을 수 없는 아이템이다. 아예 보도를 따라 주차 구획을 만들어 놓기도 하니까 보도는 사실상 주차장의 차로이기도 하다. 이쯤 되면 보도가 정녕 걷기 위해 만든 공간인가 싶다.

골목길 보도는 좁고, 간선 도로 보도는 위험하고… 그러면 신호가 차를 막아 놓은 횡단보도만이라도 편히 걸어갈 수 있느냐 하면 슬프게도 아니다. 우리나라 보행 신호 인심은 아주 각박해서 횡단보도를 1미터당 딱 1초에 건너야 한다. 건너기 시작하는 데 드는 여유 시간으로 딱 7초를 더 줄 뿐이다. 8차선 도로면 37초에 30미터를, 10차선 도로면 43초에 36미터를 주파해야 한다. 횡단보도 앞에 딱 대기하고 있다가 보행 신호가 켜진 순간부터 건너가기 시작해야만 걸어서 건널 수 있다. 조금만 늦게 출발하면 엄청 뛰어야 한다. 그래서 우리 동네 횡단보도에선 70대 할머니의 전력 질주도 심심치 않게 볼 수 있다. 이 보행 신호를 놓치면 다음 보행 신호까지 3분 넘게 기다려야 하기 때문에, 그러면 그동안 버스 몇 대를 또 놓치기 때문에 엄청난 괴력을 발휘해서 달리신다. 그 모습을 보고 있자면, 신호가 이렇게 짧은 게 국민 건강 증진에 어느 정도는 기여하고 있는 것인가 알쏭달쏭해진다. 꼬부라진 허리로 36미터를 20초에 주파하시는 할머니가 안쓰러우면서도 말이다.

이 모든 열악함에도 불구하고 보도가 아예 없는 길도 적지 않으니 그나마 있다는 것만으로도 엄청 고맙긴 하다. 열악한 환경은 사람 맘을 참 소박하게 만든다는 장점은 있는 것이다. 그러나 난 이런 데서까지 소박해지고 싶지 않다. 대체 왜 우리나라에선 걷는 게 죄라는 느낌을 받게 될 때가 많은 거냔 말이다. '억울하면 출세해!'가 아니라 '억울하면 차 타!'라고 도시가 말하고 있는 것만 같다. 아니다. 말로는 걸어 다니라고 한다. 그런데 정작 자동차만 편리한 방향으로 도시를 만들고 있다. 진심은 말이 아니라 보디랭귀지로 드러난다는데. 도로는 도시의 보디랭귀지인데 말이다.

걷기 좋은 도시가 우리에게 줄 수 있는 것

워낙 자동차를 많이 타고 다니다 보니, 굳이 왜 걸어야 하는지 혹은 왜 걷기 좋은 도시를 만들어야 하는지에 대한 동의 자체부터 어려운 경우도 많은 것 같다. 대부분의 사람이 자동차가 주는 편리함과 안락함만은 잘 알고 있기 때문이다. 그러나 걸어 다니기 좋은 도시가 주는 쾌적함과 편리함 또한 자동차가 주는 편의 못지않게 달콤하다는 것을 알 필요가 있다. 그리고 일단 그 맛을 알게 되면, 자동차로 꽉 차서 걸어 다니기 힘든 도시가 결국 얼마나 살기 불편한 도시인지도 알게 된다.

런던에서 난 그걸 알게 됐다. 런던 시내는 자동차를 갖고 다니기엔 정말 불편하고 어려운 반면, 걷기에는 더없이 편리하고 쾌적한 도시다. 그래서 우리나라에선 십 보 이상 승차인 남편도 런던 시내에서는 당연한 듯 자동차 없이 잘도 다녔다. 주차된 차가 없는 거리가, 주차장이 없는 건물이, 주차장으로 들어가려는 차가 없는 도시가 얼마나 깨끗하고 콤팩트한지! 런던에선 음식점 창가에 앉아 바라보는 풍경이 주차된 자동차 엉덩이가 아니라 길 건너편의 가게와 사람들이 지나가는 모습이고, 걸어갈 때 보도로 쳐들어오는 차에 부딪힐까 신경 쓸 필요 없이 맘 푹 놓고 걸을 수 있다. 주차장이 없어 건물과 다음 건물이 바로 붙어 있기에 걸어야 할 거리는 짧고, 건물 입구까지 가느라 주차장을 가로질러 더 걸어야 할 일은 더더욱 없다. 무엇보다 도시만이 줄 수 있는 아름다움, 많은 사람이 함께 살아가는 모습은 자동차 없이 걸어 다니는 사람들 속에 있다.

계속 걷고 싶은 도시를 만들기 위한 전략

런던이 걷기 좋은 도시인 이유가 뭔지 한 걸음 더 다가가서 살펴보자. 런던은 아무리 비좁은 골목길이라도 보도는 최소폭 2미터를 유지한다. 그리고 보도를 반드시 차로 양쪽에 설치해서 보도의 폭만 도합 4미터가 되게 만든다. 특히 인상적인 건 길이 좁아지면 우리나라처럼 보도 폭을 줄이거나 없애는 것이 아니라 반대로 차로를 하나씩 줄여 나간다는 것이다. 그래서 차로가 2개인 도로는 보도의 폭이 차도의 폭과 큰 차이가 없다. 물 반 고기 반처럼, 보도 반 차도 반인 것이다. 보행자의 통행량이 많은 길은 보도를 그보다 더 넓히기도 하는

데, 쇼핑의 성지 옥스퍼드 스트리트는 보도가 차로보다 넓다. 차로가 메인이고 그 옆에 보도를 만들었다기보다는, 보도가 메인이고 그 사이를 자동차가 송구스러워하면서 조심조심 지나가는 모양새다. 그렇게 어느 길이나 사람이 걸어갈 길을 가장 먼저 확보한다.

길을 건너는 일도 편안하다. 런던은 차로가 좁기 때문에 횡단보도를 건너는 일도 그야말로 몇 발자국만 걸으면 되는 누워서 떡 먹기인 일이다. 다음 횡단보도까지의 최소 거리나 기준 이격 거리도 없는데, 간격이 100미터 아니 50미터도 되지 않는 경우도 많다. 무엇보다, 횡단보도가 아닌 곳에서 길을 건넌다 해도 불법이 아니라서 처벌받지 않는다. 보행자의 편리가 더 우선이기 때문이다. 우리나라처럼 무단 횡단을 방지하는 중앙선 위의 울타리는 생각도 할 수 없다. 그리고 무엇보다, 보행자가 보행 신호를 기다려야 하는 대기 시간이 거의 없다. 횡단보도 앞 기둥에 보행자를 위한 신호등과 누르는 버튼이 있는데, 그 버튼을 누르면 단 몇 초 만에 보행 신호로 바뀐다. 그래서 아쉽게도 런던에서는 횡단보도를 건너려고 전력 질주하는 할머니는 보기 힘들다.

우리나라 운전자들은 교차로에서 신호가 바뀌기까지 기다리는 시간이 길면 짜증을 낸다. 좌회전 신호를 너무 짧게 준다고 투덜대기도 한다. 한마디로 달리다가 신호가 바뀌어서 멈추는 일을 극도로 싫어한다. 하긴 누군들 좋아하겠는가, 가다가 멈추는 일을. 계속 가고 싶지. 그런데 자동차만 가다 멈추는 걸 싫어하는 게 아니다. 걸어가는 사람도 걷다가 멈추는 게 싫기는 마찬가지다. 보행 신호로 바뀔 때까지 기다리는 시간이 길어지면 보행의 흐름도, 리듬도 깨진다. 그런데 우리나라 횡단보도에서는 자동차는 1분도 안 되는 짧은 시간만 기다리게 하고, 보행자는 3분 넘게 기다리게 만든다.

결국, 누구를 위한 길인가의 문제

지금껏 이야기한 내용만으로도 런던과 서울의 길은 무척, 아주 많이 다르다는 걸 알게 되었을 것이다. 넓은 길이 좋다고 계속 길을 넓혀 가는 서울과, 넓은 길을 끔찍이도 싫어하는 런던. 좁은 골목길엔 보도부터 없애는 서울과, 차도를 없애더라도 보도는 남기는 런던. 횡단보도 신호등 앞에서 보행자는 3초도 기다릴 필요 없게 만드는 런던과, 보행자가 자동차보다 6배는 더 오래 기다리게 만드는 서울. 같은 시대를 사는 두 도시가 어쩜 이렇게 다를까 싶을 것이다.

사실 이 모든 차이는 단 한 가지, 관점의 차이에서 비롯된 것이다. 바로 길을 누구의 입장에서 바라보느냐의 차이다. 우리나라는 길을 보행자의 입장에서가 아니라 자동차의 입장에서 본다(우리나라 도로법의 도로는 자동차 도로인 것만 봐도 알 수 있다). 자동차가 갈 수 있는 길만을 길이라 생각하기 때문에 차로가 넓은 길, 차가 빨리 달릴 수 있는 길을 좋은 길이라고 생각한다. 그 말인즉슨 횡단보도는 길이라고 생각하지 않는다는 뜻이기도 하다. 그러나 보행자의 입장에서 보면 자동차가 가는 방향도 길이지만, 그 방향을 가로지르는 횡단보도도 길이다. 보행자는 사실 어느 방향으로든 갈 수 있고 또 그럴 수 있어야 한다. 자동차를 위해 닦아 놓은 길 때문에 사람이 그 너머로 가는 일이 불편해진다면, 그 길은 잘못된 길이다. 자동차를 위한 길을 사람이 건너는 것이 아니라, 사람을 위한 길을 자동차가 잠깐 양해를 구하고 지나가는 것이라고 생각할 수는 없을까? 그래서 런던처럼 사람은 기다리지 않고, 차가 기다리게끔 도로 시스템을 만든다면? 그렇게 자동차가 아니라 사람을 위해 길을 만드는 도시라면 얼마나 좋을까?

그래도 차를 타고 어딘가로 가야 하지 않냐고, 그래서 차가 가는 길도 중요한 것이 아니냐고 할지도 모르겠다. 맞다. 차가 갈 수 있는 길은 필요하다. 그러나 차를 위한 길만 길이라고 생각하는 한, 이 도시는 사람을 위한 도시가 될 수 없다. 그리고 어딘가로 가는 일 때문에 지금 여기서 사는 일을 망칠 수는 없다. 만약 길이 도시를 토막 내고, 그래서 동네를 그 너머와 단절시키는 원인이 되고 있다면, 그 길이 대체 누구를 위해 좋은 길인 것일까. 도로는 지금 여기를 위한 것이기도 해야 한다. 여기가 좋지 않으면 거기도 좋을 리 없다.

출퇴근과 데이트를 하는 방법

대중교통

드라마 속 연애의 풍경이 알려 주는 것들

나 어릴 적 80년대엔 텔레비전 드라마를 빠짐없이 챙겨 보는 건 아줌마들이나 하는 일이라는 매우 편협한 시선이 존재했었다. 하지만 내가 아줌마가 됐을 땐 다행히 남녀노소 구분 없이 드라마를 즐기는 시대가 되어 있었다. 그럴 수밖에 없는 게, 우리나라는 드라마를 정말 너무 잘 만들기 때문이다. 글로벌 스트리밍 서비스의 시청률 순위에서 한국 드라마가 세계 상위권을 차지하는 것만 봐도 알 수 있지 않은가. 그만큼 많은 사람이 한국 드라마에서 재미와 공감을 느낀다는 이야기다. 그런데도 우리는 현실에선 일어나지 않을 것 같은 일을 만나게 되면 '드라마 속에서나 가능한 이야기'라고 말한다. 분명 드라마 속 이야기에는 판타지가 있다. 그러나 사람들이 그 판타지에 공감하고 빠져들게 만들려면 사람들이 원하는 판타지 이외의 것들은 상당히 현실적이어야 한다. 별것 아닐 것 같아 보이는 드라마 속 설정은 사실 그 사회의 통념을 매우 정교하게 보여 주는 장치이기도 한 것이다. 해서 대중교통에 대한 이야기를 시작하기에 앞서 서울과 런던을 배경으로 한 드라마 속 연애의 풍경을 비교하는 것은 제법 흥미로운 출발점이 된다. 대중교통에 대한 두 나라의 인식이, 드라마 속 설정을 통해 적나라하게 드러나기 때문이다. (난 사실 영국의 드라마는 잘 몰라서 영국 영화 중 로맨스 장르인 〈러브 액츄얼리〉랑 비교를 해 보려고 한다.)

2018년에 방영된 우리나라 드라마 〈밥 잘 사주는 예쁜 누나〉는 남자들 입장에서는 그다지 달갑지 않을 이야기였겠지만 여자들한테는 절대적인 지지를 받을 만한 드라마였다. 이 드라마의 가장 큰 판타지는 윤진아(손예진 분)처럼 예쁘고 사랑스러운 여자가 아직 싱글이라는 것과 서준희(정해인 분)처럼 해맑게 잘생긴 데다 능력까지 있는 청년이 자기보다 나이 많은 여자인 누나의 친구를 좋아하게 된다는 거였다. 남녀 주인공은 모두 직장인인데 여주인공은 연상이라는 설정상 직급이 대리이고 남주인공은 평사원이다. 이 둘은 모두 차를 가지고 출근을 하고, 차를 타고 데이트를 한다. 그걸 보고 말도 안 되는 설정이라고 불평하는 우리나라 사람은 별로 없었을 것이다. 오히려 〈나의 해방일지〉라는 드라마에서 주인공 삼 남매 중 둘째는 차를 못 사게 하는 아버지에게 자가용 없이 어떻게 연애를 하냐고 거세게 화를 낸다. 그만큼 우리나라 연애의 풍경에서 자가용의 실내는 은밀한 대화를 나누는 신의 단골 장소다. 주인공에게 자가용이 없다는 설정은 둘 중 한 가지 경우에만 나타난다. 학생이거나 혹은 가난하거나.

그러나 서울이 아니라 런던을 배경으로 한 드라마였다면 어땠을까. 말단 사원이 차를 가지고 출근을 한다는 설정으로 각본을 썼다면 모두의 비웃음을 샀을 것이다. 런던에선 사원은 고사하고 사장이라도 자가용을 가지고 회사에 출근한다는 건 상상조차 하기 힘든 일이기 때문이다. 런던이 배경인 영화

〈러브 액츄얼리〉는 옴니버스 형식이라 주인공이 일일이 세기도 힘들 만큼 여럿이다. 근데 그중에서 세단을 타고 출근하는 사람은 영국 수상으로 나오는 휴 그랜트 딱 한 사람뿐이었다. 그런 그도 〈노팅 힐〉이란 영화에서 미국 배우와 사랑에 빠지는 서점 주인으로 출연했을 때는 사계절 내내 걸어 다니거나 버스를 타는 뚜벅이로 나왔다.
극중 그가 가난하다는 설정이었냐면 그건 절대 아니었다. 노팅 힐은 런던 시내에서 비교적 부유한 동네에 속한다. 그 동네에 살면서 서점도 운영하는 사장님이라면 적어도 중산층이라고 볼 수 있다. 그런 그도 자가용이 없다는 설정이 더 자연스러운 도시가 런던이다. 영화 속에 차를 타고 런던을 누비는 추격 신을 넣을 수 있었던 건 휠체어를 타야 하는 친구에게 자가용이 있었기 때문이었다. 극 중에서 인기 배우로 나오는 줄리아 로버츠조차 런던에서 휴 그랜트와 데이트를 할 땐 거리를 걸었다. 서울과 런던의 연애 풍경은 이렇게나 다른 것이다.

당신의 출퇴근은 어떠한가요

사실 데이트야 모든 사람이 하는 것도 아니니 그다지 중요한 건 아닐 수도 있다. 그보다 도시의 삶에서 제일 큰 비중을 차지하는 건 출퇴근이다. 근데 요놈의 출퇴근, 너무 힘들다. 기술은 빛의 속도로 발전하고 있는데, 어째 출퇴근 전쟁은 점점 치열해지기만 하는 걸까. 그 이유는 우리가 살고 있는 도시를 크기의 측면에서 관찰해 보면 알 수 있다. 해마다 서울 주변으로는 나무 밑동에서 자라는 버섯처럼 신도시들이 주렁주렁 생겨난다. 그리고 그 신도시는 빽빽한 아파트 단지들로 채워진다. 교통이 편리한 중심부의 땅값은 웬만한 직장인들이 감당하기엔 턱없이 비싸져서, 주거지가 주변으로 점점 밀려나고 있는 것이다. 집이 중심부에서 멀어지면, 자연히 집과 직장 사이를 오가는 데 필요한 시간은 늘어난다. 서울 직장인들이 출퇴근에 쓰는 시간은 평균 한 시간 반 정도. 왕복이면 하루에 세 시간이나 된다고 한다. 대도시의 삶이 다 그러려니 할 수도 있지만, 따지고 보면 먹고 자고 씻고 일하는, 생존에 꼭 필요한 시간을 뺀 하루 자유 시간의 절반이나 된다. 그러니 도시에 사는 사람에게는 어떻게 출퇴근하느냐가 인생에서 너무나 중요한 문제일 수밖에 없는 것이다.

할 수만 있다면 누구나 기사 딸린 차에 편안히 앉아서 출근하고 싶을 것이다. 기사까지는 무리라면 자가용으로라도. 그러나 도시에서 일하는 사람이 모두 자가용을 가지고 출근을 한다면 도시가 어떻게 될까. 아마 회사에 사람이 일하기 위해 만드는 공간보다 자동차를 세워 두기 위해 만들어야 하는 공간이 훨씬 더 넓어야 할 것이다. 아무 행동도 하지 않고 그저 가만히 있어도 자동차와 사람이 차지하는 공간의 크기는 적어도 50배 이상 차이가 나기 때문이다.* 그러나 주차 공간을 그렇게 만드는 건 대도시에선 현실적으로 가능하지가 않다. 그래서 많은 사람이 여럿이 함께 타는 교통수단으로 출근을 해야 한다. 불특정 다수가 각자 원하는 곳으로 갈 수 있도록 계속 움직여서, 도시 안에 주차 공간을 필요로 하지 않는 교통수단, 바로 대중교통 수단 말이다.

사실 대중교통을 이용한다는 건 편안한 일은 아니다. 낯선 사람들과 어깨를 나란히 한 채 밀폐된 작은 공간 안에서 목적지에 도착할 때까지 내내 함께 있어야 하기 때문이다. 도시가 커져서 그 시간이 더 길어졌으니 더더욱 그렇다.

런던의 출근은 대중교통이 99퍼센트, 우리는 80퍼센트

내가 어릴 때는 주변에 자동차로 출근하는 사람이 적어도 절반은 됐었다. 출근 시간이 지나고 나면 아파트 주차장에 차가 썰물처럼 빠져나가서 텅텅 비었으니까. 근데 런던에 살아보니 오히려 자가용을 타고 출퇴근을 하는 사람을 찾기가 힘들었다. 하긴 시내로 차를 가져가 봤자 런던시 교통국에 내야 하는 혼잡통행료만도 하루에 약 2만 5천 원(15파운드)이나 되

* 평면으로 봤을 때 자동차가 차지하는 면적은 10제곱미터, 사람이 차지하는 면적은 0.2제곱미터다. (10제곱미터는 약 3평이다.)

는 데다 무엇보다 주차할 곳이 없기 때문이다. 있다 한들 주차 요금은 또 얼마나 미칠 듯이 비쌀지 상상이 안 되지만 말이다. 런던 시내 중심은 거의 다 오래된 건물뿐이라 주차장이 거의 없다. 길가의 주차 구획은 그 동네에 집이 있는 사람들을 위한 것일 뿐이다. 그래서 대부분, 정말 거의 모든 사람들이라고 할 수 있는 99퍼센트의 사람이 오로지 대중교통만을 이용해서 출퇴근을 한다.

서울도 이제는 대중교통을 이용해서 출퇴근하는 비율이 80퍼센트가 넘으니 그 비중이 적지는 않다. 우리나라의 다른 지역이 50퍼센트 남짓인 걸 생각하면 사실 꽤 높은 수치다. 그러나 런던이나 뉴욕, 도쿄 같은 도시에 비하면 서울의 대중교통 출퇴근 비율은 결코 높다고 할 수 없다. 그리고 무엇보다, 서울의 80퍼센트와 런던의 99퍼센트 사이에는 더 결정적인 차이가 있다. 런던은 정말로 '모든 사람들'이 이용하는 진짜 '대중'교통 수단인 반면, 서울은 돈과 권력이 없어서 주차할 공간이 없는 사람들의 어쩔 수 없는 선택지인 측면이 있기 때문이다. 불과 19퍼센트포인트, 그리 크지도 않은 차이다. 그러나 그 속에 대중교통에 대한 최종 결정권이 있는 사람들이 속해 있다면 이야기는 달라진다. 서울은 일상적으로 대중교통을 타지 않는 사람들이 대중교통에 대한 중요한 결정을 한다는 뜻이기 때문이다. 그리고 그로 인해 결코 무시할 수 없는 대중교통의 질적 차이가 만들어진다. 매일 대중교통을 타지 않으면 알 수 없는 여러 디테일을 놓치게 되는 것이다. 그 디테일의 차이, 질적 차이가 무엇인지를, 나는 런던에서 버스와 지하철을 타 보고서야 비로소 알게 됐다. 그동안 내가 왜 서울의 대중교통을 불편하게 느꼈었는지를 말이다. 별것 아닌 것 같은 그 차이가, 서울에선 십 보 이상 승차인 남편을 별 불만 없이 대중교통을 타고 다니게 만들었다는 것도 그제야 알 것 같았다. 같은 대중교통이어도 결코 같지가 않았다. 결론적으로 서울의 대중교통은 2퍼센트, 아니 과장해서 말하면 20퍼센트쯤 디테일이 부족하다. 그게 무엇인지 이제부터 하나하나 까발려 보자.

조금이라도 편하게 가게 하려는 게 목적 vs 한 번에 많이 태우는 게 목적

먼저 이야기하고 싶은 그 디테일은 교통수단의 디자인이다. 일단 두 도시의 대중교통 수단인 전철과 버스는 완연히 다른 목적을 가지고 디자인된 것처럼 보인다. 런던의 교통수단은 한 사람이라도 더 앉아서 가게 하려고 만든 것처럼 보이는 반면, 서울의 교통수단은 그저 한 사람이라도 더 많이 태우려고 디자인된 것 같아 보인다는 뜻이다. 너무 주관적인, 느낌적인 느낌일 뿐인 걸까? 조금 더 자세히 들여다보자. 런던의 지하철은 고대부터 만들어진 도시 조직을 사용하느라 선로의 공간 자체가 매우 좁다. 그 작은 통로를 꽉 채워서 동그란 단면의 전동차가 겨우겨우 지나가서 런던 지하철의 별명은 튜브다. 키가 큰 사람은 전동차 안에서 허리도 제대로 못 펼 정도로 높이가 낮고, 그만큼 천장에 여유 공간이 없어서 에어컨도 넣지 못했다. 전차 안에 에어컨을 넣는 방법에 대한 아이디어 공모도 한 적이 있다고 하니, 얼마나 여유가 없는 상황인지 짐작이 갈 것이다. 그렇게 공간이 좁다 보니 양쪽 벤치 사이의 폭도 좁다. 작은 튜브는 벤치 사이 폭이 1미터도 되지 않는다. 벤치에 사람이 다 앉고 나면 한 사람이 겨우 서 있을 수

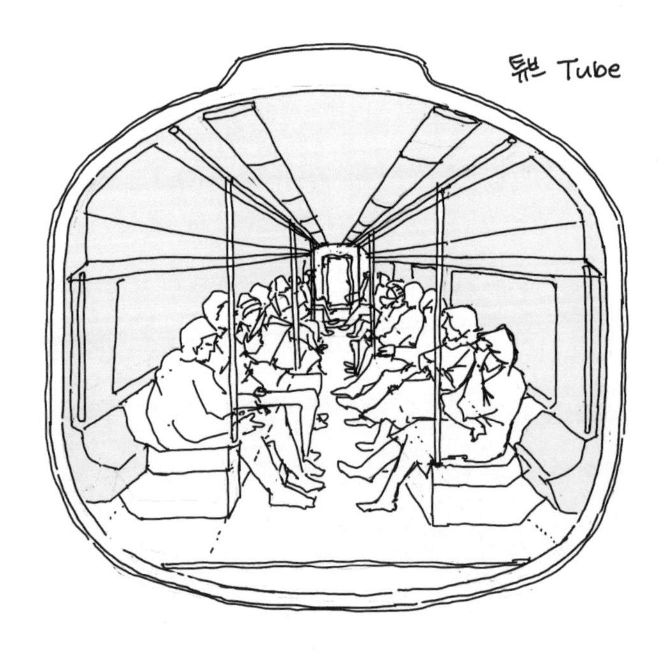

런던의 지하철 튜브

있는 공간이다. 근데, 사람이 서 있을 수 있는 공간 자체가 적다는 건 승객 중에 앉아 있는 사람의 비율이 매우 높다는 뜻이기도 하다. 한 번에 사람이 많이 타지는 못하지만, 대신 자주 다니기 때문에 괜찮다. 런던 외곽으로 가는 교외선 열차는 그에 비해선 폭이 넓은데, 그런 경우엔 아예 기차처럼 창에 직각 방향으로 좌석을 만드는 경우가 많아서 앉아서 갈 확률이 또 높다.

반면에 우리나라 전철의 전동차는 차 안에서 곰이 재주를 넘어도 될 만큼 널찍하다. 양옆의 벤치 사이가 2미터 가까이 되어서 좌석 앞에 모두 사람이 서고도 그 서 있는 사람 사이를 또 한 사람이 지나갈 수 있을 정도다. 이 정도 폭이면 기차처럼 좌석을 돌려놓을 수도 있겠지만 그렇게 하지는 않는다. 사람이 의자에 앉으면 공간을 더 많이 차지하기 때문에 사람이 많이 타야 하는 도심형 전동차는 이런 형식이 많긴 하다. 그러나 서울의 전철은 다른 나라보다도 서 있게 만든 공간이 훨씬 더 넓은 느낌이다. 버스도 마찬가지다. 런던의 이층 버스랑 비교하면 좌석 수에 비해 사람이 서 있게 한 공간의 비율이 압도적으로 높다. 이러니 한꺼번에 더 많은 사람을 태우려고 만든 모양새라는 의심이 들 수밖에 없다.[7]

그렇게 사람이 가득 차 있는 모습을 보고 있자면 콩나물시루라는 말이 딱 들어맞는다. 낯선 사람의 몸에 닿아서 출퇴근을 하는 일이 누구라도 달가울 리 없지 않은가. 실제로 성추행을

당하는 경우도 많다고 하니 더 신경이 쓰인다. 근데 우리나라 지하철이나 버스는 아무리 출퇴근 시간이라도 운행 간격이 5분 가까이 된다. 한번 놓치면 꽤 오래 기다려야 해서 아무리 붐벼도 꾸역꾸역 타게 된다. 공간에 비해 인구 밀도가 너무 높은 데다 서 있는 사람이 더 많으니, 차가 급정거라도 할 때면 상당히 아찔하다.

환승하러 삼만 리

가장 아쉬운 디테일은 환승 거리가 너무 길다는 것이다. 환승을 좋아하는 사람은 없다. 음식을 이것저것 먹는 건 즐거운 일이지만, 지하철 노선을 이것저것 타는 건 그저 몸만 고달플 뿐이다. 환승하며 걸어야 하는 거리가 생각보다 꽤 긴 데다, 지하철 노선이 교차하는 과정에서 생기는 구조적 특성상 수직 이동까지 더해야 하기 때문이다. 뿐인가. 갈아탈 열차가 올 때까지 기다려야 하니, 진짜 귀찮은 과정이다. 그래서 환승하지 않고 열 정거장을 가는 것보다 환승해 가며 다섯 정거장을 가는 것이 훨씬 힘들다고 느끼게 된다. 학술 용어로는 '환승 저항'이라 부른다고 하니, 얼마나 사람들이 환승을 안 하려고 하면 이런 말까지 있겠는가.

런던과 서울의 대중교통이 가장 다르다고 느낀 부분이 바로 이 '환승 거리'였다. 런던에도 간혹 환승 거리가 꽤 되는 역이 있긴 했지만, 대부분은 우리나라의 절반도 되지 않았다. 짧은 계단 몇 개를 내려가거나 올라가서 모퉁이만 돌면, 금세 갈아탈 노선이 짠! 하고 나타났다. 우리나라의 환승 거리에 익숙했던 나는 '벌써?'라는 느낌이 들 정도였다. 사실 우리나라 환승역은 역 안에서만 버스 한 정거장의 절반 정도 되는 거리는 걸어야 한다. 다른 선택의 여지가 없기 때문에 묵묵히 걸어가기는 하지만, 무빙워크로 걸어도 한참이 걸릴 정도로 긴 환승 통로는 걸어갈 때마다 매번 짜증이 난다. 정말 역을 이렇게 만들 수밖에 없었던 걸까?

삼각지역 대탐험

그러고 보니 내가 서울 삼각지역에서 겪은 모험담 혹은 탐험기를 여기서 공유해도 나쁘지 않을 것 같다는 생각이 든다. 역의 구조만큼 꽤나 역동적인 이야기라 혼자 간직하긴 아까운 측면이 있으니까.

탐험기를 시작하기에 앞서, 나도 삼각지역을 탐험할 마음이 있었던 건 아니었음을 분명히 해야겠다. 나는 낯선 장소를 어슬렁거리는 걸 좋아하는 편이지만, 지하철역이 탐험의 장소가 될 정도로 흥미진진했던 경험은 별로 없기 때문이다. 그저 삼각지역에서 4호선을 얼른 집어타고 빨리 집으로 가고 싶었을 뿐이었다. 그래서 지상에서 4호선의 파란색 표지판을 확인하고 지하로 내려갔다. (정확히는 4호선과 6호선이 모두 쓰여 있었다.) 그런 다음에 선생님 말씀 잘 듣는 유치원생처럼 4호선을 상징하는 무뚝뚝한 파랑색만을 착실히 따라갔다. 그런데 신기하게도 그 과정은 나를 우선 지하 아주 깊숙이 있는 6호선 승강장으로 이끌었다. '내가 왜 6호선 승강장에 왔지?' 의아해하면서 4호선 표지판을 따라가자니 나는 어느새 6호선 승강장을 처음부터 끝까지 다 걸어가게 되었다. 그다음에는 기껏 내려간 나를 다시 계단으로 올라가게 만들었다. 그런 다음에 또 긴 연결 통로를 한참 걸어가고 나서야 나는 지하철 4호선 승강장에 겨우 도착할 수 있었다.

아니, 대체 왜? 왜? 왜? 이런 긴 여행을 해야만 4호선 승강장에 올 수 있는 거지? 6호선 승강장에서 도장을 받아야만 4호선 지하철을 탈 수 있는 것도 아닌데? 게다가 6호선 승강장이 4호선 승강장보다 지상에서 더 가까운 곳에 있는 것도 아니고, 더 깊이 내려가야 있는데. 사람을 내려가야 할 깊이보다 더 깊이 내려갔다가 올라오게 만드는 건 설계를 하는 건축가의 관점에서 봤을 땐 범죄나 다름없는 행위다. 그래서 내 머리로는 이 시스템을, 이 지하철 역사 설계를 도저히 이해할 수가 없었다. 대체 누가, 왜, 이따위로 역을 설계했을까. 설혹 갓 입사한 초짜가 설계했다고 하더라도, 여러 사람의 결재를 받아 결정되는 과정에서 어떻게 이런 설계가 전문가들의 결재를 통과해서 실제로 지어질 수 있었는지가 미스터리였다.

그래. 백 번, 천 번, 만 번 양보해서 그렇게 지어질 수밖에 없었다고 하자. 아무리 그래도 그렇지, 교통 행정을 하는 사람은 최후에 남은 양심을 긁어모아서 최소한 지상에 제대로 된 표시는 해야 하는 것 아닌가? 곧바로 4호선 승강장으로 들어갈 수 있는 지상의 출입구에만 4호선이라고 표시를 해 놓고, 6호선 승강장을 거쳐 산 넘고 물 건너야만 4호선에 갈 수 있는 출입구에는 4호선이란 표시를 빼놨어야 하는 게 아니냔 말이다. 이건 차라리 대중교통을 이용하는 시민을 희롱하는 설계라고 불러야 마땅하다.

최근에 철도 설계하는 분이 해 주신 이야기를 전해 들었는데, 기차역을 설계하는 데는 두 가지 방식이 있다고 한다. 하나는 기차가 사람에게 가는 것이고, 다른 하나는 사람이 기차에게 가는 것이란다. 기차가 사람에게 가면 사람은 덜 걸어도 되므로 환승 거리가 짧아진다. 하지만 대부분의 우리나라 역은 사람이 기차에게 가는 방식으로 설계된다고 한다. 왜? 그게 더 비용이 적게 드니까. 아니, 이런 식으로 돈을 아끼는 게 대체 누구에게 좋단 말인가.

지하철역에서 또 한참 걸어야 버스 정류장

지하철 안에서 다른 호선끼리의 환승 거리만 긴 것이 아니다. 지하철에서 버스로 갈아타는 환승 거리는 훨씬 더 길고 험난하다. 교통 혼잡을 일으킬 수 있다는 이유로 버스 정류장을 지하철 출구가 있는 교차로에서 멀찍이 떨어뜨려서 만들기 때문이다. 통행량이 많은 서울의 강남대로가 특히 그렇다. 지하철 신사역에서 내려 강남대로 중앙버스전용차로 정류장에서 버스로 갈아타려면, 출구에서 나와서 논현역 방향으로 고갯길을 한참 올라가야 한다. 버스 정류장이 신사역과 논현역의 중간쯤에 있어서다. 심지어 상행선 버스 정류장은 신사역보다 논현역에 더 가깝다. 그렇게 신사역 버스 정류장이 논현역과 신사역 사이에 있어서인지는 모르겠으나, 논현역의 버스 정류장도 논현역에 있지 않다. 강남대로의 논현역 버스 정류장은 논현역과 신논현역 사이에 있다. 그럼 신논현역 버스 정류장은 신논현역과 강남역 사이에 있을까? 땡! 신논현역과 강남역 사이에 있는 버스 정류장은 강남역 버스 정류장이다. 강남대로에는 신논현역이란 이름을 가진 버스 정류장은 강남역의 위세에 밀려서인지 존재하지 않는다. 신논현역은 좀 억울할 것 같다. 어차피 다른 버스 정류장도 지하철역에서 멀기는 마찬가지인데 강남역이 더 유명하다는 이유로 버스 정류장이 없는 것이다. 신논현역이 이불 뒤집어쓰고 엉엉 울 리는 없으니까 사실 그런 건 별로 중요하지 않기는 하다. 그러나 이렇게 버스 정류장의 이름이란 것이 행정을 하는 사람이 '골라서' 붙일 수 있는 상황이란 건 좀 이상하다. 버스 정류장 이름은 정말 그 역 앞에 있기 때문에 '당연히' 그 이름을 붙이는 상황이어야 하지 않을까?

아무튼 나는 그런 서울에서 살다 가서 그런지, 런던에서 지하철 출구 코앞에 버스 정류장이 있는 걸 보고, 그야말로 망치로 머리를 띵 하고 맞은 듯한 충격을 받았다. 이런 환승은 서울서는 경험한 적이 없었다. 그렇게 런던의 환승에 익숙해지고 나니 서울에서의 대중교통 환승이 몹시, 매우 못마땅해졌다.

대중교통 많이 이용하라면서
편의를 위한 디테일은 빵점

서울에선 대중교통을 이용하자는 캠페인을 종종 한다. 아이돌들을 모델로 기용해서 정성껏 광고도 한다. 그러나 우리는 안다. 그 잘생긴 아이돌 청년을 대중교통을 이용하다 마주칠 일은 절대 네버 없을 거라는 걸. 그 아이돌 청년이 손 붙잡고 지하철을 같이 타 준다면 모를까, 지금처럼 대중교통을 타는 일이 험난하고 고달프다면, 대체 어느 누가 기꺼이 버스와 지하철을 타려 하겠는가? 시민들은 전동차에서 내려서 출구로 나오기까지 이미 상당한 거리를 걸어왔다. 승강장을 걷고 계단을 오르고 개찰구를 지나 대합실을 통과하면서 이미 몇백 미터를 걸어온 상태인 것이다. 어쩌면 그 역에 오기까지 환승역을 거치는 바람에 그 사이에 버스 반 정거장 정도를 더 걸었을

지도 모른다. 그런데 그렇게 힘들게 지상으로 나왔는데 거기서부터 또 버스 정류장까지 100미터나 더 걸어야 한다고?

대중교통을 이용하게 하려는 사람들이 놓치고 있는 정말로 중요한 사실 하나는, 대중교통 시스템의 경쟁자는 도어 투 도어 시스템인 자가용이라는 점이다. 버스랑 지하철이 경쟁하고 있는 것이 아니라, 집 앞에서 올라타서 목적지에서 내릴 수 있는, 보행 거리가 채 10미터도 안 되는 교통수단과 경쟁하고 있다는 사실이다.

이 경쟁에서 쪼끔이라도 유리한 고지를 점하려면 자동차 이용을 최대한 불편하게 만드는 동시에 대중교통은 최대한 편리하게 만들어야 하지 않겠는가? 그러려면 타는 동안 편안하게 앉아서 갈 수 있게 하는 것은 물론이요, 환승 거리는 무조건 최단 거리로 만들어야 한다. 그렇지 않으면 승산이 전혀 없다. 지금처럼 교통 정책의 우선순위가 대중교통이 아니라 자가용 이용자들 위주의 원활한 교통 흐름이라면, 대중교통을 이용하는 사람들의 편안함이 아니라 그저 싸게 짓는 거라면 그래서 대중교통을 이용하는 일이 너나없이 고달프다면 어떻게 대중교통 이용자가 늘어날 수가 있겠는가?

사람들이 지하철이나 버스를 이용하는 경험이 어떠하냐를 세심히 살피고 조금이라도 편안하게 이용할 수 있도록 만드는 건 그래서 꽤나 중요한 일이다. 대중교통을 이용하는 일이 고달프면, 자가용을 타고 출근하려는 사람들이 늘어나기 때문이다. 실제로 우리나라는 자가용족이 꽤 많다. 아니, 꽤 많은 정도가 아니라 너무 많다. 런던에 가기 전에는 너무 많다는 생각을 하지 못했지만 말이다.

대중교통 체험 행사

우리나라는 거의 해마다 정치인들이 지하철에서 휠체어 타기 체험 행사를 한다. 겉으로는 휠체어를 타 보지 못했으므로 간접 체험이 필요하다는 이야기를 하겠지만, 가장 실질적인 이유는 그런 기회라도 만들지 않으면 우리나라의 소위 높으신 분들은 대중교통을 탈 일이 거의 없기 때문이기도 하다. (버스 요금이 얼마인지도 몰랐던 한 정치인의 인터뷰 해프닝은 꽤나 유명하다.) 사실 굳이 휠체어가 아니어도 비슷한 상황을 경험할 수 있는 기회는 얼마든지 있다. 아직 걷지 못하는 어린아이를 태운 유아차라든가, 납덩이처럼 무거운 여행 가방을 끌고 공항으로 가는 지하철을 한 번이라도 타 봤다면, 두 다리 대신 바퀴만 달린 물체에게 수직 이동이 얼마나 고달픈 일인지 정도는 진즉에 깨달았을 것이다.

그러나, 그렇게 생색을 내면서라도 대중교통의 불편함을 이해하려는 귀하신 분들의 노력과 열정에 찬물을 확 끼얹을 생각은 조금도 없다. 다만 휠체어를 탄 그날, 기왕지사 지하에 내려오신 김에 한두 정거장 더 가서 다른 호선으로 갈아타는 체험도 해 보시면 참 좋겠다. 아니다. 아예 모든 환승역을 클리어하는 위용을 보여 주시면 좋을 텐데. 그럼 완전 멋져 보일 텐데 말이다. 아, 지하철에서 시간을 많이 쓰느라 버스로 갈아타는 체험을 빼놓으시면 안 될 일이다. 그러나 사실 제일 바라옵는 건 따로 있다. 얼마나 높은 자리에 계시든 간에 교통에 관한 일을 하고 그에 대한 정책을 결정하는 분들만큼은 임기 동안 매일 자가용을 버리고 대중교통으로 출퇴근하는 관례가 생기면 좋겠다. 그렇게만 된다면 우리나라 대중교통은 이전과는 완연히 다른 레벨로 올라갈 수 있을 것이다. 그리고 아마도, 우리나라 드라마 속 연애와 출퇴근의 풍경 또한 달라지게 되지 않을까?

A

B

C

18장

꼭 정해야 하나요

용도,
지구 단위 계획

세상엔 정리가 필요한 것과 필요하지 않은 것이 있다

런던에 사는 동안 몸이 가장 힘든 날이 언제였을까. 아마 한국으로 돌아가기 위해서 살던 집을 정리하고 이사 나오던 날이었을 것이다. 그때의 나는 마흔의 나이에 배 속에 셋째 아이를 품은 6개월 차의 임산부였다. 두 명의 어린아이가 있는 4인 가족이 이사 한 번 가지 않고 5년 동안이나 살던 집을 정리하는 일은 상상 이상으로 고됐다. (아마 그건 배 속에 애가 없는 사람에게도 마찬가지였을 것이다.) 끄집어내기 전에는 있는 줄도 몰랐던 물건이 이토록 많았다니. 넉넉지 않은 유학생의 살림이라 얕잡아 보았던 나는 끊임없이 튀어나오는 살림살이에 질려 뼈저린 깨달음을 얻었다. 제대로 정리해서 어디에 있는지 아는 물건이 아니면 가지고 있지 않은 것이나 마찬가지라는 사실이었다. 생각해 보면 살림만 정리가 필요한 것이 아니다. 공부도 지식을 정리하는 일이고, 회사 업무도 일을 종류와 성격에 따라 정리할 수 있어야 하니 말이다. 어쩌면 정리는 조금이라도 나은 삶을 살고 싶어 하는 인간의 숙명일지도 모른다는 생각도 든다. 그래서일까, 사람들은 때로 정리가 필요하지 않은 것까지 굳이 정리하려고 하는 것 같다. 정리하면 오히려 안 좋은 것도 세상엔 분명 있는데도 말이다.

그렇다면 정리가 필요하지도 않고, 더 나아가 정리하면 오히려 안 좋은 것은 대체 무엇일까? 나는 생명이 있는 것들은 대부분 다 그렇다고 생각한다. 가장 대표적인 예가 자연이다.

자연은 그 이름대로 스스로 다 그럴 만한 이유가 있는 존재다. 인간의 편의를 위해서 자연을 정리하지만 그 정리가 인간에게 재앙으로 돌아오는 경우가 얼마나 많던가. 지저분해 보이는 강 가장자리나 갯벌을 인간이 정리한답시고 시멘트 둑으로 만들었다가 사실은 그 진흙이 자연이 만들어 놓은 훌륭한 정화 장치임을 뒤늦게 깨닫고 후회하기도 하고, 인간이 원하는 작물만 키우겠다고 땅을 정리했다가 생태 균형이 깨져 땅을 농약과 비료 범벅으로 만들기도 한다. 자연뿐만이 아니다. 자연의 일부인 사람이 살고 있는 건축과 도시도 그렇다. 건축물 자체는 무생물일지 몰라도, 생명인 사람이 살고 있기에 건축과 도시에도 분명 생명이 있다. 그래서 건축과 도시를 지나치게 정리하려 해선 안 된다. 건축과 도시의 생명력을 약하게 만들기 때문이다. 그 지나친 정리가 만든 문제에 대해 이제부터 이야기하려고 한다.

용도, 지구, 지역, 구역이 대체 다 뭔지

아무리 건축에 대해서 잘 모르는 사람이라 해도 대충은 알 것이다. 땅마다 지을 수 있는 건물의 종류라든가, 크기가 다 다르게 정해져 있다는 것 정도는 말이다.● 그렇게 다른 이유를

● 그런 것들을 정해 놓은 법이 '국토의 계획 및 이용에 관한 법률'이다. 도시 계획법과 국토 이용 관리법을 통합해서 만들어진 법이다.

생각해 본 적이 있는가? 지금은 상상하기 힘들지만, 한국 전쟁 직후 도시에 갑자기 많은 사람들이 모여 살게 되면서 도시의 모습이 꽤 뒤죽박죽이던 시절이 있었기 때문이다. 폐수가 줄줄 흐르는 공장 옆에 사람이 사는 집이 딱 붙어 있거나, 제대로 된 길도 없는 동네에 집을 잔뜩 짓기도 했다. 새로 올라간 옆 건물 때문에 갑자기 하루 종일 컴컴한 집이 되기도 하고, 남의 집으로 들어가는 길을 떡하니 가로막기도 하고 말이다. 한마디로 도시와 건축에 대한 기본적인 법도, 넓은 범위에서의 계획도 없이 내키는 대로 마구잡이로 건물을 지었던 것이다. 그렇게 되면 보기 좋지 않은 건 물론이고 기능적으로도 문제가 생기기 마련이다. 그런 혼돈의 카오스적인 상황을 정리하기 위해 생긴 것이 우리가 지금 알고 있는, 땅에 대한 법이다. 건축하는 나도 헷갈리게 지구니 지역이니 구역이니 비슷비슷한 이름에 다른 뜻을 붙여 놓은 건 도저히 이해가 안 되지만 말이다. 하여간 정확하게 따지고 들자면 꽤나 복잡한 법이지만, 그래도 어느 정도는 직관적으로 짐작할 만한 내용이 대부분이긴 하다. 땅의 크기에 따라서 지을 수 있는 건물의 크기가 비례해서 달라진다는 것이나, 사람이 많이 모여 사는 도시에는 오염물이 나오는 시설을 짓지 못하게 하거나 하는 그런 것들이다. 또 큰길가에는 건물을 높게 지을 수 있게 하지만 주거지가 많은 안쪽 땅에는 옆 땅의 건물에도 햇빛이 들게끔 지을 수 있는 건물의 최대 크기를 제한하는 것들도 있다. 특수한 상황인 문화재 주변에 짓는 건물에 대한 규제도 있고 환경을 보호하기 위해 개발 자체를 제한하는 규제도 있다. 도시의 모습과 환경을 조화롭게 만들기 위해 어쩌면 꽤나 필요한 법으로 보인다.

근데 그 법이 지나칠 정도로 자세하게 미주알고주알 이래라 저래라 하면서 사용자가 기존 건물을 조금씩 바꿔서 사용하는 일까지 일일이 관청의 허가를 받게끔 만들어 놓아서 문제다. 건축과 도시는 살아 있는 사람이 사는 곳이라 시대와 상황에 따라 생기는 변화를 받아들여 함께 바뀔 수 있어야 한다. 그게 쉽지 않으면 때로는 사람이 살지 않게 되기도 하고 편법을 사용하게도 되는 것이다. 그런 게 뭐 있을까 싶지만 일단 우리나라에선 건축물의 '용도'가 그 대표적인 예라고 할 수 있다.

지금의 법은 모든 건축물을 용도에 따라 단독 주택, 공동 주택, 근린 생활 시설, 문화 및 집회 시설, 종교 시설, 판매 시설 등등 총 29가지• 로 상세하게 분류, 정리해 놓았다. 그래서 그

• 건축법에서 규정하는 건축물의 용도는 29개 종류로 다음과 같이 구분된다(건축법 시행령 별표1).
1. 단독 주택 2. 공동 주택 3. 제1종 근린 생활 시설 4. 제2종 근린 생활 시설 5. 문화 및 집회 시설 6. 종교 시설 7. 판매 시설 8. 운수 시설 9. 의료 시설 10. 교육 연구 시설 11. 노유자 시설 12. 수련 시설 13. 운동 시설 14. 업무 시설 15. 숙박 시설 16. 위락 시설 17. 공장 18. 창고 시설 19. 위험물 저장 및 처리 시설 20. 자동차 관련 시설 21. 동물 및 식물 관련 시설 22. 자원 순환 관련 시설 23. 교정 시설 23의 2. 국방·군사 시설 24. 방송 통신 시설 25. 발전 시설 26. 묘지 관련 시설 27. 관광 휴게 시설 28. 장례 시설 29. 야영장 시설.

용도가 아닌 다른 용도로 건물을 사용하려면 용도 변경이란 법적 절차를 거쳐야만 하게끔 되어 있다. 얼핏 보면 당연히 그래야 할 것 같지만 자세히 들여다보면, 그리고 곰곰이 생각해 보면 그럴 필요가 없는 경우가 꽤 많다. 예를 들어 주거 용도로 사용하던 공간을 상업 시설이나 업무 시설의 용도로 바꿔서 사용하는 일이 꼭 허가를 받아야만 하는 일일까? 더 나아가 주거와 업무가, 주거와 상업 시설이 반드시 공간적으로 나뉘고 구분되어야만 하는 용도일까?

Multi tool, multi function, multi use는 건축물에도 유효한 가치인데

우리는 물건을 살 때 여러 가지를 따져서 살지 말지를 결정한다. 모양이나 가격도 살피고 재지만, 뭐니 뭐니 해도 가장 중요한 건 쓸모다. 물론 때로 그 쓸모가 실질적인 쓸모라기보다는 그저 정신적 만족을 위한, 그러니까 다소 추상적인 쓸모일 때도 있긴 하지만 말이다. 아무튼 그런 쓸모를 따질 때 그 물건이 한 가지 용도만이 아니라 여러 가지로, 이렇게도 저렇게도 쓸 수 있다는 걸 알게 되면 나 같은 짠순이에겐 왠지 그 물건이 더욱 살 만한 가치가 있고, 그만큼 덜 비싸게 느껴진다. 그렇게 다용도 *Multi tool, multi function, multi use* (여러 가지 용도로 쓰일 수 있는 도구)는 꽤나 매력적인 가치다.

근데 유독 건축물만 다용도로 사용하는 것을 막아 놓은 이유가 뭘까? 물론 여기에는 여러 가지 이유가 있다. 특히 주택 용도와 상업이나 업무 용도 사이에 철저한 구분을 해 놓은 것은 주택의 수가 절대적으로 부족하던 전쟁 직후 베이비 붐 시대에 한 사람이 여러 채의 집을 갖지 못하도록 규제하려는 의도에서 만들어진 것이다. 여러 채를 가진 사람이 많으면 많을수록 그만큼 나머지 사람들은 집을 갖기가 더 어려워진다고 생각했기 때문이다. 그렇게 집을 얼마나 가지고 있는지를 파악하려면 우선 그 건물이 집인지 아닌지를 구분하는 것부터 필요했다. 그런 연유로 주택과 주택 아닌 것을 엄격히 하고서 주택을 다른 용도로, 혹은 다른 용도를 주택으로 바꿔서 쓰는 일을 어렵게 해 둔 것이다. 그러나 가구당 주택 보급률이 100퍼센트를 넘을 만큼 주택의 수가 많아진 지금, 그리고 1인 세대의 비중이 엄청나게 늘어난 요즘에도 과연 그 구분이 꼭 필요하고도 유효한 것일까? 더 나아가 지금 우리 도시에 도움이 되는 법일까?

만약 내가 가지고 있는 냄비마다 담아야 하는 음식 종류가 딱 정해져 있다면 어떻게 될까? 용도가 국 냄비로 정해져 있는 거라 미역국이나 콩나물국처럼 국 종류만 담을 수 있고, 카레나 수프를 담으려면 용도를 변경하는 허가를 받아야 한다면 말이다. 게다가 그 허가를 받는 일이 같이 사는 가족한테 한두 마디 하는 정도로 간단한 일이 아니라 전문가한테 받은 서류를 동사무소에 찾아가서 내느라 돈과 시간이 솔찬히 드는 일이라면 어떤 일이 벌어질까? 아마 허가를 받지 않고 몰래 카레를 담아 쓰거나, 그 냄비를 아예 쓰지 않게 될 것임이 분명하다. 옛날만큼 밥을 많이 먹지 않아서 국 냄비보다는 카레 냄비가 더 필요할 때가 있고, 지역에 따라서 카레 냄비보다 국 냄비가 더 필요한 곳도 있는데 말이다. 냄비랑 건축물이라니. 스케일 면에서는 비교가 되지 않아서 이런 비유가 어색할지 모르겠지만, 삶의 쓸모를 담는다는 점에선 사실 크게 다르지도 않다.

좀 더 유연한 용도 구분이 필요하다

실제로 도시에는 용도를 쉽게 바꾸지 못해 비어 있는 채로 방치된 건물도 종종 있고, 정해진 용도가 아닌 다른 용도로 몰래 혹은 편법을 써서 사용하고 있는 건물도 제법 된다. 주거 용도가 아닌데도 주거로 쓰이는 경우가 특히 많은데, 대표적인 형태가 근린 생활 시설에 속해 있는 고시원이다. 고시원은 원래 고시 준비하는 학생이 공부하다 잠깐 잠만 잘 수 있는 시설로 시작했기 때문에 주거 시설도 숙박 시설도 아니다. 개별 화장실도 취사 시설도 없이 방 한 칸만 빌려주는 형식이기 때문이다. 근데 이제는 고시생은 많지 않고 딱 자기 한 몸 누일 공간에 대한 돈만 지불할 수 있는 사람들의 거주지가 되었다. 이렇게 된 이유는 주거 공간에 대한 요구 수준은 너무나도 다양한 데 비해, 법이 그러한 다층성을 미처 따라가지 못해서이기도 하다. 이상적으로야 세대마다 부엌도 화장실도 현관도 다 따로 구비하고 있어야 마땅하지만, 현실이 늘 그와 같을 수가 있겠는가. 그래서 숙박 시설인 여관을 집 삼아 지내는 사람도 있고, 상가의 방 한 칸에서 살고 있는 사람도 있는 것이다. 현재 법의 잣대를 들이대서 따지자면 불법임이 분명하지만 과연 이런 경우를 꼭 불법으로 만들어야만 하는 걸까 하는 의문도 든다. 주거와 업무가 하나의 공간에서 가능한 용도인 오피스텔이라는 형식도 이미 존재하기 때문이다.

물론 건축물을 용도에 따라 나누는 또 다른 이유는 안전을 위한 설비를 제대로 갖추게 하기 위해서이긴 하다. 여럿이 한꺼번에 사용하는 시설인지, 잠을 자는 시설인지, 유해 물질을 배출하는 시설인지에 따라 소방 등 안전을 위해서 갖춰야 할 설비 수준은 달라져야 하기 때문이다. 그래서 우리나라뿐만 아니라 영국도 건축물을 용도에 따라 구분해 놓긴 했다. 그러나 우리나라 건축물의 법정 용도가 29가지나 되는 데 반해, 영국 건축물의 법정 용도는 군 *class* 으로 나뉘어 있고 그 대부분의 건물이 속한 군은 4개에 불과하다.● 그 안에 속하지 않는 그 자체가 용도인 시설이 23가지가 있긴 하지만 어떤 용

● 영국의 건축 용도는 Class B(일반 산업, 유통), Class C(주거), Class E(상업, 서비스), Class F(교육, 집회 시설)와 그 자체가 용도인 시설로 나뉜다.

도인지를 정확히 파악하려는 데 목적이 있다기보다는 안전을 위해 설치해야 할 시설 수준이라든가 유해 물질의 배출 여부에 따라 나눈 성격이 더 강하다. 같은 군에 속한 용도끼리는 허가를 받지 않고도 바꿔 쓸 수 있기 때문에 우리나라에 비해 다른 용도로 바꿔서 사용하는 일이 한결 쉬운 편이다. 우리나라도 점차 그렇게 바꿔 가야 하지 않을까. 건축물의 용도를 분류하고 파악하는 목적이 무엇인가를 생각해 보면, 지금 법에서 정한 용도의 개수라든가 허가를 받아야만 하는 용도 변경 범위는 너무 과한 감이 있다.

너무 정리된 도시

건축물을 용도별로 나누어 파악하려는 것도 그렇지만, 같은 용도의 건물들을 한 구역에 몰아넣으려는 것도 과연 맞는 것일까 하는 의구심이 든다. 도시의 매력은 다양한 것들이 모여 있음에서 나오는 것인데, 비슷한 것끼리 모아 놓겠다니. 그래서 좋은 게 뭐란 말인가? 나름의 생명이 있는 도시를 지나치게 정리하려는 건 아닐까? 여기서 '지나치다'라는 표현이 다소 어색하게 들릴지도 모르겠다. 그동안 우리 주변에 새로 지어진 도시란 도시는 모조리 그렇게 비슷한 것끼리 모아서 짓도록 유도해 왔고, 그걸 좋은 방법이라고 여겨 왔으니까 말이다.

우리 도시는 '지구 단위 계획'이라는 방법으로 만들어지고 있다. 마구잡이로 도시를 지어 가지 않도록 미리 계획하거나, 이미 만들어진 도시라면 계획에 맞춰 조정해 가는 것이다. 도시는 워낙 넓다 보니 개별 필지 단위가 아니라 블록과 지구의 단위로 계획하게 되는데, 지구마다 각각의 용도를 정해 놓는 방식이 주요 내용이다. 상업 지구, 주거 지구, 공공 청사 지구 이렇게 말이다. 지구라고 불릴 만한 단위인 블록의 집합뿐만 아니라 블록, 더 나아가 작은 단위인 땅에 대해서도 지을 수 있는 건물의 용도를 미리 정해 놓기도 한다. 학교용지, 종교용지, 공원용지 이런 식으로 말이다. 물론 주거 지구도 공동주택용지와 단독 주택용지로 깨알같이 지정한다. 이런 블록 단위의 계획도면은 각각의 용도를 알아보기 쉽게 갖가지 색깔로 칠을 해 놓아서 여느 도면과는 달리 알록달록 예쁘장하다. 도면만 보았을 때는 아기자기하고 꽤 짜임새 있어 보이기까지 하는 것이다.

그러나 앞서 말했듯, 종류별로 분리하고 끼리끼리 가지런히 모아 놓는 정리는, 필요할 때가 있고 필요하지 않을 때가 있다. 물건은 분명 정리할 필요가 있다. 뭐가 어디 있는지를 알아야 필요할 때 사용할 수 있으니까. 그러나 도시는 그럴 필요가 없다. 그렇게 정리하지 않아도 뭐가 어디에 있는지 알 수 있기 때문이다. 도시의 실제 스케일은 도시 계획도면의 1,000배, 때로는 3,000배나 가까이 된다. 1,000배라니, 감이 오지 않을지도 모르겠다. 솔직히 나도 그렇다. 나는 건축가인데도 내가 설계한 1/50 도면이 실제 스케일인 일대일의 공간이 됐을 때 자주 낯설고 가끔은 깜짝 놀란다. 고작 50배 커졌을 뿐인데도 그렇다. 그러니 도시 설계를 하는 사람들이야말로 자기가 그린 도면이 1,000배로 커졌을 때의 상황에 대해서 그다지 감이 없을 수도 있다. 그러나 분명한 건, 그렇게 큰 공간 안에서는 뭐가 어디 있는지를 못 찾을까 봐 구역별로 용도를 나누고 정리할 필요는 없다는 것이다.

아무리 뭐가 어디 있는지 찾기 어렵지 않다고 해도, 그렇다고 지구별로 용도를 나눈 게 뭐가 나쁘냐고? 오히려 그렇게 나눠 놓는 게 더 좋다고 생각하는 사람이 더 많을지도 모르겠다. 적어도 번잡한 상업 지구와 주거 지구를 분리해야 상업 지구의 복잡함, 지저분함으로부터 주거 지구를 조용하고 쾌적하게 보호할 수 있을 것이라고 생각하는 것이다. 하긴 술집과 모텔이 모여 있는 거리 위에 집이 있어서 집에 드나들 때마다 술에 취해 비틀거리는 사람을 마주치거나 아침이면 길바닥에서 간밤에 만들어진 빈대떡을 확인해야 한다면 아무래도 유쾌하진 않을 것이다. 우리 동네에도 가까운 지하철역 근처에 그런 골목이 있다. 은행, 약국, 병원, 헬스장, 음식점 등이 있어서 볼일이 있을 때면 종종 가긴 하지만, 도무지 정이 가지 않는다. 특히 모텔이 줄지어 있는 뒷골목은 낮에 맨정신으로 지나가고 싶지는 않다. 그래서 나도 그렇게 용도별로 모아야 한다고 생각했었다. 런던에 가기 전까지는.

런던에는 유흥가가 동네마다 있지 않다

런던의 거리를 걸어 보고 그 생각이 바뀌었다. 신기하게도 런던에는 서울의 유흥가 같은 거리가 동네마다 있지 않았다. 처음엔 어떻게 이럴 수 있을까 싶었다. 영국 사람들이 술을 덜 마셔서 그런가 하면 절대 아니다. 아마 한국 사람보다 더 마셨으면 더 마셨지, 결코 덜 마시지 않을 것이다. 오히려 맥주가 일상인 사람들이 바로 영국 사람들이다. 퇴근 후, 혹은 퇴근이 가까운 시간이면 사무실에서부터 자연스럽게 맥주를 들이킨다. 그래서 맥줏집인 펍은 그야말로 어디에나 있다. 회사 근처는 물론이고 집 앞에도 있다. 그렇다 보니 신기하게도 아니, 당연하게도 술집의 분위기가 전혀 퇴폐적이지 않다. 그냥 퇴근길의 직장인들이 맥주 마시며 노가리 까는 분위기이거나, 집에 들어가기 전에 한잔 걸치며 동네 사람들이랑 수다 떠는 사랑방 느낌이다. 술집 바로 옆에 슈퍼마켓이 있고, 바로 위에 집이나 사무실이 있으니 아는 사람을 언제 마주칠지 모른다. 그런 길에서 남부끄러울 정도로 술 마실 담력이 있는 사람은 그리 많지 않은 것이다.

클럽도 그렇다. 그 많다는 런던의 클럽은 그저 학교 친구들 따라 두어 번 가 본 게 전부이긴 하지만, 갈 때마다 느낀 건

'이게 클럽이었어?'였다. 우리나라 클럽은 거대한 네온사인 간판이 번쩍이고 있어서 술에 취한 상태에서도 쉽게 눈에 뜨일 만큼 존재감이 강력한 경우가 많다. 하긴 온통 술집과 클럽이 모여 있는 골목에 있으니 그렇게 화끈하게 존재를 어필할 필요가 있긴 할 것이다. 근데 런던의 클럽은 대부분 낮에는 눈길이 가지 않을 만큼 겉모습이 아주 얌전하다. 클럽이 가장 많이 모여 있다는 동네가 소호라고 들었는데, 낮에 소호에 종종 갔지만 거기가 유흥가인 줄도 몰랐다. 그냥 내 눈엔 평범한 쇼핑가로 보였던 것이다. 그렇게 런던에는 우리나라처럼 술집과 모텔만 모여 있는 유흥가는 많지도 않고 있다 해도 별로 티가 나지 않는다. 우리는 술집과 모텔이 해롭다고 생각해서 모아 놓았는데, 어쩌면 한데 모아 놓았기 때문에 그런 퇴폐적인 분위기가 된 건 아닐까?

우리의 도시 계획이 과연
도시를 더 낫게 만들고 있는가

사실 지구나 블록에 완벽하게 같은 용도의 건물끼리만 모아 놓는 건 새로 도시를 계획할 때나 가능한 일이지 이미 만들어진 도시엔 적용하기 쉽지 않은 일이다. 그래도 방법이 아주 없는 건 아니긴 하다. 기존 건물을 허물고 새로 짓는 허가를 내줄 때마다 건물을 특정 용도로 유도하면 된다. 그런 상태로 시간이 흐르면 결국 상업 지구는 상업 시설만으로 채워지게 되는 것이다. 동네마다 있는 우리나라 유흥가는 그런 과정을 통해 탄생하게 됐을 것이다. 근데 이게 과연 좋은 결과를 만들었다고 할 수 있을까?

상업 시설만이 아니다. 주거 시설도 마찬가지일 수 있다. 주거끼리 모여 있는 게 좋지 않다니, 납득이 되지 않을지도 모르겠다. 어쩌면 주거끼리 모여 있어서 나쁘다기보다는, 주거는 주거끼리 상업은 상업끼리 모여 있는 게 좋지 않은 거라고 하는 편이 더 정확하겠다. 그렇게 되면 다른 용도의 시설로 가기 위해 걸어야 할 거리가 길어지기 때문이다. 아무리 인터넷 판매가 발달했다고는 하지만 사람은 집에만 처박혀 살 순 없다. 밥도 사 먹어야 하고, 머리도 잘라야 하고, 아프면 병원에도 가야 한다. 거기가 멀어 봤자 얼마나 멀다고 불편하게 느껴질까 싶을 것이다. 그러나 강남 시대 이후로 새로 계획한 도시 블록의 크기는 작게는 250미터에서 크게는 500미터 가까이 될 만큼 커졌다. 그마저 점점 더 커지는 추세이기도 하다. 신도시급의 많은 세대수로 논란이 되었던 서울 송파의 헬리오시티라는 아파트 단지의 긴 변은 자그마치 1킬로미터가 넘는다. 그 큰 단지가 하나의 필지라는 게 상상이 되는가? 바꿔 말하면 그 안의 길들은 법적으로는 도로가 아니어서 버스도 다니지 않는다는 뜻이다. (생으로 걸어 다녀야 하는 길인 것이다.) 그만큼 큰 단지는 아니어도 상업 지구는 보통 몇 개의 주거 단지마다 하나꼴로 있기 때문에 은행에 가려면 두세 개의 블록을 걸어야 할 때도 많다. 신도시가 아니라 해도 내가 원하는 가게까지 가자면 걸어야 할 거리가 1킬로미터 가까이 되는 경우가 다반사다. 사실 이때 가장 큰 문제는 거리보다도 그 길을 걷는 일이 굉장히 지루하고, 안전하지도 않다는 데 있다.

주거 지구의 길을 걷는 일이 지루하고 위험한 건 아파트 단지의 구조 때문이기도 하다. 아파트 단지는 지구 단위 계획 구역이 적용된 지역이 아니어도 그 형식 자체가 이미 주거라는 하나의 용도만으로 채워진 도시 블록이다. 그 넓은 부지 안에 가게는 거의 없고 주거 용도의 건물만 있는 데다 단지 외곽으로 울타리까지 쳐져 있다. 그래서 그 안에 사는 사람이면 그나마 낫지만 외부 사람은 그 블록을 지나가려면 담장 밖의 길로 걸어가야 한다. 그 길은 얼핏 보기엔 단지 내부와 연결된 푸르른 녹지로 보이지만, 가만 들여다보면 그 조경의 띠가 울타리 역할을 하도록 만들어 놔서 안으로는 들어갈 수 없는 구조다. 소음을 만드는 주범인 차를 타고 가는 사람이 지나가면서 보기엔 참으로 평화롭고 친환경적인 풍경이지만, 정작 그 길을 걸어가는 사람의 처지에서 보면 차가 내는 위협적인 소리가 들리는 시끄럽고 지루한 길인 것이다. 그런 길은 당연히 걸어 다니는 사람이 많지 않고, 가게조차 없어서 무슨 일이 생겨도 도와줄 사람이 없다. 시끄러운데 안전하지도 않은 것이다. CCTV를 설치하면 되지 않을까 생각하지만, 사실 카메라가 위험에 처한 사람을 도울 수는 없다는 건 우리 모두 알고 있지 않은가.

도시에서 길을 걷는 일이 해도 되고 안 해도 되는 일이라면 길을 어떻게 만들든 상관없겠지만, 기본적인 생활을 위해서 반드시 걸어야 하는 길이라면 어떻게든 걷고 싶은 길, 동시에 안전한 길로 만드는 게 도시를 설계하는 자의 도리가 아닐까. 그런 길로 만들려면 지금처럼 길가에 녹지를 두지 말고 차라리 가게를 두어야 한다. 그게 훨씬 낫다.

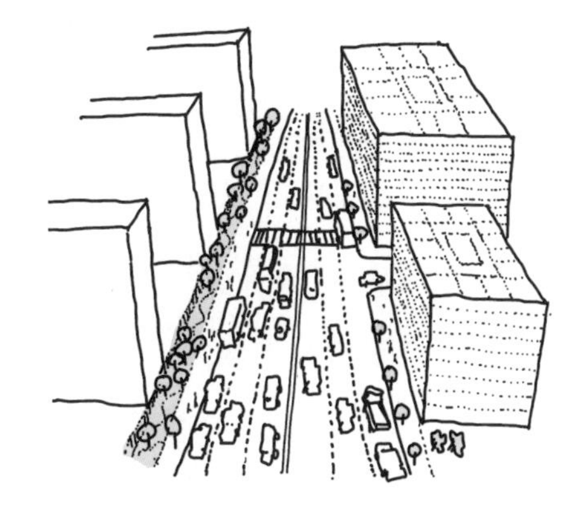

런던(왼쪽)과 서울(오른쪽)의 녹지 및 가게 모양

런던의 길이 매력적인 이유 vs 서울의 길이 지루한 이유

가게가 푸르른 녹지보다 낫다니. 물질을 밝히는 속물처럼 보일까 봐 나도 첨엔 그 사실을 인정하기가 몹시 싫었다. 그런데 가게가 쭉 늘어서 있는 런던의 길을 걸어 보고서는 인정할 수밖에 없었다. 가게가 있기에 런던의 길이 훨씬 재밌고 그래서 더 많이 걷게 된다는 것을 인정하지 않을 수 없었다. 사실 조금만 생각해 보면 당연한 일이다. 소나무와 안부를 주고받을 수 있는 능력이 있다면 모를까, 녹지가 어떻게 재미 면에서 가게를 이길 수 있겠는가.

가게는 일단 파는 물건이 계속 바뀌어서 인간에겐 절대 포기할 수 없는 보는 재미가 있다. 더 매력적인 건 안에 들어가면 이야기를 나눌 수 있는 사람이 있다는 것이다. 때로는 구수한 빵 굽는 냄새가 풍겨 나오기도 하고, 걸음을 멈추게 하는 추억의 멜로디가 흘러나오기도 한다. 들어가서 저녁 찬거리를 살 수도, 따뜻한 커피를 마실 수도 있다. 한마디로 걸어가는 시간을 다채롭고 풍요롭게 만들어 주는 것이다. 그래서 아무리 먼 길이어도, 또 아무리 반복적으로 걸어야 하는 길이어도 가게가 있는 길은 한결 덜 지루하게 걸을 수 있다. 런던까지 갈 것도 없다. 우리나라의 재래시장 골목을 걸었던 기억을 떠올려 보라. 꿈틀거리는 검은 미꾸라지가 가득 찬 수조 뒤로 매끈한 물고기들이 배를 보이며 나란히 누워 있는 생선 가게나 철마다 형형색색 달라지는 과일과 푸성귀가 가득한 야채 가게를. 종류별로 반찬이 한 무더기씩 쌓여 있는 반찬 가게나 꼬치에 끼운 통닭이 빙글빙글 돌아가는 치킨집이 늘어선 시장 길은 손님과 흥정하거나 안부를 묻는 사장님의 목소리가 떠들썩하게 울려 퍼져서 언제나 삶의 활력이 느껴진다. 지루할 틈이 없는 길이다.

그리고 그런 길만큼은 아니지만 남의 집을 구경하면서 가는 길도 꽤 흥미롭다. 건축가가 아니라도 그럴 것이다. 전등 색깔부터 대문 모양까지 집의 디테일은 각각 다 다르기 때문이다. 런던의 주택가에선 중상류층 정도의 부자 동네가 걸어가기 더 좋은데, 정원을 정성 들여 꾸며 놓아서 그런 것 같다. 가는 길 중간에 작은 공원까지 있으면 호젓한 분위기를 만끽할 수 있어서 더 좋다. 근데 이때 중요한 건 녹지의 모양이다. 녹지만의 차별성이 있으려면 충분한 공간적 깊이가 있어야 한다. 그래야 찻길의 소음으로부터 벗어나 고요함과 녹음을 즐길 수 있기 때문이다.

근데 정말 신기하게도 우리나라의 도시는 런던과는 녹지와 가게의 형태나 위치가 딱 정반대다. 우리나라의 녹지는 쌩쌩 달리는 찻길 옆으로 공간적 깊이가 거의 없이 길쭉하게 늘어서 있고, 가게는 길가에 늘어서 있다기보다는 블록을 이루며 모여 있다. 상업 지구에 몰려 있기도 하지만, 아예 거대한 상가 안에 들어가 있기도 한다. 반면 런던은 가게는 도로 옆으로 길쭉하게 늘어서 있고, 공원은 공간적 깊이가 있게 블록 모양으로 만들어져 있다. 우리나라 녹지의 자리와 형태에 런던에는 가게가 있고, 우리나라 상업 지구처럼 깊이를 가진 땅에 런던엔 녹지가 있는 것이다. 게다가 우리나라의 지구 단위 계획 지침에서는 길가에 면한 가게 앞에다가도 녹지 띠를 만들도록 하는 경우가 많다. 보행자가 걸어가며 매력을 느낄 만한 가게의 쇼윈도를 녹지로 가로막아서 멀리 떨어져서 보게 만든 것이다. 녹지면 다 좋은 줄 아는 걸까? 정말 답답한 지침

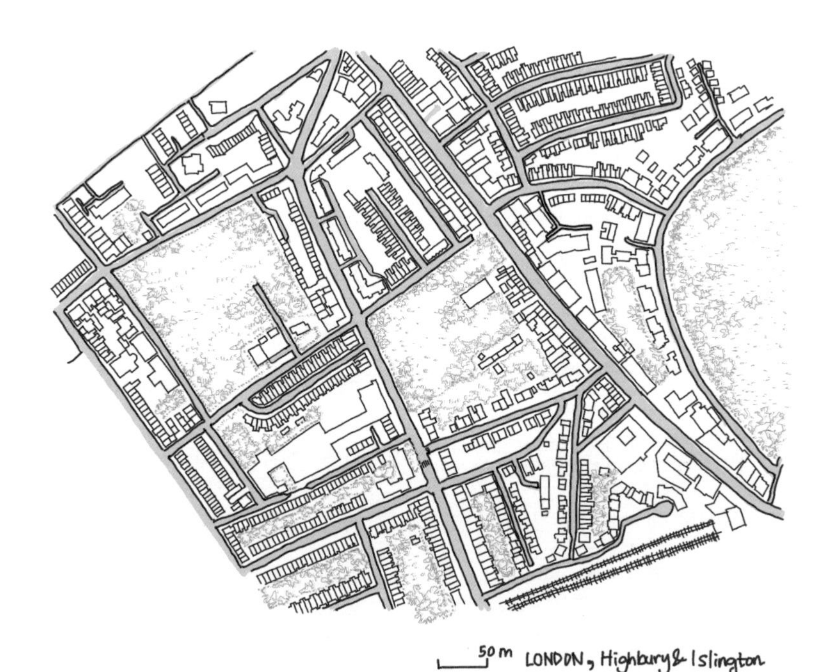

런던의 녹지 모양 (하이버리&이즐링턴 지역)

이 아닐 수 없다. 그나마 있는 가게를 걷는 일도 재미없게 만든 상황이니, 멀지 않은 거리를 갈 때도 다들 기어이 차를 가지고 가려고 하는 것이다. 그래서 상업 지구는 근처에 사는 사람들까지 가지고 온 차들로 늘 몸살을 앓고 있다.

도시는 비빔밥 같아야 한다

나는 한국으로 돌아와 셋째를 낳으면서 사무실을 열어서 애를 키우면서 일을 했다. 그래서 1년 동안은 진짜 집에서 일을 했고, 그다음 몇 년 동안은 집 아래층의 부모님이 사시던 집에서 사무실을 운영했다. 홈스쿨링하는 두 아이들 끼니 챙기며 갓난 셋째 아이 키우며 일하기에 집과 아래위층인 위치보다 더 좋은 환경은 없었다. 설계 사무실에서 하는 일은 유해 물질이 나오는 것도 아니고, 시끄러운 일도 아니다. 공간의 사용 면에서도 주택보다 특별히 인구 밀도가 높다고 할 수도 없다. 오히려 잠을 자지 않기 때문에 화재 등 비상 상황에 대한 대비는 더 유리하다. 그런데도 주거 용도라는 이유로 사무실로 등록할 수가 없었다. 그래서 등록은 다른 주소로 해야 했다. 회계사는 집을 사무실로 등록할 수 있다는데, 건축 설계 사무소는 안 된다니 도무지 이해할 수 없는 일이었다. 나중에 런던에 사는 친구에게 들으니, 영국은 설계 사무실을 집에 낼 수 있고 집과 사무실을 한 공간에서 같이 쓰면 오히려 세금을 깎아 준다고 했다. 탄소 배출을 적게 하기 때문이란다. 그래서 정말 집으로도 쓰는지를 증명해야 한다고 했다. 한 해 한 해 무섭게 변하는 기후 변화의 시대라 나라마다 에너지 절약 기조는 크게 다르지 않을 텐데, 영국과 우리나라가 이렇게 정반대의 행정을 펼치고 있다니 놀라운 일이 아닐 수 없었다.

주택가에서 사무실을 해 보니 자동차 흐름의 반대편에 있다는 게 어떤 건지 보였다. 출근 시간이 지난 동네 골목길은 사람들의 차가 빠져나가서 더없이 한적했다. 덕분에 우리 사무실에 방문하는 사람들은 주차하기 편했고, 우리가 퇴근하면 그제야 동네 사람들의 차가 돌아왔다. 주차장 사정만 그런 게 아니다. 회사들만 몰려 있는 동네의 음식점이라면 주말에는 무섭도록 썰렁하다. 그러나 회사와 집이 섞여 있는 동네는 주중이고 주말이고 텅 빈 시간이 없다.

그러니 곰곰 생각해 보면 용도별로 지역을 나눠 놓는다는 것, 혹은 지구를 나눠서 쓴다는 건 얼마나 비효율적으로 도시를 사용하는 방법인가. 사람과 자동차가 시간대에 따라 어느 한 지역에만 몰려 있게 되고 그 사이를 이동하기 위해 또 차지하기 위해 에너지를 쓰니 말이다. 자동차나 기차를 타지 않으면 갈 수 없을 만큼 멀리 떨어져 있을 때도 그렇고, 간신히 걸어갈 수는 있는 거리라 해도 마찬가지다. 기꺼이 걸어가고 싶은 마음이 드는 길이 아니어서 자동차를 타게 만든다면 말이다. 우리는 코로나 시대를 겪으면서 경험하지 않았던가. 하루 안에 지구 반대편으로 갈 수 있을 만큼 기술이 발달했다는 건 놀랍고 자랑스런 일이지만, 갈 수 있다고 해서 가야만 하는 것도 아니고, 더 나아가 그렇게 멀리 가는 일이 좋은 일도 아니라는 것을. 한 나라 안에서도 마찬가지다. 먼 도시까지 금방 갈 수 있다고 해서 가는 것이 더 좋은 건 아니다. 가지 않고도 살 수 있으면 좋은 것이고, 또 그렇게 살 수도 있어야 함을 우린 코로나 시대를 통해 배웠다. 그러니 이제는 이 도시를 동네 안에서도 살아갈 수 있게끔 만들어야 한다.

《미국 대도시의 죽음과 삶》[8]이라는 명저를 쓴 제인 제이콥스는 그 책에서 도시의 블록을 짧게 만들어야 한다고 주장했다. 모퉁이를 돌 기회가 많으면 많을수록 사람들이 더 걷게 만들고, 항상 걸어가는 사람이 있는 거리가 있어야 도시가 안전하고 활기차게 살아난다는 것이다. 내가 이 글에서 한 이야기들의 대부분은 1961년에 쓰인 그 책의 내용을 우리나라 현실에 대입한 것들이다. 60여 년 전의 이야기가 아직도 유효하다는 것이 놀랍고, 동시에 아직도 옛 방식이 바뀌지 않고 있다는 것이 안타깝다. 조금만 걸어도 다른 느낌의 거리가 나타나서 계속 길을 걸어가고 싶은, 다양한 맛이 섞여 있는 비빔밥 같은 도시가 될 수 있다면 얼마나 좋을까.

19장

주차장은 꼭 있어야 하는가
부설주차장

종이컵과 부설주차장

난 종이컵을 볼 때면 늘 부설주차장을 떠올리게 된다. 너무 뜬금없다는 건 안다. 그러나 어쩔 수 없다. 오래전부터 해 온 생각은 아니고 불과 몇 년 전부터다. 서울시장이 서울시부터 일회용품 사용 금지 캠페인을 하겠다며 내부 회의나 행사에서 종이컵 대신 다회용 컵이나 텀블러를 사용하겠다고 발표하는 모습을 보았을 때부터다. 그 이야기를 들으면서 제일 먼저 든 생각이 부설주차장이었다. 종이컵을 아끼려는 노력도 좋지만 그보다는 부설주차장 없이 건물을 짓도록 서울시 조례를 개정하는 게 100만 배 나을 텐데. 건물 지을 때마다 부설주차장을 만드느라 얼마나 많은 자원을 쓰고 있는지 다들 생각해 본 적이 있을까? 그러고 보니 주차장 만드는 데 드는 돈이면 종이컵을 몇 개나 살 수 있는지 갑자기 궁금해졌다. 그래서 계산해 봤다. 종이컵 1개의 값은 보통 15원이다. 주차장 구획 크기 10제곱미터(약 3평)만 시공하는 비용을 최소로 잡아도 대충 1,500만 원이니 종이컵 100만 개를 살 수 있는 돈이다. 놀랍게도 딱 100만 배의 값이다. 근데 주차장은 규모가 커지면 통로도 필요하고 때에 따라서 지하도 파야 하고 시공비와는 비교도 안 되게 값비싼 '땅'을 차지하기 때문에 실제로는 훨씬 더 많은 비용이 든다. 100만 개는 고사하고 1,000만 개는 살 돈을 들여야 하는 경우도 적지 않을 것이다.

부설주차장. 단어부터 딱딱하고 낯설다. 일상생활에서 자주 쓰는 말이 아니다 보니 건축 설계를 하는 나조차 익숙해지기 쉽지 않은 단어였다. 그래서 앞(2부 동네)에서 이야기했음에도 다시 설명하자면, 부설주차장이란 건축물 혹은 건축물이 없어도 주차가 필요한 시설에 설치하는 주차장을 말한다.
우리나라는 거의 모든 건물에 부설주차장을 만들어야만 한다. 코딱지만큼 작은 건물이거나 보행자 전용 도로에 면한 땅에 짓는 건물이 아니라면 말이다. 지역마다 조금씩 다르긴 하지만 서울은 주택의 경우 50제곱미터(약 15평), 상가의 경우 67제곱미터(약 20평)만 넘으면 무조건 한 대분 이상의 주차장을 만들어야 한다. 근데 50제곱미터도 되지 않는 단독 건물형 주택이나 연면적이 67제곱미터도 되지 않는 상가 건물이 얼마나 되겠는가. 보행자 전용 도로도 어쩌다가 가끔 있지, 거의 없기는 매한가지다. 그러니 사실상 법은 도시에 짓는 거의 모든 건물에 부설주차장을 설치하게끔 강제하고 있는 셈이다. 그것도 그저 있기만 하면 되는 것이 아니라 건물의 쓰임이나 크기에 따라서 설치해야 하는 주차장의 최소 규모까지 시시콜콜 정해 두었다. 주차 구획을 몇 개나, 그리고 얼마나 크게 만들어야 하는지뿐만 아니라 차로의 폭과 모양까지도 말이다. 그 규정대로 설치하지 않으면 건축물을 사용할 수 있는 허가를 받지 못하기 때문에 꼼짝없이 지켜야만 한다.

부설주차장을 설계하면서 드는 생각

2부 동네에서 했던 주차장 이야기를 3부 도시에서 다시금 꺼내는 이유는, 지금 우리 도시에 부설주차장법이 너무나 큰 영향을 미치고 있기 때문이다. 사실 부설주차장법뿐만이 아니다. 건축과 도시에 관한 법은 대부분 다 그렇다. 우리는 도시의 모습이 건축물 하나하나의 겉모습이 모여서 만들어진다고 생각하지만, 사실은 그 건축물을 만들면서 지켜야 하는 법에 의해 결정되는 부분이 훨씬 더 크다. 법이 건축물의 모양을 구체적으로 이래라저래라 간섭하지 않는 것처럼 보여도, 결국 옆 땅의 일조권을 위해 지켜야 할 선이라든가, 대지의 경계선으로부터 건물을 얼마큼 떨어뜨려서 지어야 하는지와 같은 규칙들을 지키다 보면 많은 것들이 이미 옴짝달싹 못 하는 상태란 걸 알게 되는 것이다.

부설주차장법이 특히 그렇다. 건물이 커질수록 만들어야 할 주차장의 규모도 같이 커지고 동시에 지켜야 할 법규의 항목 수도 늘어나는데, 주차장이 건물 내부로 들어가기까지 하면 정말이지 골치 아픈 일이 한두 가지가 아니다. 주차할 수 있는 공간을 만드는 게 다가 아니라, 대지 바깥에서부터 주차구획까지 차가 움직여 들어가는 공간 역시 함께 만들어야 하기 때문이다. 그뿐인가. 덩치가 거대한 데다 계단을 오르내릴 수도 없는 차가 층까지 이동해야 하면 그 골치 아픔은 극한에 이른다. 그 와중에 모든 층을 관통해야 하는 계단과 승강기의 위치가 주차장뿐만 아니라 주차장이 아닌 용도로 쓰는 층 모두에서도 쓰임새를 맞춰야 하니 거의 미칠 지경이 된다. 결국 주차장으로 쓰는 공간과 주차장이 아닌 공간, 둘 중 하나에 우선순위를 두고 최대한 합리적인 평면을 찾을 수밖에 없다. 그렇게 되면 사실 그 순위에서 밀리는 건 언제나 사람이 생활하는 공간이다. 사실 사람을 위해 건물을 만드는 것이지, 자동차를 위해 건물을 만드는 건 아니다. 그런데도 주차장이 우선이 될 수밖에 없는 건, 자동차를 위한 치수는 사람을 위한 치수보다 훨씬 더 큰 데다 법이 밀리미터까지 엄격하게 정해 놓았기 때문이다. 그래서 설계를 하다 보면 내가 주차장을 설계하는 건지 사람이 쓸 공간을 설계하는 건지 헷갈릴 때가 많다. 물론 현재의 법으로는 주차장 없이는 건축 허가를 받을 수도 없으니 주차장 또한 건물의 일부임은 분명하다. 그러나 주차장 설계 때문에 너무나 많은 것들이 어쩔 수 없이 정해진다는 건 참으로 안타까운 일이다. 그리고 설계를 떠나서 과연 주차장을 만드는 데 이렇게까지 많은 자원을 써야 하는가에 대한 의문이 내내 머릿속을 떠나지 않는다. 결국 사람이 사용하게 될 공간의 30퍼센트나 되는 크기의 주차장을 모든 건물에 만들어 넣어야만 하는 법이 있다니. 종이컵 1개라도 더 아끼려고 노력하는 이 시대에 말이다(부설주차장 때문에 안 그래도 비싼 집값이 더 비싸졌을 것이다).

도시를 운영하는 관점에서 주차장을 바라볼 필요가 있다

지금 있는 주차장들도 꽉 차 있어서 주차하기 힘든데, 건물마다 설치해야 할 주차장의 최소 규모를 정해 놓은 법이 대체 뭐가 문제인가 싶을지도 모르겠다. 그러나 건물마다 주차장을 얼마나 만들게 할 것인지는 개별 건물의 규모를 보고 결정할 것이 아니라 도시 전체를 보고 결정할 필요가 있다. 도시 전체의 규모에 따라 주차장 규모를 결정한다는 뜻이 아니라, 도시 안에 자동차를 얼마나 돌아다니게 할 것인가, 즉 도시 운영의 관점에서 결정해야 한다는 뜻이다. 지금의 법은 그저 도시에 들어온 차에게 주차할 공간을 최대한 마련해 주는 데에만 그 목적이 있다고 볼 수 있다. 그러나 과연 지금 우리 도시에 그 목적이 적절한가부터 다시 생각해 봐야 한다.

우리가 이미 느끼고 있고, 또 세계적인 통계가 말해 주듯이 서울의 인구 밀도는 전 세계에서 손에 꼽힐 정도로 높다. 1제곱킬로미터당 16,000여 명이 살고 있어, OECD에 가입된 나라들의 도시 중에서 압도적인 1위다. 런던과 도쿄의 3배이다. (도쿄도 사람이 꽤나 많아 보이는데, 서울은 그 3배나 된다니!) 쾌적하게 살기엔 좁은 공간에 너무 많은 사람들이 살고 있는 것이다. 근데 서울에는 사람의 밀도보다 더 큰 문제가 있다. 바로 자동차의 밀도다.

상황을 한마디로 표현하면 이렇다. 우리나라 사람들은 유럽처럼 오래되고 밀도 높은 도시에 살면서, 광활한 신대륙 국가 미국 사람들마냥 10분 거리도 자동차를 끌고 다니며 살려고 한다는 것이다. 그 결과 2023년 기준 우리나라의 등록 자동차 수는 2,500만 대로, 인구의 절반이나 되는 숫자에 이르렀다. 그 상황을 서울에 대입하면, 서울에는 1제곱킬로미터당 16,000명의 사람뿐만 아니라 8,000대의 자동차까지 함께 살고 있다는 뜻이기도 하다. 실제 서울의 등록 자동차 대수를 따져 보면 제곱킬로미터당 5,000대 정도긴 하지만 말이다. 그래도 그렇지. 16,000명의 사람도 끔찍하지만, 사람의 50배 덩치인 자동차가 그 안에 자그마치 5,000대라니. 무서울 정도다.

인구 밀도보다 무서운 자동차의 밀도

자동차의 밀도가 인구 밀도보다 더 무섭게 느껴지는 건 나뿐일까? 아닐 것이다. 실제로 자동차는 사람보다 훨씬 많은 공간을 차지하고, 지독한 매연까지 내뿜는다. 사람도 공간을 차지하고 이산화탄소를 내뿜으며 배설을 하고 방귀도 뀌지만, 자동차만큼 이동하는 공간까지 넓게 차지하지도, 사람이 마시면 유독한 가스를 대량으로 내뿜지는 않는다. 자동차는 도로에서 보행자를 위협하게 하는 존재일 뿐만 아니라 도시의 밀도 문제에서도 사람에게 굉장히 위협적인 존재인 것이다.

사람도 넘쳐 나는데, 거기에 자동차까지 많기 때문에 서울에 사람이 편안히 걷고 쉴 수 있는 공간이 훨씬 좁고 비싸진 것이 아닐까? 나는 도시를 걸으며 넘쳐 나는 자동차들의 물결을 볼 때마다 그런 생각을 한다. 과연 이만큼의 자동차들이 도시에 꼭 필요한 것일까, 하고. 도시처럼 서로 가까이 모여 사는 공간에서는 여럿이 함께 쓰는 대중교통만으로도 그다지 불편함 없이 살 수 있을 것 같아서다.

실제로 우리나라만큼이나 인구당 자동차 보유 대수가 많은 일본도 수도인 도쿄에는 서울처럼 자동차가 많지 않다. 도쿄에서 대중교통으로 출근하는 사람의 비율은 런던과 비슷하고 가구당 자동차 대수는 서울의 절반도 되지 않는다. 일본은 부설주차장법이 없어서 주차장의 수도 적은 데다, 도로에는 절대 차를 세워 둘 수 없어서 도시에서 체감하는 자동차 대수는 그보다도 훨씬 적지만 말이다. 근데 우리나라만 이렇게 차를 많이 가지고 살게 된 것이, 그저 우리나라 사람들이 자동차를 너어무, 특별히 좋아해서일까?

자동차를 더 많이 사게 하고 더 많이 끌고 다니게 하는 부설주차장

나는 밀도 높고 땅값 비싼 서울에서조차 자동차를 이렇게나 많이 가지고 살게 된 가장 큰 원인은 단연 부설주차장법에 있다고 생각한다. 법으로 모든 건물에 주차장을 만들게 했기 때문에 실제로 서울엔 런던에 비해 주차장이 엄청나게 많아서다. 만약 건물마다 주차장을 구비하는 게 의무가 아니라면, 그래서 주차장을 만들고 싶은 사람만 추가로 돈을 써서 만들어야 하는 것이라면, 분명 상황이 지금과는 많이 달라졌을 것이다. 다들 도시에서 차를 가지고 사는 일에 대해서 진지하게 다시 생각했을 것이고, 정성스레 주판알을 튀긴 결과로 많은 사람들이 주차장 없이 건물을 지었을 것임이 분명하다. 그렇게 되면 주택값도 분명 덜 비싸지지 않았을까. 근데 법이 의무적으로 주차장을 만들게 하는 바람에 주차장을 만드는 돈은 어차피 써야 할 돈이 된 것이고, 주차장이 있으니 당연한 듯 다음 순서로 자동차를 사게 됐던 것이다. 집뿐만 아니라 직장에도 주차할 데가 있으니 좀 막혀도 자동차를 가지고 출퇴근하고, 시장 보는 일도 차를 끌고 대형 마트에 가고, 음식점에도 주차장이 있으니 10분 거리도 차를 타는 라이프 스타일이 완성됐다. 강남 스타일이 아니라 완전 미국 스타일이다. 이런 스타일이 자동차 보유 대수 때문이라고만은 할 수는 없다. 그보다는 주차장이 여기저기 얼마나 많으냐와 관계가 있다는 것을, 런던에 살면서 알게 됐다. 런던의 가구당 자동차 보유 대수는 서울과 큰 차이가 나지 않지만, 런던 사람들은 자동차를 시내로 출퇴근하거나 외식하러 갈 때는 거의 사용하지 않는다. 오로지 동네에서 아이들을 학교에 데려다주거나 데리고 올 때, 그리고 시장 볼 때나 지방에 갈 때만 사용한다. 시내에 있는 직장이나 음식점에는 주차장이 거의 없기 때문에 아예 가져갈 생각조차 못 하는 것이다.

공공 건축에도 드넓은 주차장이 반드시 필요한 걸까

그리고 놀랍게도 런던에는 대형 박물관조차 고객을 위한 주차장이 없다. 오로지 블루배지 소지자인 보행 장애인을 위한 주차장만 근처 길가에 조금 마련되어 있을 뿐이다. 나는 런던에 사는 동안 빅토리아 앤 알버트 뮤지엄•에서 전시를 할 기회가 있어서 운이 좋게도 박물관에 주차란 걸 해 본 적이 있었다. 그때 목격한 주차장의 모습과 규모는 가히 충격적이었다. 건물과 담장 사이의 좁은 공간에 평행 주차된 차들이 주르륵 서 있는 허름한 공간이 그 거대한 박물관에 딸린 부설주차장의 전부였다. 직원들 중에서도 휠체어를 타야 하는 사람이 아니면 주차장을 쓸 엄두도 내지 못할 분위기였다. 그저 짐을 내리고 싣는 하역용 공간일 뿐, 일반 승용차를 위한 주차장이 절대 아니었다.

그에 비해 서울의 DDP, 동대문 디자인 플라자의 주차장은 어

• Victoria and Albert Museum. 영국 런던에 있는 세계 최대의 공예 박물관이다.

떨까? 역시 부설주차장의 도시 서울답게 동대문 디자인 플라자에는 어마어마한 규모의 부설주차장이 완비되어 있다. 하역 공간을 제외하고 고객용 주차 구획만 자그마치 355대나 된다. 물론 동대문 디자인 플라자가 빅토리아 앤 알버트 뮤지엄에 비하면 크긴 하다. 연면적으로 봤을 때 동대문 디자인 플라자는 약 8만 5천 제곱미터(2만 6천 평)이고, 빅토리아 앤 알버트 뮤지엄은 약 4만 9천 제곱미터(1만 5천 평)이니 동대문 디자인 플라자가 2배 가까이는 되는 것이다. 그러나 달랑 장애인용 주차 구획 12개만 갖춘 빅토리아 앤 알버트 뮤지엄에 비하면 주차장 규모의 차이가 너무 심하게 나지 않은가. 그러고 보니 동대문 디자인 플라자를 설계한 사람이 마침 런던의 건축가다. 이라크에서 태어났지만 런던에서 활동했던 건축가 자하 하디드는 공모전에서 당선된 이후에 설계를 진행하면서 서울시에서 요구한 주차장 규모가 너무 크니 줄이자는 의견을 냈다고 한다. 주차장을 많이 만들면 오히려 사람들이 도심으로 차를 많이 가지고 올 것이라 도시에 좋지 않다고. 그러나 동대문 디자인 플라자를 설계하던 2007년의 서울시에 그 말이 먹힐 리가 있었겠는가. 아마 지금도 크게 다르지 않겠지만 말이다.

나는 얼마 전에 서초구의 한 공원에 작은 실내 놀이터를 설계할 기회가 있었다. 그 건물의 계획 과정에서 발주처는 법에서 요구한 것이 아닌데도 주차장은 있어야 한다면서 주차 구획을 여섯 대나 설계하게 했다. 제대로 된 차량 출입구도 없어서 자동차가 보행자가 걸어가는 공원 안의 길로 들어와야 하는데도 기어이 주차장을 만들게 하는 것을 보면서 난 속으로 기함을 했다. 하지만 딱 한 번만 살짝 이의를 표시하고선 그냥 가만히 있었다. 세계적인 건축가의 말도 먹히지 않았는데 나 따위 건축가가 대체 무슨 말을 할 수 있겠는가. 그 계획안이 거쳐야 했던 수많은 회의와 심의 과정에서 만난 서울시 공무원들 그리고 각 분야의 전문가들이라는 심의 위원들 중 그 누구도 주차장 규모를 줄이자는 말은 하지 않았다.

부설주차장법이 만드는 도시의 모습

부설주차장법은 이렇게 우리의 라이프 스타일을 자동차 위주로 만들게도 했지만, 결정적으로 도시의 모습에도 절대적인 영향을 미쳤다. 모든 건물에 주차장이 있다는 것은 모든 건물 입면이 다음 세 가지 중 하나의 타입에 속한다는 걸 의미한다. 건물 앞에 주차장이 있거나, 아니면 건물 아래인 필로티에 주차장이 있거나, 그도 아니면 주차장으로 드나드는 입구가 있거나. 이건 거리에서 건물을 바라봤을 때의 모습을 표현한 것뿐이고, 그 앞을 걸어갈 때의 입장은 또 다르다. 걸어가는 사람에게는 건물 앞을 걷는 일이 부설주차장을 드나드는 자동차와 부딪힐 위험에 끊임없이 노출된다는 뜻이기도 하다.

참 아이러니한 일이다. 어떤 법은 보행자의 안전을 위해서 보행자와 자동차의 동선을 분리해서 설계하라고 하는데, 또 어떤 법은 모든 건물에 주차장을 만들게 함으로써 건물마다 보행자와 자동차의 동선이 교차하는 지점을 만들어 거리를 걸어가는 일 자체를 위험천만한 일이 되게 하고 있으니 말이다. 서울에선 그저 당연했던 그 모든 상황이, 런던에 와서 살아보니 얼마나 기함할 일인지를 알게 됐다. 런던에서는 보행자의 밀도가 조금이라도 높으면 공원에서조차 자전거도 타지 못하게 한다. 특히 하이드 파크같이 사람 많은 공원은 반드시

걸어가는 사람에게 위험한 도시의 길

자전거에서 내려 끌고 걸어가야만 한다. 하긴 주차하다 실수로 보도에 바퀴만 하나 걸쳐도 지나가는 사람들이 눈알을 부라리는 곳이 런던이니까. 서울은 건물마다 보도로 자동차가 밀고 들어오는 구간이 있다는 걸 런던 사람들은 받아들일 수나 있을까?

법이 도시의 풍경을 만들고 있는데 정작 법은 도시의 풍경을 생각하지 않고 있다

부설주차장법 하나만으로도 도시의 모습이 이렇게 바뀌는데, 하나도 아니고 셀 수도 없이 많은 법들이 우리 도시와 건축에 미치는 영향은 대체 얼마나 클까. 실제로 그렇다. 법은 창의 모양이나 외벽 재료 같은 것들과는 비교도 안 될 만큼 모든 건축물의 형태에, 그리고 도시의 모습에 실로 무지막지한 영향을 미치고 있다. 건물을 예쁘게 만드는 것도 중요하지만, 그에 못지않게 법을 잘 만들어야 할 이유가 여기에 있는 것이다.

그러나 심히 안타깝게도, 우리나라의 건축법은 옆 건물과 거리를 배려하여 도시 전체의 모습을 안전하고 아름답게 만드는 데는 그다지 관심이 있는 것 같지 않다. 그보다는 각자의 땅을 기준으로 바로 붙어 있는 옆 땅에 피해를 주지 않게끔 건물을 짓게 하는 데 더 신경을 쓰는 편이다. 그래서 대지의 경계선에서 얼마를 띄어서 건물을 앉혀야 하는지, 건물 최대 높이는 얼마까지만 가능한지, 또 주차장은 얼마나 크게 만들어야 하는지, 안전을 위해서 건물 안에 어떤 설비를 해야 하는지 같은 것들에만 법의 초점이 맞춰져 있다. 그렇게 옆 건물에 피해를 줄까 노심초사하면서도, 정작 대지 경계선 부분에 대한 내용은 또 쏙 빠져 있다. 분명 정리해야 할 내용이 있을 텐데 말이다. 그리고 딱 그 옆 땅만 생각하면 되겠는가. 옆 건물부터 시작해서 쭉 이어진 거리 전체의 모습도 생각해야 하지 않겠는가. 그러자면 적어도 길에서 보이는 건축물의 모습을 어떻게 만들 것인지에 대한 고민과 그를 위한 법도 있어야 하는데, 그런 내용은 약에 쓸 만큼도 찾아볼 수 없다.

좁은 땅에 오밀조밀 모여 살아야 하는 도시의 특성상, 도시의 땅은 그 경계 부분을 잘 처리해야 한다. 근데 지금 우리 법은 대지의 경계선에 경계석을 박는 것 정도만 강제할 뿐 그 외에는 도시를 위한 디테일한 요구가 전혀 없다. 사실 땅이 길과 만나는 부분이나 도로에서 보이는 두 땅이 만나는 부분은 도시를 걷는 사람에게 가장 잘 보이는 공간이다. 남의 건물 안으로는 함부로 들어갈 수도 없기에 그 공간들은 사실 대부분의 사람들이 도시를 경험하게 하는 공간이기도 하다. 그래서 도시를 더 나은 공간으로 만들려면 아무렇게나 만들게 그냥 둬선 안 되는 부분이다. 건축가 입장에서는 건물을 설계하는 데 들어가는 에너지가 상당하다 보니 외부 공간까지 일일이 정돈해서 디자인하는 것이 결코 간단하지 않다. 그러나 도시의 입장에선 건물의 설계 못지않게 건물과 길 사이, 건물과 건물 사이의 공간을 어떻게 설계해서 만드느냐가 어쩌면 더 중요하다고도 볼 수 있을 것이다. 그런데 우리의 법은 그 부분을 사실상 완전히 방치하고 있다. 그래서 도시를 걷다 보면 땅과 땅 사이의 경계 부분은 대지끼리의 높이 차이가 그대로 남겨져 사람이 조심조심 걸어가기에도 불편한 공간이 되어 있다. 도로를 향해 있는 건물의 입면은 건물마다 다르게 튀어나와 있는 데다, 건물과 길 사이의 공간도 디자인을 했다기보다는 그냥 무심하게 남겨진 경우가 많다. 사실 어느 건물이든 외부 공간은 잘 정리하려고 노력하지 않으면 금세 지저분해지기 마련이다. 밖에 두어야 할 쓰레기통이나 화분, 실외기 같은 것들을 아무렇게나 부려 놓기 쉬운 공간이기 때문이다. 영국처럼 그 공간을 신경 써서 예쁘게 꾸미려고 은근하게 경쟁하는 분위기가 있다면 좋겠지만 우리나라는 대부분 주차장으로 쓰면서 쓰레기통이나 겨우 내놓는 공간이다 보니 아름다움하고는 거리가 먼 공간이 되기 쉽다. 그러니 도로에서 보이는 공간만이라도 정돈을 하려는 노력을 해야 하고, 그 노력은 개인의 양심에 맡겨 둘 것이 아니라 법적인 차원에서도 해야 한다. 아무리 사적 재산이라 해도 분명 다 같이 보고 경험하게 되는 도시의 공공 자산이기도 하기 때문이다.

우리나라의 건축법은 사실 일제 시대의 건축법이라 할 수 있는 조선시가지계획령을 모태로 만들어진 법이다. 그래서 옆 대지와의 분쟁을 방지하는 데 목표를 두었던 그 법의 취지가 남아 있다. 그러나 아직까지도 그 정도 목표에 머무른다는 건 답답한 일이다. 이제는 더 나은 도시 공간을 만드는 것으로 그 목표를 수정할 때가 되었다. 물론 쉽지 않은 일이긴 하다. 좋은 도시 공간을 만들기 위해서는 일단 무엇이 좋은지에 대한 정의부터 내릴 수 있어야 하기 때문이다. 그건 그저 옆 땅에 피해를 주지 않기 위해 지켜야 할 것들을 정하는 것하고는 차원이 다른, 수준 높은 고민과 연구가 필요한 일이다. 그러나 어렵다고 미룰 수는 없다. 이대로 가다간 우리 도시는 더 나아지기는커녕 계속 궁색해질 수밖에 없다.

도시를 경영한다는 것

이 글의 주제인 주차장을 만드는 문제도 그렇다. 주차장을 얼마나 만들 것이냐를 건물 단위로 생각해서 정해 놓는다는 게 절대 최선일 리가 없다. 오히려 도시 전체를 생각해서 결정해야 더 나은 답이 나올 문제인 것이다. 지금은 한 집에 한 대가 아니라 두 대씩 자동차를 가지고 산다 해도 불편함이 없을 만큼 주차장을 더 많이 만들어도 아무도 말리지 않는다. 그러나 사람만으로도 충분히 좁아터진 이 도시에 자동차를 대체 몇 대나 같이 살게 할 것인가. 도시 안에 사는 자동차뿐만이 아니다. 도시 바깥에 사는 차들도 들어와서 돌아다니는 것까지 생각하면 도시에 자동차를 얼마나, 그리고 어느 지점까지 들어오게 할 것이냐는 광역 차원에서 고민해야 하는 문제인 것이다. 도시 설계는 그런 것이어야 한다. 어느 땅에는 무슨 용도의 건물만 지으라는, 굳이 정해 줄 필요도 없는 일은 시시콜콜 참견하면서, 정작 넓은 범위에서 정리해야 할 일은 놓치고 있는 지금의 도시 설계는 분명 맹꽁이 같은 데가 있다. 그렇게 도시 차원에서 생각하면, 그리고 거리를 걸어가는 입장에서 생각하면 지금처럼 주차장을 건물마다 일일이 만들게 하는 건 전혀 맞지 않다. 그보다는 오히려 지역이나 지구 단위에서 주차장의 총량을 정하고, 건물마다 만들게 하는 것이 아니라 동네나 길 단위마다 몰아서 만들게 하는 편이 훨씬 낫다. 지금처럼 주차장을 원하는 만큼 더 만들 수 있게 놔두는 건 도시 입장에선 몹시 곤란한 일이다. 간혹 법이 시키지 않는데도 굳이 주차장을 더 만들겠다는 사람들이 있겠지만, 그들의 만족이 모두의 만족은 아닐 것임이 분명하다. 이 도시는 자동차를 타는 사람들만을 위한 도시가 되어서도 안 될뿐더러, 그들에게도 자동차로 꽉 차 있는 도시가 안전하고 쾌적한 공간일 리가 없기 때문이다. 차는 항상 막힐 것이고 도시를 걷는 일도 주차장을 걷는 일과 별로 다르지 않을 테니 말이다.

자동차는 사람과 물건을 빠르게 움직이게 해 주기에 도시의 윤활유 역할을 하는 존재다. 그러나 너무 많아지면 내장에 끼는 기름처럼 도시의 흐름을 오히려 방해하고 건물과 건물, 그리고 건물과 사람 사이를 가로막는 지저분한 기름때가 된다. 그렇기에 도시에서 돌아다니는 자가용의 수는 적으면 적을수록 좋다. 특히 서울처럼 인구 밀도와 자동차 밀도가 모두 높은 도시에서는, 돌아다니거나 주차되어 있는 자동차의 숫자를 줄이는 건 굉장히 시급한 과제다. 다소 얍삽하지만 자동차의 수를 줄이는 데 주차장을 없애는 것만큼 돈이 덜 들면서도 빠르고 효과적인 방법은 없다. 그렇기에 부설주차장법을 고쳐서 주차장을 더 만들지 않도록 유도하는 건 종이컵 사용을 줄이는 것보다 백만 배 더 효율적인 에너지 절약 방법이다. 그리고 동시에, 기존의 부설주차장은 녹지나 공영 주차장으로 차근차근 바꿔 나가야 한다. 누군가의 주차장이 워낙 많다 보니 정작 꼭 필요한 사람들이 함께 쓸 수 있는 주차장은 너무나 부족하기 때문이다. 주차장법이 그렇게 바뀌면, 결국 도시는 걸어 다니는 사람이 더 많아져 활기를 띠게 될 것임이 분명하다. 물론 차로의 폭을 줄이고 보도의 폭을 넓혀 가는 일도 함께 해야 하겠지만 말이다.

도시는 설계해야 하는 것이기도 하지만, 동시에 경영해야 하는 것이기도 하다. 그래서 도시에 관한 법 또한 그러한 관점에서 만들어야 한다. 넓은 범위까지 함께 생각해서 계획해야 하고, 환경에 이로우면서 경제적으로 지속 가능할 수 있는지까지 생각할 수 있어야 한다. 도시를 설계하는 것과 경영하는 것, 그리고 경험하는 것은 비슷할 것 같지만 사실 모두 조금씩 다른 일이다. 세 가지 일에는 각각의 스케일과 관점의 차이가 있기 때문이다. 그래서 그 차이를 염두에 둔다는 것은 언제나 중요한 일이다. 거시적인 관점을 유지하면서도 동시에 두 발로 걸어 다니며 그 속에서 살아가는 사람의 경험을 생각하며 설계해야 하니 도시에 관한 법을 만드는 일은 참 어려운 일이 아닐 수 없다. 그러나 동시에, 그만큼 중요한 법도 그리 많지는 않을 것이다.

20장

도시의 놀이터

공원,
박물관,
미술관

도시에서 노는 방법이
도시를 경험하는 방식을 결정한다

당신은 주말에 시내에서 친구를 만나면 어디서 뭘 하고 노는가? 물론 노는 방식은 나이에 따라, 상대에 따라, 그리고 취향에 따라 다 다를 것이다. 그럼에도 이런 질문을 던지는 이유는 도시를 놀러 갈 장소의 관점에서 보기 시작하면 이전엔 보지 못했던 것들이 보이기 시작하기 때문이다. 그리고 분명, 어떻게 노느냐에 따라 도시가 매우 다르게 느껴진다는 것도 알게 될 것이다.

런던에 도착한 30대 후반의 우리 부부에겐 세 살과 다섯 살의 두 어린아이가 있었다. 그리고 마침 비슷한 시기에, 직장 동료 몇 명도 유학차 런던에 왔다. 같은 건축 설계 일을 하는 데다 우리와 나이 차이도 그리 크진 않았지만 결혼을 안 한 그들은 우리랑 처지가 달라도 한참 달라 보였다. 어떻게든 뛰어놀고 싶어 하는 에너지가 넘치고 원하는 게 분명한 반면 협상은 결코 쉽지 않은 어린아이가 하나도 아니고 둘이나 딸려 있는 우리에 비하면, 다 커서 떠나온 그들은 너무도 홀가분하고 자유로워 보였다. 그러한 운신의 차이는 런던이라는 도시를 경험하는 결을 완연히 다르게 만들 것임이 분명했다. 우리가 낮 시간 동안 아이들이 좋아하는 비행기 박물관과 공원 한 켠의 어린이 놀이터를 전전하는 동안, 그들은 시내의 유명 건축물을 비롯하여 쇼핑가나 번잡한 도심의 뒷골목을 밤늦도록 돌아다닐 수 있었을 테니까 말이다.

그들처럼 자유로이 어디든 갈 수 있는 상황은 못 됐지만, 그래도 런던은 우리처럼 어린아이가 있는 가족에게도 분명 괜찮은 도시였다. 꼭 환율 때문이 아니더라도 집세도 교통비도 밥값도 비싸기로 유명한 도시임에도 불구하고, 공짜로 갈 수 있는 도시의 놀이터가 널리고 널려 있었기 때문이다. 과연 부자 나라라는 생각이 들 만큼.

믿을 수 없을 만큼 공원이 많은 도시

우리가 가장 자주, 가장 편안한 마음으로 아무 때나 갈 수 있는 도시의 놀이터는 역시 공원이었다. 서울엔 어디에나 주차장이 있다면, 런던에는 어디에나 공원이 있었다. 집 근처 동네뿐 아니라 시내 중심부에도 크고 작은 공원이 정말 놀라울 만큼 많았는데, 특히 시내의 이름난 공원은 크기도 클뿐더러 공원 안의 시설이 더욱 화려했다. 오리는 헤엄치고 사람은 보트를 탈 수 있는 드넓은 호수와, 말이 똥을 떨구며 산책하는 트랙까지 짱짱하게 갖추고 있었다. 제일 좋은 건 5미터 이내 간격으로 벤치들이 늘어서 있어, 어디서든 털썩 주저앉아 공짜로 편히 쉴 수 있다는 거였다. 어느 공원이든 어린아이들을 위한 놀이터와 작은 동물 우리가 한 켠에 있는 건 물론이고, 철마다 갖가지 꽃이 피고 졌다. 나무는 항상 말쑥하게 다듬어져 있고, 잔디는 보슬보슬하게 깎여 있었다.

런던은 공원만큼은 정말 많다는 이야기를 듣고 가긴 했지만, 막상 그런 도시를 경험해 보니 완전히 다른 차원의 문을 열고 들어간 기분이었다. 이 바쁜 도시 한가운데 녹색식물들로 둘러싸여 차 소리가 거의 들리지 않는 고요하고 평화로운 공간이 이만큼이나 풍성하게 만들어져 있다니. 도시를 이렇게 만들 수도 있다는 게 보면 볼수록 놀라웠다. 이 나라는 그냥 부자가 아니라 똑똑한 부자라는 생각이 들었다. 물론 런던은 다른 부자 나라에 비해서 공원을 더 공들여 많이 만든 도시다. 한때 대기 오염이 심각해서 안개와 대기 오염 물질이 결합한 스모그로 많은 사람이 죽었던 가슴 아픈 역사가 있기 때문이다. 다시는 그런 슬픔을 되풀이하지 않으려고 특별히 애를 쓰고 있는 것이다. 어쨌거나 그 덕분에 런던은 시내는 물론이고 외곽에도 공원과 녹지가 상상을 초월할 만큼 풍성하다. 런던의 공원 하면 가장 먼저 떠올리는 하이드 파크는 하도 사람이 많아서 그런지 다른 공원보다 잔디가 듬성듬성하다는 느낌마저 들긴 하지만 말이다. 아무튼 볕이 좋은 날이면 해수욕장에 놓을 법한 선베드를 유료로 빌릴 수 있는데, 바닷물만 없지 한여름의 해수욕장만큼이나 사람이 바글거린다.

나는 런던의 공원을 가득 채운 사람들을 보고 생각했다. 공원을 좋아하고 즐기는 사람들이 이렇게나 많은데, 서울에선 이만큼의 사람들이 대체 다 어디로 갈까? 아무리 생각해도 서울 시내 중심에는 하이드 파크만큼 큰 공원은 없으니 말이다. 하이드 파크뿐만 아니라 켄싱턴 가든스와 리젠트 파크까지 근처의 큼직한 공원만 모아도 우리나라 여의도 크기가 된다니 상상도 되지 않을 만큼 어마어마한 면적이다. 무슨 도시가 물 반, 고기 반이 아니라 건물 반, 공원 반인 느낌이다. 하긴 세계 최초로 국립 공원으로 인정받는 도시가 되겠다고 하는 런던이니까.●

근데 놀랍게도, 일인당 녹지 비율은 서울과 런던이 고작 2배밖에 차이가 나지 않는다는 걸 아는가? 체감으로는 비교도 안 될 만큼 런던에 녹지가 많은 것 같은데도 말이다. 그 이유는 짐작하겠지만 서울엔 산이 많아서 그렇다. 서울의 산들에도 공원이라는 이름이 붙어 있긴 하니 숫자로만 봤을 때는 서울도 런던 못지않게 녹색 도시인 셈이다. 근데 왜 이토록 다르게 느껴지는 것일까?

서울에도 거리와 같은 레벨(고도)에 있는 녹지 공원이 필요하다

그건 바로 공원의 위치와 디테일 때문이다. 런던의 공원은 도

● 제방과 한강시민공원을 포함한 여의도 면적: 4.5제곱킬로미터, 하이드 파크+켄싱턴 가든스+리젠트 파크 면적=4.4제곱킬로미터(하이드 파크 면적: 1.4제곱킬로미터, 켄싱턴 가든스 면적: 1.1제곱킬로미터, 리젠트 파크 면적: 1.9제곱킬로미터).

시의 일상이 이루어지는 거리와 꼭 같은 높이에, 엎어지면 코 닿을 거리에 있어 언제든 들어갈 수 있는 데 반해, 서울의 공원은 접근성 나쁨의 삼단 콤보를 가지고 있다. 시가지 중심에서 멀고, 코앞까지 가도 입구를 찾기 어렵고, 거리와 다른 레벨에 있어서다. 공교롭게도 이 슬픈 삼단 콤보는 서울시 녹지의 대부분을 차지하는 산으로 된 공원뿐만 아니라 청계천 공원과 한강 공원에도 고스란히 적용된다. (경복궁, 창덕궁, 창경궁, 덕수궁 등 고궁도 공원의 역할을 한다고는 볼 수 있지만, 경계가 담장으로 막혀 있고, 입장료를 내야 하며, 운영 시간이 제한적이라 런던의 공원처럼 완전한 도시공원으로 보긴 어렵다.) 인정하고 싶진 않지만 사실 서울 공원의 대부분은 공원으로 만들기 위해 계획해서 모셔 둔 곳이 아니라, 건물을 짓기가 어려워 남겨진 땅을 공원이라 이름 붙인 경우가 많다. 산이라 경사가 심하거나, 비가 많이 오면 상습적으로 잠기는 한강 고수부지 같은 곳들이 그런 사정으로 도시공원이 된 것이다. 그나마 서울의 공원 중에 도심에 있으면서 거리와 같은 레벨에 있는 공원은 경의선 숲길과 여의도 공원, 용산 공원 정도다. 오랫동안 기찻길과 활주로, 미군 부대로 사용됐던 땅이라 지금까지 건물 없이 남아 있었던 것인데, 너무 금싸라기 땅이다 보니 오히려 아무도 쉽게 가져가지 못하고 모두를 위한 공원이 된 것이다. 경의선 숲길 공원을 가 보니, 런던만큼은 아니지만 서울 도심에, 도시의 일상이 이루어지는 거리와 같은 레벨에 있는 공원이 얼마나 시민의 삶을 풍성하게 만들어 주고 있는지를 새삼 확인할 수 있었다. 높이도 그렇지만 경의선 숲길 공원이 다른 공원들보다 더 가깝게, 더 친근하게 느껴지는 이유는 공원 주변의 도로 스케일 때문이기도 하다. 여의도 공원이나 용산 공원은 주변이 드넓은 찻길로 둘러싸여 보행자가 자유롭게 접근하기 힘든 구조다. 100미터 이상의 간격으로 설치된 횡단보도로 길을 건너야만 공원에 닿을 수 있기 때문이다. 건널목까지 걸어가서도 몇 분 동안 신호를 기다려서 건너야 하는 것도 그렇지만 공원 안에 차를 마실 수 있는 작은 건물도 하나 없이 매점만 한두 개 있어서 썰렁한 느낌이 든다. 나는 공원 안에 작은 실내 놀이터 건물을 설계하면서 서울시 도시공원

거리와 레벨이 다른 공원(위)과 같은 공원(아래)

심의를 받아 본 적이 있는데 얼마 안 되는 소중한 도심의 녹지라는 이유로 건물을 짓는 것 자체를 지나치게 꺼리는 것 같았다. 물론 공원 안에 있는 카페라는 굉장한 특권을 누군가에게 준다는 것이 조심스러운 일이기는 하다. 그러나 그런 지나친 우려 때문에 공원을 이용하는 시민의 편의를 포기한다는 건 우스운 일이다. 그렇게 유난을 떨 만큼 서울시에 공원으로 사용되는 녹지 면적 자체가 적은 건 사실이다. 그렇다면 경의선 숲길처럼 공원 가장자리에 아예 근린 생활 시설들이 면하게끔 하거나 공원 옆의 길을 2차선 도로 정도로 좁히면 될 것이다.

도심의 공원은 면적도 중요하지만 비싼 땅에 만든 귀한 공원이니만큼 얼마나 많은 사람들이, 얼마나 자주 찾는 공원으로 만들 것이냐도 중요하다. 그래서 접근성은 공원을 계획하는 이들이 목표로 삼아야 할 소중한 가치다. 그렇게 사람의 발길이 더 닿게 하려면, 공원 안의 시설도 중요하지만 그에 못지않게 공원까지 가는 길과 공원 앞의 길, 그리고 공원이 주변 건물과 어떻게 연결되느냐도 아주 중요하다. 그 모든 걸 다 공원 설계의 일부라고 생각하고 만들어 가야 하는 것이다. 공원에도 도시 계획적인 지원과 디테일이 필요한 이유다.

알다시피 사람의 발걸음은 몹시 예민하고 동시에 게으르다. 많은 사람의 발길은 언제나 조금이라도 더 편하고, 조금이라도 더 매력적인 길로 향한다. 그래서 레벨이 조금만 달라도,

단 몇 발짝을 더 걸어야 해도, 조금만 분위기가 삭막해도 발길이 덜 가게 된다. 세금이 아깝지 않다는 느낌이 들게끔 만드는 좋은 공공의 공간을 만드는 일은, 생각보다 쉽지 않다. 더욱 섬세한 계획이 필요한 것이다. 그러니 저 멀리 있는 산을 공원이라 이름 붙이고 도시 녹지 면적으로 퉁치지 말고, 시민들의 일상에 녹아들 수 있는 가까운 평지 공원을 조금이라도 더 만들려고 애써야 할 것이다.

박물관도 감동을 줄 수 있다니

사실 도시에 따라 노는 방법이 달라져 봤자 얼마나 달라지겠는가. 그보다는 노는 사람이 몇 살인지, 취미는 뭔지, 그리고 누구랑 노는 건지가 더 큰 차이를 만들 것임이 분명하다. 이불 밖은 위험하다며 지금은 주말 내내 집에만 있는 남편도, 대학생 시절엔 시내 극장에서 영화 동아리 사람들과 일요일 조조 영화 관람부터 시작해서 하루 종일 영화를 보고 술을 마시며 그다음 날 아침까지 놀고 헤어졌다고 한다. 그리고 애들이 어렸을 땐, 주말에 그 무거운 엉덩이를 끌고 애들과 함께 공원에라도 나갔으니 지금 생각하면 무지하게 놀라운 일이 아닐 수 없다. 물론 그런 처지에 따른 변수 말고도 도시에 있는 놀거리가 어떠냐에 따라 나갈지 말지를 고민하는 사람을 집 밖으로 끌어낼 수도, 그러지 못할 수도 있긴 할 것이다.

런던은 그런 면에선 남편 같은 사람도 기꺼이 집을 나서게 할 만큼 풍성한 문화 공간을 가진 도시다. 특히 박물관의 수준이 놀라울 정도로 훌륭해서 보고 있노라면 눈이 돌아가고 턱이 아래로 떨어질 정도다. 물론 몇몇 박물관은 소장품의 절반 이상이 식민지 시대에 남의 나라에서 갈취해 온 것이긴 하지만 말이다. 그래서일까, 런던의 국립 박물관은 입장료를 전혀 받지 않는다. 그야말로 완전 무료다. 런던의 박물관이 무료라는 걸 알기 전에 나는 천 원 남짓하는 서울 고궁의 입장료가 싸다고 생각했다. 근데 이제는 고궁의 매표소 앞에 설 때면 '이런 푼돈을 굳이 받아야 하나'라는 생각이 든다. 사람의 맘은 이렇게 간사하다(그러나 나라도 쪼잔하긴 마찬가지다). 아, 런던의 박물관이 전부 무료인 것은 아니다. 국립이 아닌 데는 입장료를 받는다. 다만 국립의 수준이 워낙 훌륭하다 보니 런던에서 입장료를 받는 박물관은 오히려 별로라는 말이 있을 정도다.

입장료를 안 받으면 대충 만들어서 보여 줘도 별 불만을 갖지 않을 것 같은데, 런던의 국립 박물관의 수준은 그냥 잘 만든 수준을 넘어서 사람을 감동시키는 데가 있다. 소장품 자체도 훌륭하지만 그걸 보여 주는 방식마저 지극한 정성과 세련됨을 겸비하고 있기 때문이다. 전시품을 설명하는 사이니지 디자인부터 시작해서 전시물을 넣은 케이스 디자인과 빛을 비추는 조명 디자인, 거기다 전시물을 엮어서 보여 주는 기획

력까지. 그야말로 모든 디테일이 감탄할 만한 최고 수준의 솜씨를 보여 준다. 그리고 그 모든 걸 담고 있는 건축 또한 런던이라는 도시의 역사를 보여 주는 고풍스런 건물에 있으면서도 내부에서의 동선이나 냉난방 설비 같은 것들은 관람에 불편함이 전혀 없도록 최신 기술을 활용하여 잘 갖추어져 있다. 방문한 사람들이 편안한 시간을 보낼 수 있도록 깨알 같은 편의 시설을 마련해 놓은 것도 인상적이었다. 우리나라 공공 건축에서 일반 건축에는 없다고 생색낼 만한 편의 시설을 찾는다면 수유실 정도뿐일 것이다. 근데 런던의 박물관, 미술관에는 피크닉 존이라고 해서 싸 가지고 온 음식을 부담 없이 먹을 수 있는 넓고 예쁜 실내 공간이 마련되어 있었다. 박물관 바깥에 있는 식당보다 맛없는 밥을 더 비싼 값에 팔면서 외부 음식 반입 금지라고 써 놓은 우리나라 박물관 식당과는 참 비교되는 풍경이었다.

박물관과 미술관도 복지다

내가 좋아하는 공예 박물관이나 자연사 박물관 말고도 아이들이 없었으면 절대 가지 않았을 국립 과학 박물관이나 항공우주 박물관을 건물 평면을 달달 외우도록 많이 가야 했지만, 그래도 그 박물관들 덕에 아이들을 키우며 살았던 런던에서의 시간이 한결 풍성한 기억으로 남아 있다. 사실 난 그림도 몇 점 이상 넘어가면 감상이 무뎌지고, 전시품도 전시실 3개째부터는 정보 용량 초과로 머리가 멍해지기에 박물관, 미술관 방문을 그다지 사랑하는 편은 아니다. 그러나 런던에서만큼은 체력만 허락하면 언제든 기꺼이 길을 나섰다. 이렇게 공짜로 제공되는 근사한 문화 시설이 있는데도 누리지 않고 지낸다면 뭔가 무지하게 아까운 일이란 생각이 들었다. 그렇다. 본전 찾기 본능이 발동했던 것이다!

물론 세상에 공짜는 없다. 분명 내가 낸 세금도 이런 박물관을 만들고 운영하는 데 쓰였을 것이다. 근데 세금을 이런 식으로 쓴다고 생각하면 내는 게 훨씬 덜 아깝다는 생각이 들었다. 아깝지 않을 뿐만 아니라 뭐랄까, 이런 식으로 쓰는 이 나라가 꽤 멋있게 보이기까지 했다. 이것이야말로 폼 나는 복지 서비스가 아닌가. 복지가 단지 가난한 사람들에게 생활비를 지원해 주고, 아플 때 병원비를 같이 내주고, 나이 든 사람에게 연금을 주는 수준에만 머무르는 것이 아니라, 국민 모두가 풍성한 문화생활을 할 수 있게 지원해 주는 데까지 이른다면 말이다.

21장

고급짐을 표현하는 또 다른 방법

호텔, 상점

그 도시를 기억하게 하는 공간, 호텔

집 떠나면 고생이라는 말이 있다. 아마 이불 밖은 위험하다고 주장하는 사람들의 선조 격인 이들이 만들어 낸 말일 것이다. 분명 일리 있는 말인데도, 어릴 때의 나는 그 말에 그다지 동의할 수가 없었다. 집 떠나서 만나는 새로운 세상이 얼마나 흥미로운데, 대체 뭐가 고생이란 건지. 대학생 시절의 나는 국내외 어디든 처음 가 본 장소의 낯선 풍경을 따라 정처 없이 헤매는 일이 너무나 좋아서, 거리를 걷노라면 가슴이 두근거릴 정도였다. 창문의 모양은 물론이고 하다못해 우편함 뚜껑 생김새까지도 일일이 새삼스러운 남의 나라를 걷는 일은 한층 더 짜릿했다. 뜻을 알아들을 수 없는 말소리는 그 어떤 음악보다 신선했고, 끼니때마다 거리로 풍겨 나오는 이국 음식의 향기는 더없이 매혹적이었다. 그래서 정말 겁도 없이 혼자서 이곳저곳을 쑤시고 돌아다녔다. 철거 직전의 현저동 판자촌부터 이탈리아 시골의 자갈투성이 바닷가 마을까지. 물론 런던 시내 오래된 동네의 구석구석까지도 말이다.

근데 언제부턴가 낯선 곳에서 잠자는 일만은 적잖이 신경 쓰이기 시작했다. 대학생 때는 싸구려 호스텔에서도 눈뜨면 아침일 정도로 쿨쿨 잘도 잤는데, 이젠 조금이라도 지저분해 보이거나 건축적으로 조잡한 숙소에선 몸과 맘이 불편해서 잠을 자도 제대로 잔 것 같지 않다. 그렇다고 내 집이 대단히 깨끗하고 정돈됐냐면 그건 아닌데도 말이다. 그저 익숙하지 않다는 것 때문에 이런 까탈스런 마음이 들다니, 이게 나이가 들었다는 증거인가 싶어 급 서글퍼졌다. 근데 아무래도 신경이 쓰이는 건 어쩔 수 없어서, 이제는 집에서 멀리 떨어진 곳에서 밤을 보내야 하는 일이 생기면 숙소 예약 사이트를 매의 눈으로 살펴서 예약한다. 인테리어뿐만 아니라 위치, 리뷰 내용까지 꼼꼼하게 체크해야 조금은 안심이 된다.

알고 보면 호텔은, 그 도시에 집이 없어서 잠시 머물러야 하는 사람에겐 비록 눈을 뜨고 있는 시간보다 눈을 감고 있는 시간이 더 많은 장소일 테지만, 동시에 그 도시를 기억하게 하는 중요한 공간임엔 틀림없다. 혼자 있게 되는 화장실에서 온갖 사소한 디테일이 눈에 들어오듯, 잠들기 직전의 고요한 호텔방도 그렇게 구석구석 뜯어보게 되는 공간이기 때문이다. 그래서 호텔 설계는 잘하려고 들면 한도 끝도 없이 까다로워서 집 설계 못지않게 어렵다. 아니, 어떤 점에서는 집보다 훨씬 더 난이도가 높을지도 모른다. 집만큼 머무는 시간이 길지는 않지만 집에서 하는 거의 모든 행동을 해야 하기 때문이다. 뿐만 아니라 지구 반대편의 그리스인 조르바가 와서 자더라도 이해하기 쉽게끔 만들어야 한다. 공간을 이해한다는 개념이 생소할 수도 있지만, 화장실처럼 어디에나 있어서 어려울 것 하나 없어 보이는 공간도 잘못 사용하면 고장이 날 수도 있기 때문이다. 바닥에 물 빠지는 구멍이 없는 욕실에서 물을 바닥에 흘렸다가 그 물이 아래층 객실의 침대 위로 똑똑

떨어진다면 얼마나 곤란하겠는가. 그 정도까지는 아니더라도 낯선 모양의 변기 앞에서 어떻게 일을 봐야 할지 몰라 당황한 경험이 한 번쯤은 있을 것이다. 양변기에 익숙한 세대는 재래식 변기를 보면 어느 방향으로 앉아야 할지조차 몰라 진땀을 흘린다고 하니까 말이다. 그래서 호텔은 수리할 일을 줄이기 위해서라도, 만국 공통의 표준적인 디테일로 지어지는 편이다. 물론 고장 날 우려가 없는 아이템은 호텔만의 개성을 드러내려고 노력하겠지만 말이다.

변기 2개 앞에 볼일 급한 사람

권력과 부를 뽐내는 것도 건축의 중요한 기능이다

호텔은 사실 밤을 보내는 용도 외에도 여러 가지로 쓰일 수 있는 공간이다. 물론 여기서 호텔도 호텔 나름, 즉 서비스의 종류나 수준에 따라서 여러 가지로 나뉜다는 것을 이야기하지 않을 수가 없겠다. 그야말로 딱 객실만 있는 호텔부터 시작해서 큰 회의는 물론이고 결혼식을 할 수 있는 컨벤션 홀에다가 널찍한 수영장마저 갖춘 호텔까지, 호텔이라는 하나의 이름을 가진 용도 안에서도 시설과 서비스의 수준 차이는 그야말로 천차만별이기 때문이다. 호텔이란 공간이 하룻밤 머무는 일을 해결해 주는 곳이다 보니 간단한 식사 서비스 정도까지 추가되는 건 자연스런 일이긴 하다. 도시에 있는 호텔이라면 굳이 식사 서비스를 제공하지 않아도 호텔 문을 나서자마자 보이는 식당에서 끼니를 해결할 수 있지만, 조금이라도 외진 곳에 있는 호텔은 토스트 쪼가리 같은 아주 간단한 아침 식사 정도는 제공해 주는 게 좋다. 그렇게 하지 않으면 아침부터 쫄쫄 굶은 손님들이 호텔의 무심한 서비스를 탓할 것임이 분명하기 때문이다. 다시 방문하지 말라고 고사를 지내는 것도 아니고 장사를 굳이 그렇게 할 필요는 없지 않은가. 또 외딴 곳에 있지 않아도 그렇다. 아침 댓바람부터 옷을 차려입고 호텔 문을 나서게 만들기보단, 슬리퍼를 질질 끈 편한 차림으로도 아침을 해결할 수 있게 해 주는 편이 훨씬 안락하게 느껴질 것이다. 그렇게 고객 서비스 차원에서 만들게 된 호텔의 식당이나 운동 시설을, 묵어가는 사람들만 쓰게 하기보다는 낮에 놀러 온 사람들도 돈을 내고 쓸 수 있게 하는 게 호텔 운영 측면에서 훨씬 이득이다. 그래서 특급 호텔일수록 숙박 못지않게 외식이나 피트니스 등 다른 기능의 비중이 커지게 된다. 그렇게 호텔은 어느덧 도시에서 사교의 장이자 호화스러움의 대명사가 된 것이다.

호화스러움. 럭셔리함. 이것도 기능이라고 할 수 있을까? 건축은 본디 추위와 들짐승을 피해 안전하게 발 뻗고 잘 수 있는 곳을 마련하려는 욕구에서 시작된 것이 아니었던가? 그런 기원을 생각하면 호화스러움 따윈 건축의 본질적인 기능이 아닐 것만 같다.

그러나 곰곰 생각해 보면 인간에게 부와 권력을 과시하려는 욕구 또한 제법 절실하고도 꽤 강력하다는 걸 알 수 있다. 수백만 원짜리 명품 백을 사려고 이른 아침부터 매장 앞에 줄을 서는 사람들이나, 자동차에 웬만한 집 한 채 값을 기꺼이 쓰는 사람이 얼마나 많은가. 샤넬이나 벤츠가 없던 시절엔 건축물이 사람들의 그런 과시욕을 충족시켜 주는 역할을 했다. 안전의 욕구가 건축을 점점 더 튼튼하게 만들었다면, 과시의 욕구는 건축을 점점 더 크고 웅장하게, 화려하고 정교하게 만들었던 것이다. 그런 욕망을 원동력 삼아 만들어진 건축은 오랜 시간이 지나도 관광지로 야무지게 활용된다. 특히 성과 궁궐 그리고 저택들은 남의 집을 구경하는 재미까지 주므로 인기가 많다. 또, 기능은 다르지만 과시하려는 목적은 크게 다르지 않은 종교 건축들도 일단 잘 지어 놓으면 후손들까지 넉넉히 먹여 살릴 수 있다. 지금껏 남아 있는 건축만 그렇겠는가. 그런 욕구는 훨씬 더 오래전부터 있어 왔음이 분명하다. 권력이나 부를 과시하는 건축적 언어는 그 어떤 가치보다 오래된 기원을 갖고 있는 셈이다.

옛날의 궁전이 지금의 호텔이 되다

런던에서는 아니었지만, 성을 호텔로 개조한 곳에서 하룻밤 머문 적이 있다. 유럽 어디에선가였는데, 숙박비가 결코 만만치 않았음에도 성에서 한번 잠을 자 보고픈 마음에 큰맘 먹고 지갑을 열었다. 막상 묵어 보니 허무하게도 별것 아니었지만. 아마 내가 잔 곳이 비교적 저렴한 편이어서였을 것이기도 하고, 옛 건물을 현대의 쓰임에 맞게 잘 고치는 일이 돈도 많이 들고 꽤 어려운 일이어서도 그랬을 것이다. 그래도 성이라는 형식 자체는 호텔과 아주 유사해서 바꿔서 쓰기 좋은 편이다. 일단 방이 여러 개고, 그만큼 여러 사람이 식사할 수 있는 방이나 모여서 놀 수 있는 큰 방이 있으니까. 그래서인지 세계적으로 성을 개조해서 호텔로 사용하는 사례는 적지 않다. 물론 우리나라처럼 그냥 옛 모습 그대로 보존해서 눈으로 구경만 하게 하는 관광지로 사용하는 경우가 더 많긴 하지만 말이다.

사실 지금의 특급 호텔은 옛날의 궁전과 여러모로 비슷한 기능을 하고 있다. 왕이 살던 궁전과 아무나 돈을 내고 묵을 수 있는 호텔이 어떻게 비슷할까 싶지만, 적어도 부와 권력을 과시하려는 인간의 욕구를 충족시켜 준다는 점에서는 그렇다. 궁전을 소유할 사람이 핏줄로 정해졌다면, 호텔을 소유할 사람은 부로 정해졌을 뿐이다. 물론 공간이 작동하는 메커니즘에도 차이가 있긴 하다. 옛날의 궁전은 으리으리한 공간을 보여 주며 사람들을 그저 기죽이면 그만이었지만, 지금의 호텔은 화려한 공간과 편안한 서비스, 고급스러운 이미지로 한 명이라도 더 많은 고객이 한 푼이라도 더 많은 돈을 쓸 수 있도록 만들려고 한다. 세상은 목적에 따라 모든 것이 한결 정교해지기 마련이라, 호텔은 궁궐에 비해 크기도 크기지만 화려함에 더 집착한다.

건축이 화려하고 고급스러우려면 어떻게 해야 할까

그러고 보면 건축이 고급스럽고 화려하다는 건 대체 어떤 것일까? 아니, 어떻게 하면 건물에서 그런 느낌을 받도록 만들 수 있는 것일까? 사실 건축적으로는 너무나 여러 가지 방법이 있다. 크기로 압도할 수도 있고, 엄청난 노동력이 들어간 공예품을 벽이나 기둥에 붙일 수도 있고, 금처럼 값비싼 재료를 벽에 바를 수도 있다. 아예 그 모든 걸 한꺼번에 다 하기도 한다. 그러나 모든 방법이 항상 가능한 것도 아니고, 보는 사람이 기죽는 분야도 시대마다 다르다. 그래서 땅이 많고 값싼 노동력이 풍부했던 옛날엔 크기와 공예품 같은 조각으로 웅장함과 화려함을 만들었다면, 공간적 제약이 많고 노동력이 비싸진 요즘에는 비싼 재료와 디자인된 가구, 분위기 있는 조명 같은 섬세한 디테일로 고급스러움을 만들어 낸다. 그렇게 해서 그 공간을 잠시 사용하는 데 돈을 지불한 사람을 만족시키려 노력하는 것이다.

그래서 호텔은 집이 없는 사람에게도 필요하지만, 집이 있는 사람에게도 필요한 공간이 된다. 자신의 돈과 권력을 남에게 과시하기 위해서, 그리고 때로는 스스로 누리기 위해서. 집을 호텔만큼 크고 화려하게 해 놓을 수 없다면 필요할 때 돈을 주고 그런 공간을 잠시 빌리는 것이다. 그래서 많은 사람들이 집에서도 할 수 있는 일을 호텔에서 대신 한다. 손님을 대접한다거나 누군가와 은밀한 시간을 가진다거나 그냥 하룻밤 잔다든가 하는 그런 일들 말이다. 그래서 특급 호텔은 눈이 튀어나올 만큼 비싸도, 아니 때로 비쌀수록 더 인기가 있다. 돈 쓰는 사람이 자기의 능력을 충분히 과시할 수 있기 때문이다. 물론 그만큼의 퀄리티가 따라 준다는 전제하에 그렇다.

위엄 있게 보이고 싶은 건물의 배치

건물 인테리어에서 혹은 건축물 자체에서 화려함을 표현할 수도 있지만, 건물이 대지에 앉아 있는 모습에서도 위엄을 표현할 방법이 있다. 건물을 길에 바짝 붙이지 않고 조금이라도 안쪽으로 들어간 곳에 앉히는 것이다. 사실, 동서고금을 막론하고 권위 있어 보이고 싶은 통치자의 건물은 길과의 사이에 앞마당을 끼워 넣어 왔다. 건물 앞에 마당이라는 공간의 켜가 있으면 건물 전체가 번듯하게 보이는 효과도 있고, 들어오려는 사람이 그 공간을 지나오는 동안 사람 눈에 띄기 마련이므로 저절로 보안의 기능을 하기 때문이다. 우리나라의 고급 호텔들도 그런 전략을 사용해서 건물 입구를 만든 경우가 많다. 웨스틴조선호텔이나 롯데호텔처럼 드롭 오프 존* 수준의 아담한 공간이든, 신라호텔이나 하얏트호텔처럼 제법 거대한 언덕이든 간에 하여튼 입구를 길에서 최대한 들여서 만들었다.

특급 호텔만 그렇게 만드는 것이 아니다. 우리나라는 관공서 같은 공공 건축도 어떻게든 앞마당을 만들고 건물을 안쪽에 배치한다. 국립 박물관이나 시청처럼 큰 건물은 물론이고 동사무소나 파출소 같은 조막만 한 건물까지도 앞에 기어이 마당을 만든다. 길에 바로 면해 있는 공공 건축은 우리나라에는

* *Drop off zone.* 차에서 사람이 내리는 장소를 말한다.

정말이지 거의 없다고 해도 과언이 아니다. 많은 사람이 오가는 건물이니 앞에 여유 공간이 있어야 한다고 생각하는 것이다. 그런데, 정말로 그럴까? 사실 나는 그 생각에 동의할 수 없다. 고급 호텔이야 오가는 사람이 아무나 들어오기보단 돈 쓸 만한 사람들만 들어오길 바라기에 그렇게 만드는 게 어느 정도 이해가 간다. 그러나 동 주민 센터나 시청, 박물관과 같이 누구나 들어갈 수 있는 건물은 권위 있게 보이기보다는 방문하는 사람이 한 걸음이라도 덜 걸어서 바로 들어갈 수 있게 만드는 편이 더 좋은 것 아닐까?

길에 다가와 옆 건물과 나란히 붙어 앉은 건물들

다들 런던 시내라 부르는, 런던에서 가장 밀도 높은 거리인 1존을 걸으면서 우리나라와 가장 많이 다르다고 느꼈던 부분은 사실 건물의 모습이 아니었다. 그보다는 거의 모든 건물이 도로 쪽 건축선• 에 맞추어 나란히 붙어 있다는 거였다. 어느 건물이 더 튀어나오지도, 쑥 들어가지도 않고 하나의 면을 만들면서 건물 사이의 틈이 전혀 없게 맞벽으로 딱 붙어 있다. 대체 언제부터 건물을 이렇게 지었을까. 런던은 1666년 대화재를 겪으며 도시의 4/5가 타 버려, 그때 거의 새로 지어진

• 도로와 접한 대지에 건축물을 지을 수 있는 선을 말한다.

계획도시다. 그러나 알고 보면 일부 길을 넓히면서 단 몇 개의 길만 새로 만들고 건물의 재료를 석재로 바꿨을 뿐, 기존 도시 조직을 대부분 그대로 유지한 채 다시 지었다. 지금의 모습은 더 정연하게 정리가 된 것일 뿐 화재 이전과 거의 비슷하다.

우리나라에도 건축선이 있던가? 있다. 하지만 우리나라의 건축선은 옆 건물과 나란히 맞춰 짓기 위해 지켜야 하는 선이라기보다는 도로 쪽으로 더 이상 튀어나오면 안 되는 한계선이라는 개념이 더 강하다. 그래서 건물이 건축선보다 안쪽으로 들어가는 건 얼마든지 괜찮다.● 그리고 결정적으로, 건물의 용도에 따라 지켜야 할 건축선의 위치가 달라진다. 게다가 일정 규모 이상의 큰 건물은 공개 공지라는 명목으로 건물 앞의 땅을 정해진 면적만큼 공중의 통행에 쓰일 수 있게 도로로 내놓아야 한다. 그만큼 건축물을 안쪽으로 들여서 지어야 한다는 뜻이다. 그런저런 이유로 우리나라 도시의 건물들은 건축물 전면이 들쑥날쑥하다.

반면 런던의 건축선은 도로 쪽으로 건물의 입면을 맞추어 짓기 위해 정해 놓은 선이다. 그래서 모든 건축물이 그 선에 맞추어 하나의 면으로 이어져 있다. 우리나라에도 그렇게 대부분의 건물 입면이 하나의 선에 맞춰진 거리도 있지만, 런던의

● 일부 신도시의 지구 단위 계획 구역에서는 런던처럼 건축선에 건물 입면을 맞추도록 요구하기도 한다.

거리는 더더욱 하나의 면으로 보인다. 건물들끼리도 딱 붙어 있기 때문이다. 사실 생각하면 놀라운 일이다. 대화재를 겪은 도시를 다시 지으면서도 이렇게 건물끼리 서로 딱 붙어 있게 지었다니.● 우리나라도 옆 대지 소유주의 동의를 받으면 그렇게 맞벽으로 지을 수 있긴 하지만 실제로 거리 전체가 그렇게 지어진 곳은 오직 명동뿐이다. 그 외 대부분의 지역은 화재 확산을 우려한 건축법 때문에 건물과 건물 사이가 적어도 1미터씩 떨어져 있다. 거기다 건물 전면도 하나의 면에 맞춰져 있지 않아, 슬프게도 서울의 모습은 런던에 비해 한결 산만하고 너저분해 보인다. 그게 뭐 그렇게 큰 차이일까 싶지만, 자세히 들여다보면 분명 차이가 있다. 건물과 건물 사이의 공간은 길도 아니고 주차장도 아닌, 실외기나 잡동사니를 두는 지저분하고 컴컴한 공간이 되기 마련이라서 그렇다. 그런 어두침침한 공간이 있느냐 없느냐에 따라 거리를 걸어가는 느낌은 분명 달라진다. 명동의 거리가 다른 거리보다 한결 깔끔하게 느껴지는 이유가 거기에 있다.

건물끼리 꼭 떨어져 있어야 할까?

우리나라 법에서 정해 놓은 바에 의하면, 대지 경계선에서 건

● 이렇게 건물끼리 벽과 벽을 맞대어 지은 방식을 맞벽 건축이라 부른다.

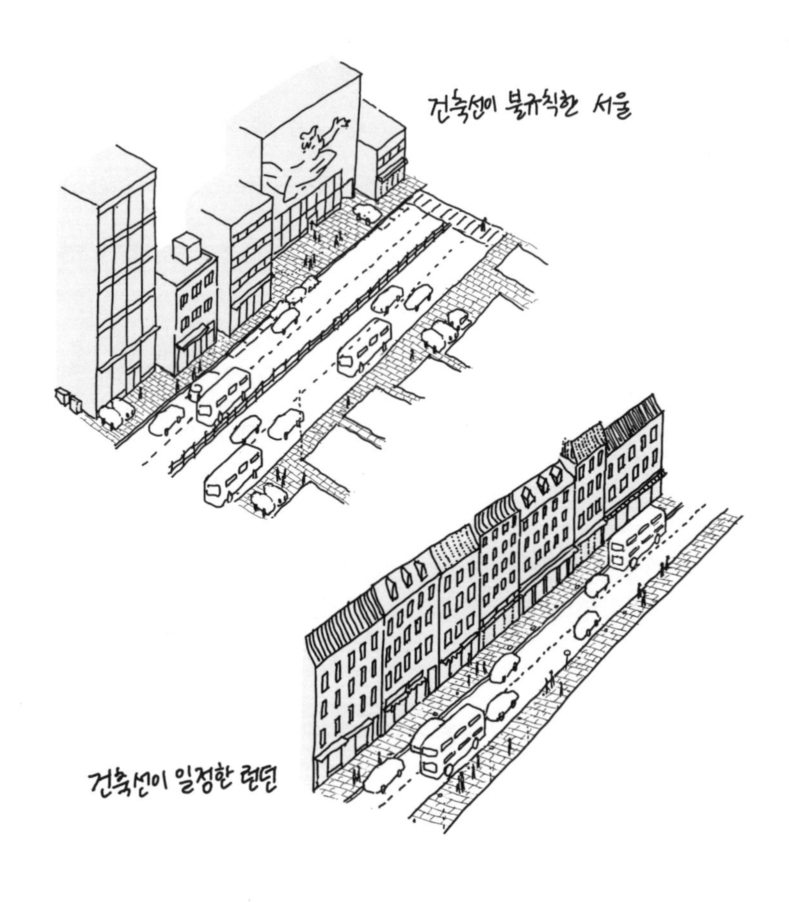

서울(위)과 런던(아래)의 건축선 비교

물을 떨어뜨려 지으면서 지켜야 하는 최소 거리는 0.5미터다.● 경계선 양편의 건물이 각각 그 최소 거리를 지키면 건물끼리 1미터의 간격을 두고 떨어지게 되는 것이다. 나는 건축 설계 일을 제법 한참 하면서도 그 법이 이상한 법이라고 생각

● 민법 제242조(경계선 부근의 건축).

해 본 적이 없다. 그저 도시에 건물을 지으면서 지켜야 할 옆 땅에 대한 예의라고 생각했다. 불이 났을 때 옆 건물로 번지지 않게 하기 위한 안전장치라고도 생각했다. 그러나 곰곰이 생각해 보면, 공간이 서로 붙어 있다고 해서 반드시 불이 번지는 것은 아니다. 그렇게 생각하면 아파트 같은 건물은 지을 수도, 지어서도 안 되는 건축 유형이다. 심지어 소방차의 호스가 닿지 못하는 고층 아파트는 아찔할 정도로 위험한 건물이다. 그러나 우리나라는 고층 아파트를 엄청나게 많이 지었고, 지금도 여전히 짓고 있다. 가끔 아파트에서 불이 나지만, 옆집으로 불이 번지지는 않는다. 런던도 그렇다. 맞벽 건축으로 지어진 도시지만 불이 옆 건물로 쉽게 번지지 않는다. 불연 재료를 쓰고, 소방 설비를 잘 갖추면 되는 것이다. 오히려 옆 건물과 벽을 맞대면, 좋은 점이 꽤 많다. 맞닿은 벽은 외장재를 덜 비싼 것을 써도 되고(때로는 아예 필요 없기도 하고), 단열도 덜 해도 되며, 결정적으로 도시에 때가 끼는 어두운 구석이 없어진다. 그래서 도시가 한결 밝고 깔끔해진다.

그뿐이 아니다. 같은 건축 면적으로 건물을 지어도 도시의 빈 공간이 훨씬 크고 쓸모 있어진다. 옆 건물과의 사이에 있는 그 좁은 사이 공간들이 건물 뒤편의 외부 공간과 합쳐지게 되면, 그리고 그 공간이 옆 건물의 외부 공간과도 이어지면 제법 널찍한 정원이나 주차장이 되어 뭔가 유용하게 쓸 수 있는 외부 공간이 되는 것이다.

고급 쇼핑가가 어떻게 만들어졌느냐가 도시에 미치는 영향

대부분의 건물이 도로 쪽 건축선에 닿아 있는 런던은, 당연히 특급 호텔도 그렇게 옆 건물과 나란히 건축선에 맞추어 지어져 있다. 공간의 고급스러움을 건물의 배치를 통해서 표현하는 건 런던에선 불가능하단 이야기다. 호텔뿐만이 아니다. 값비싼 물건을 파는 고급 매장들 역시 그렇다. 그래서 버버리나 에르메스, 샤넬, 루이비통, 아르마니 같은 매장들도 보도에서 단 한 걸음이면 들어갈 수 있다. 마치 발을 헛디딘 것처럼 슬쩍 비틀거리기만 해도 들어갈 수 있는 것이다. 그래서 난 런던에서는 그런 매장에 몇 번 들어갔었다. 우리나라 청담동이나 한남동에도 같은 브랜드의 매장이 있지만, 별로 들어가 본 적이 없는 것과는 대조적이다. 왜 그랬나 곰곰 생각해 보면, 서울은 런던과는 달리 주차 공간을 만드느라 매장이 길에서 대여섯 걸음 이상은 떨어져 있어서 그랬던 것 같다. 주차 구획 하나 정도의 길지 않은 거리지만, 방향 전환을 해서 걸어 들어가는 데는 상당한 용기와 굳은 의도가 필요한 것이다. 물론 우리나라도 백화점 안에 들어가 있는 매장은 보도에 면한 상점과 비슷하게 한 걸음만 떼어도 들어갈 수 있긴 하다. 하지만 백화점에서도 그다지 들어가게 되지 않았다. 다른 매장에 비해 출입구를 좁게 만들면서 다소 폐쇄적으로 꾸며 놓았기 때문이었다. 따지고 보면 건물에 들어가는 것과 비슷한 정도의 느낌이지만, 주변 매장들은 워낙 개방적으로 만들어져 있다 보니 그런 매장은 좁은 입구 안으로 발을 딛는 순간 점원의 이목이 확 쏠릴 것 같아 부담스럽다.

런던에도 백화점 안에 들어가 있는 매장이 있다. 하지만 백화점 매장보다 거리에서 바로 들어갈 수 있는 매장이 훨씬 인기가 많다. 거리에 면한 매장은 내부뿐 아니라 외부까지 건물 전체를 꾸밀 수 있어 그 브랜드만의 개성을 더 강하게 느낄 수 있기 때문이다. 무엇보다 이 글의 주제인 고급스러움을 표현하기에도 유리하다. 공간을 수직적으로 확장해서 쓸 수 있어서다. 꼭 고급 브랜드가 아니어도 돈 쓸 만한 가치가 있는 고품격 브랜드임을 표현해서 나쁠 건 없는 것이다. 그런데도 우리나라는 백화점이 쇼핑 공간으로서 훨씬, 압도적으로 인기가 많아서 대부분의 고급 상점들이 백화점이라는 거대한 건물 안에 살고 있다. 사계절 동안 40도를 넘나드는 극심한 기온의 변화를 창문 하나 없는 건축물이 두터운 외벽으로 막아 주니, 가벼운 옷차림으로도 쇼핑을 할 수 있어서일까. 아니면 바깥 길에는 없는 안전한 보행 환경 때문일까. 사실 그보다 더 큰 이유는 주차 공간 때문일 것이다. 99퍼센트의 시민이 대중교통으로 출퇴근하고, 아무리 백화점에서 쇼핑해도 무료 주차라고는 꿈도 꿀 수 없는 런던에선 시내로 쇼핑하러 가는 길에는 감히 차를 가져갈 생각을 하지 못한다. 반면 오로지 80퍼센트의 시민만 대중교통으로 출근하는 데다 한

끼 식사나 몇만 원 남짓한 쇼핑으로도 무료로 주차할 수 있는 서울의 백화점에 갈 때는 다들 어떻게든 자동차를 가지고 가기 때문이다.

사실 쇼핑을 백화점에서 하든 길거리 상점에서 하든 무슨 상관인가 싶을 것이다. 런던에도 백화점이 있고 대형 쇼핑센터도 있고, 서울에도 많지 않긴 해도 고급 상점의 거리가 있는데. 그러나 창도 없는 거대한 박스로 된 백화점 안에서만 대부분의 쇼핑이 이루어진다면 도시는 분명 삭막해질 것이다. 길을 걷는 사람이 거의 없는 도시가 유령 도시가 아니고 뭔가. 거리에 사람이 많을수록 건강하고 안전한 도시가 되는 건 너무나 당연한 일이다. 그렇게 하려면 거리를 걷는 일이 즐거워야 한다. 볼거리가 많고, 때로는 들어가서 만질 수도, 먹을 수도 있는 가게가 쭉 있어야 걷는 일이 즐거워진다. 우리나라 사람들에게 가장 인기 있는 외국 관광지는 그렇게 길 따라 작은 가게들이 줄지어 있는 곳이라고 한다. 근데 외국이 아니라 지금 살고 있는 우리나라가 그렇다면 더 좋지 않을까? 백화점은 건물 안에서만 사람을 맴돌게 하지만, 거리를 걸으며 쇼핑하는 사람은 더 멀리, 더 넓게 움직이며 길로 이어진 도시를 점점 더 넓은 범위에서 살아 있게 만든다. 결국은 그런 도시를 고급스러운 도시라고 할 수 있는 것이 아닐까.

22장

약자를 배려하는 방법

수영장, 화장실의 유니버설 디자인

모두를 위한 디자인이란 개념조차 낯선 우리

런던에서 일할 때, 지하철 잠실역과 광역 환승 센터를 잇는 지하 광장 설계 프로젝트에 참여한 적이 있었다. 그 지하 광장은 2개의 역뿐만 아니라 2개의 백화점 출입구와도 연결된 거대한 규모였는데 아무튼 광장 바닥이 잠실역보다 2미터 정도 낮았다. 그래서 잠실역과 연결하기 위해서는 2미터의 높이 차이를 극복해야 했다. 그때 함께 일했던 영국인 프로젝트 리더는 흔히 하듯이 계단으로 연결하는 대신 은근하고 완만한 경사 바닥으로 연결하려고 했다. 그러나 그의 계획안은 한국의 로컬 사무실로 전달되어 허가권자인 공무원과의 협의 과정을 거친 뒤에는 넓은 계단과 폭 좁은 경사로 세트로 바뀌어야 했다. 휠체어를 탄 장애인을 '위해서'는 별도의 경사로

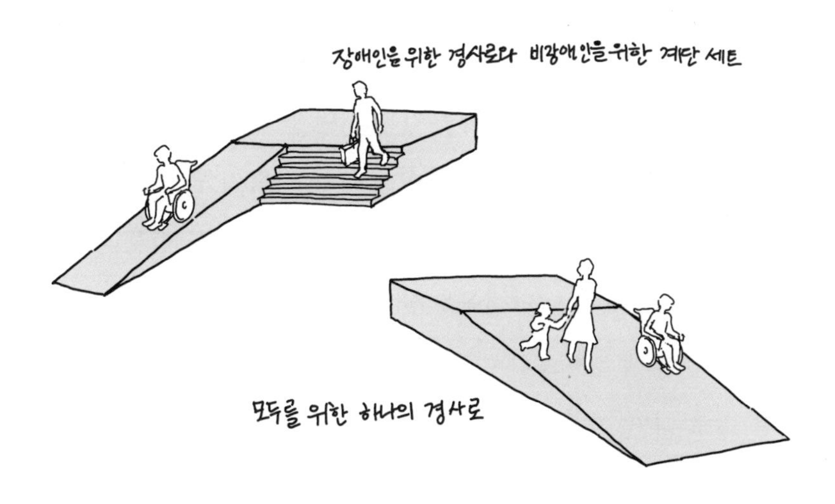

계단과 장애인용 경사로(왼쪽) vs 모두를 위한 경사로(오른쪽)

를 만들어 줘야 한다는 이유였다. 영국인 건축가는 그런 논리를 도저히 이해할 수 없다며 그가 계획한 광장의 경사도처럼 은근한 분노를 표현했다. 경사진 광장의 한쪽에 핸드레일을 만들면, 거기가 별도의 경사로가 되지 않느냐며 변경 요구에 반항하려고도 했다. 감히 우리나라 공무원에게 그런 식으로 개기려고 하다니 용감한 건지 무모한 건지 옆에서 지켜보는 나는 어리둥절했다. 그러나 그의 이야기를 들어 보니 분명 수긍이 되는 지점이 있었다. 우리와 그들은 장애인을 위한 배려의 최종 목적지, 지향점부터가 달랐다.

우리나라에서 장애인을 위하는 방법은 그들만을 위한 특별한 무언가를 더 만들어 주는 것이다. 계단 옆의 경사로라든가, 세면대 옆의 손잡이라든가, 다른 데보다 폭이 넓은 게이트 그리고 휠체어를 탄 파란색 장애인 로고가 커다랗게 붙은 화장실 같은 것들. 그걸 최선의 배려라고 생각하기 때문이다. 반면 영국은 장애인을 위해 무언가를 더 만들기도 하지만, 할 수만 있다면 장애가 있는 사람이든 없는 사람이든 구분 없이 똑같은 시설을 똑같은 방법으로 사용할 수 있게끔 만들려고 노력한다. 그래서 여닫이문도 버튼을 누르면 자동으로 열리고, 계단 옆에 경사로가 따로 있기보다는 경사로만 만들어 같은 길로 다 같이 들어갈 수 있게끔 만든다. 장애인인지 아닌지를 구분해서 다른 길로 가게 만드는 건, 분명 배려로 시작했음에도 어느 지점에서 누군가에게는 차별로 느껴질 수도 있기 때문이다.

그렇게 모두가 같은 방식으로 공간을 사용할 수 있는, 구분에 따른 차별이 없는 디자인을 유니버설 디자인이라 부른다. 영국에서는 장애인을 위한 시설을 디자인할 때 이런 유니버설 디자인을 가장 차원 높은, 훌륭한 디자인으로 평가한다. 참으로 인권 감수성이 높은 디자인 정책이다. 그런 문화에 익숙했기에 영국인 건축가는 계단 대신 완만한 경사로만 만들려는 디자인을 계단과 좁은 경사로로 바꾸라는 한국 허가권자의 요구가 도저히 납득이 되지 않았던 것이다. 그로부터 10년이나 지난 지금까지도 모두를 위한 디자인이란 개념조차 낯선 우리나라와는 좁힐 수 없는 간극이었다.

같은 길로 간다는 것의 의미

한국으로 돌아와 사무실을 열고서 했던 첫 번째 프로젝트인 울산 북구의 매곡도서관은 공모전에서 당선된 프로젝트였다. 공모전 당선이 의미하는 것은, 공모전의 계획안대로 설계하고 지어질 권리가 있다는 것이다. 그건 우리로선 참으로 다행스런 일이었다. 매곡도서관의 설계는 여느 도서관과는 달리 특이한 점이 많았기 때문이다. 그리고 무엇보다 유니버설 디자인이 적용된 설계였다. 애초부터 염두에 두고 디자인한 것은 아니었지만, 설계 개념을 어른과 아이가 함께 편안하게

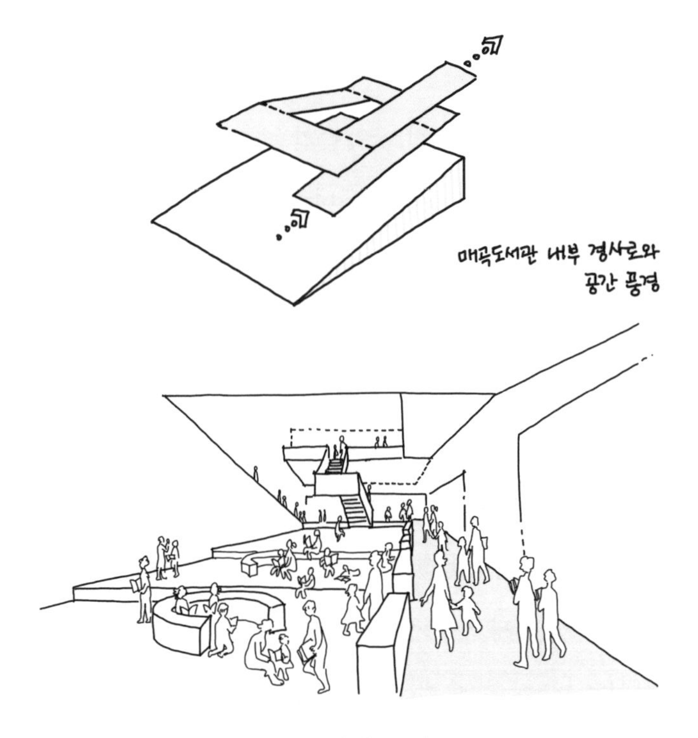

매곡도서관 내부 모습

거닐며 책을 읽을 수 있는 도서관으로 잡고 보니 자연스레 도서관의 열람실 전체를 완만한 경사로로 연결하게 되었다. 매곡도서관은 입구로 들어가면 바로 나타나는 어린이 열람실에서부터 경사로가 시작되는데, 그 길을 따라 걸어가다 보면 여러 레벨의 열람실에 갈 수 있고 심지어 2층에 있는 일반 열람실에까지도 갈 수 있다. 대부분의 건물에서는 휠체어를 탄 사람이 다른 층으로 가려면 승강기를 타야 하지만, 매곡도서관에서는 다른 사람과 함께 경사로로도 갈 수 있는 것이다.

다른 층의 열람실에 승강기를 타고 가든 경사로를 따라 올라

가든 갈 수만 있으면 되지 그게 무슨 차이인가 생각할 수도 있다. 모로 가도 서울로 가면 된다는 논리다. 그러나 사당역에서 서울역까지 4호선을 타고 컴컴한 지하로만 가는 거랑, 강남과 강북의 길을 구비구비 거쳐 버스를 타고 가는 것은 그 경험의 결이 결코 같지 않다. 건축물도 마찬가지다. 버튼 하나 누르면 다른 층에 도착할 수 있게 만든 승강기가 편리한 이동 수단이 될 수 있을지는 몰라도, 끊임없이 변화하는 빛에 따라 건축물의 공간이 반응하며 만들어 내는 조화의 아름다움을 느끼고 경험하게 해 주지는 못한다. 휠체어를 탔다는 이유로 승강기로만 올라가야 한다면, 그래서 그런 건축적 경험을 할 기회를 놓치게 된다면 이동이 불편한 사람을 위한 공간의 구분이 서글픈 차별이 될 수도 있는 것이다. 같은 길로 갈 수 있게 만드는 유니버설 디자인은 그래서 적지 않은 의미가 있다.

오히려 유니버설 디자인을 가로막는 과도한 규제

매곡도서관 내부의 경사로는 기울기가 1/12이다. 이 기울기는 마침 도서관이 자리 잡아야 했던 땅이 이미 가지고 있던 기울기였다. 뿐만 아니라 당시 법적으로 장애인이 이용할 수 있다고 인정한 실내 경사로의 최소한의 기울기와도 같았다. 즉, 이보다 완만한 건 괜찮지만 더 가파른 길은 장애인용 경사로로 인정해 주지 않겠다는 뜻이다. 그래서 우리는 건물 내부의 경사로와 건물 바깥의 경사로를 나란히 같은 기울기로 만들 수 있었다. 건물 안과 밖이 나란히 이어져 땅에 편안하게 앉으면서도, 모든 열람실이 그 경사로라는 실에 꿴 듯 이어졌다. 설계한 사람으로서 이런 말을 하긴 그렇지만, 참 모든 게 맞아떨어진 설계였다.

그런데 슬픈 사실이 한 가지 있다. 앞으로는 매곡도서관과 같은 설계의 건물은 나오기 힘들어졌다는 것이다. 그 이유인즉 모든 공공 건축을 무장애 공간으로 만들기 위해 BF 인증 제도•를 본격적으로 시행하게 되었기 때문이다. 법에서 정한 실내 경사로의 최소 기울기는 1/12이지만 우수 등급 인증을 받으려면 한층 강화된 1/18로 훨씬 더 완만하게 만들어야 한다. 휠체어를 탄 사람이 이용하는 길을 더 완만하게 만든다는 건 얼핏 보면 나쁜 건 아니다. 힘을 덜 들이고도 올라갈 수 있고, 분명 내려올 때도 덜 위험할 것이다. 그러나 인증 점수를 빌미로 기울기 기준이 그렇게 강화되면, 우리나라 건물은 유니버설 디자인, 즉 모든 사람이 같은 길로 갈 수 있는 설계로 만들어질 가능성이 확 줄어든다. 게다가 1/18은 걸어가는 사

• 장애물 없는Barrier Free 생활 환경 인증 제도. 어린이, 노인, 장애인, 임산부뿐만 아니라 일시적인 장애인들이 개별 시설물, 지역을 접근·이용·이동함에 있어 불편을 느끼지 않도록 계획·설계·시공·관리 여부를 공신력 있는 기관이 평가하여 인증하는 제도다. 모든 공공 건축물은 설계 과정에서 예비 인증을 받아야 하고, 시공 과정에서는 본인증을 받아야 한다.

람이 층을 이동하기 위해 지나가기엔 너무 길고 지루한 기울기다. 1미터를 올라가기 위해서 18미터를 걸어야 한다는 뜻이니까. 더군다나 여럿이 사용하는 도서관 같은 건물은 층고가 충분해야 해서 적어도 4미터는 되어야 하는데, 한 층을 올라가려면 72미터를 걸어야 한다는 뜻이다. 기울기가 1/12이었을 때는 48미터만 걸으면 되었는데 말이다. 경사로가 길어지면 건물 길이도 훨씬 더 길어져야 하니 도시에 그런 긴 건물 짓기가 어디 쉽겠는가. 이렇게 기준이 강화된 것은 경사로의 기울기뿐만이 아니다. 무장애 공간을 위한 모든 기준은 점점 더 강화하는 쪽으로만 바뀌어 왔다. 근데 그렇게 강화되면 강화될수록 함께 쓰기는 더 어려워진다.

BF 인증 - 무장애 공간 인증 제도의 한계

매곡도서관 설계를 시작하던 2015년만 해도 BF 인증 제도는 시행 초기여서 그렇게 모든 기준이 과하지 않았다. 근데 최근 몇 년간 다른 건물 설계를 하며 BF 인증을 받아 보니 이 인증 제도가 아주 사람 뒷목을 잡게 하는 방향으로 변했다는 걸 알게 됐다. 건축물 설계에 대해 아주 시시콜콜한 것까지 이래라저래라 하는 데다, 법적 근거가 없는 것까지도 요구하기 때문이다. 어떤 식이냐 하면, 아이들의 놀이 공간이 있는 건물에 외부의 마당으로 연결되는 40센티 높이의 턱(마당 쪽에서는

툇마루 위 난간

40센티 높이의 툇마루가 된다)에도 안전을 위해 난간을 설치하라는 식이다. 하지 않으면 건물을 사용할 수 없게 인증을 해주지 않겠다고 (협박)한다. 고작 40센티 높이에 난간을 설치하라니 그럼 벤치는 물론이고 외부 스탠드형 좌석도 다 그렇게 난간을 설치해야 한다는 건가. 인증 기관의 횡포가 어이없었지만 그동안의 경험에 의하면 이런 일로 씨름하는 건 승산도 없거니와 힘만 빼는 일이라, 필요하면 당겨 올려서 난간으로 만들었다가 필요 없을 때는 가구 속에 넣을 수 있는 40센티 높이 정도의 수납형 난간으로 설계했다. 근데 나중에 보니 인테리어 업체가 설계도면을 무시하고 고정형 난간으로 만들어 버렸다. 그것도 높이가 1미터가 넘는 거대한 놈으로 말이다. 그 모습이 너무 기괴해서 어리둥절할 정도였다. 인증 기관은 유니버설 디자인의 뜻을 알고는 있는 걸까?

인증 제도가 시행된 지 10여 년이 훌쩍 지난 지금, 우리나라는 과연 장애인들에게 더 살기 좋은 공간이 되었을까? 설계하는 사람으로서 그동안 무장애 공간에 썼던 에너지와 열받음을 생각하면 분명 우리나라는 극적으로 좋아지고도 남아야 했다. 그러나 현실은 안타깝게도 그렇지 않다. 그 에너지가 법에도 없는 기준을 맞추기 위해 엄청나게 디테일하고 사소한 구석들에, 그리고 결정적으로 새로 짓는 건물 안에만 머물러 있었기 때문이다. 인증제에서 요구하는 기준대로 설계하고 짓게 만드는 동력은 그 인증을 받지 않으면 건물을 지어도 사용할 수 없게 하겠다는 허가권자의 횡포에 바탕을 두고 있다. 즉 건물 사용 허가를 빌미로 건물을 짓는 자가 돈을 내서 만들게끔 한 것이다. 그런데 정작 그 건물에 가기 위해 타야 할 교통수단이나 길 자체는, 휠체어 사용자는 고사하고 사지 멀쩡한 사람도 다니기에 위험하고 불편하게 되어 있다. 그런데도 길이나 교통수단을 돈 들여 고치려는 노력은 별로 하지 않는다. 오죽하면 장애인 단체가 출근 시간의 시민들을 볼모로 지하철에서 시위를 하겠는가.

유럽의 선진국들에 비하면 우리나라는 휠체어 사용자가 훨씬 적어 보인다. 그런데 그 이유가 실제로 그 수가 적기 때문이 아니라, 휠체어를 타고 돌아다니는 일이 너무 불편해서 밖으로 나오지 못하기 때문이라는 건, 이미 한 번쯤 들어 본 이야기일 것이다. 이렇게 열악한 환경이니 유니버설 디자인은 고사하고 일단 뭐라도 만들게 하는 무장애 인증 제도는 감지덕지인 상황이긴 하다. 그러나 그 기준이 너무 강한 데다 인증까지 받을 만큼 복잡하고 어려운 일이라는 생각엔 동의할 수가 없다. 법을 지켜 만드는 일에 인증이 있어야 한다면 세상 모든 일이 다 인증 덩어리가 되어야 할 것이다. 게다가 그 과정에서 법에도, 기준에도 없는 내용을 강요하는 지금의 인증 제도는 법이라는 이름을 쓴 폭력임에 다름없다.

진정 차별이 없는 디자인이란 성별도 구분하지 않는다

사실 모두를 위한 디자인은 휠체어를 타야 하는 보행 약자가 차별 없이 공간을 경험하는 것보다도 한 차원 더 높은 수준의 목표를 가지고 있다. 그건 바로 어떤 신체적 차이에 의해서도 차별받지 않도록 하는 것이다. 그건 우리나라에선 여전히 너무도 당연한 남자와 여자라는 성의 구분까지도 포함하는 개념이다.

성별의 구분이 없는 공간이라니, 상상이 안 갈지도 모르겠다. 어쩜 그보다도 성별의 구분을 왜 없애야 하는지부터도 납득이 안 될지도 모르겠다. 그만큼 우리나라는 주민 등록 번호부터 모든 사람은 남자 아니면 여자라고 명확하게 구분하고 있기 때문이다. 하지만 성별은 인종과 마찬가지로 스펙트럼에 가까운 개념이다. 백인과 흑인뿐만 아니라 그 중간에 있는 사람도 있듯이, 성별에도 여자와 남자뿐만 아니라 그 중간에 있는 사람도 분명 있다. 몸은 남자인데 성적 정체성은 여자인 사람이나, 그 반대의 경우도 있다. 스스로를 남자도 여자도 아닌 중간의 존재로 느끼는 사람도 있다. 그런 사람들은 성별이 명확하게 구분된 공간에서 어떻게 해야 할까. 화장실처럼 꼭 이용해야 하는 공간 앞에서 다른 사람의 시선 때문에 두려움을 느끼게 될 수도 있지 않을까. 그래서 성별의 구분 역시 누군가에겐 폭력이 될 수 있음을 생각해 봐야 한다.

나는 영국의 대학교에서 그런 성별의 구분이 없는 공간을 처음 경험했다. 건축 대학의 화장실에는 남녀를 구분하는 표시 없이 각각 변기와 세면대가 있는 작은 화장실이 줄지어 있었다. 학교의 화장실은 그냥 아무 표시도 없었지만 아예 표지판부터 모든 성이 사용할 수 있음을 표시한 성중립 화장실이 유럽을 중심으로 점점 늘어나고 있는 추세다. 화장실뿐만이 아니다. 런던은 수영장도 그렇게 성의 구분이 없는 공간으로 만든다. 난 런던에서 실내 수영장에 딱 두 번 갔는데, 한 번은 아이들과 함께 한 번은 혼자 갔다. 아이들과 갔을 때는 가족 탈의실에서 옷을 갈아입어서 다른 탈의실이 어떻게 생겼는지 보지 못했는데 혼자 갔을 때는 어떻게 생겼는지 유심히 볼 수 있었다. 탈의실이 우리나라처럼 성별로 나뉘어 있는 것이 아니라 그냥 하나의 공간에 여러 개의 칸막이를 줄지어 넣은 형식으로 만들어져 있었다. 남자든 여자든 아니면 그 중간 어딘가의 존재든 그저 칸막이 안에 들어가서 각자 옷을 갈아입으면 되는 것이다. 샤워는 수영복을 입고 수영장 한 켠에서 간단하게 할 수 있게 되어 있다. 샴푸는 물론이고 린스에 보디 워시까지 샤워용품을 한 바구니 챙겨 가서 때까지 밀면서 거하게 샤워를 해야 개운하다고 느끼는 우리나라 수영장 문화에 익숙해진 나는, 마치 휴지가 똑 떨어진 화장실에 들어가서 일 보고 나온 것마냥 찝찝했다. 그러나 자주 가면 익숙해질 것임이 분명했다. 지금의 우리나라 수영장에도 가족 탈의실을 만들듯이 성중립 탈의실을 만들어 프라이버시를 지키고 싶은 사람이 이용할 수 있게 만들면 좋을 것이다.

남녀 구분이 없는 화장실이나 탈의실이라니, 위험한 공간이 되지 않을까 걱정될지도 모르겠다. 그러나 곰곰 생각해 보면 정작 위험한 공간은 지나가는 사람의 시선이 닿지 않는 중간 공간이지 한 명이 겨우 들어가는 화장실이나 탈의실 자체가 아니다. 폭행 등의 사건이 일어난 화장실들을 자세히 살펴보라. 그 장소는 언제나 화장실의 문 안쪽, 세면대가 있는 화장실의 공용 공간이었다. 누구나 들어갈 수 있지만 바깥에서는 그 안이 쉽게 보이지 않는 곳 말이다. 여자 화장실은 다른 남자는 들어올 리 없다는 생각에 범행 장소가 되었을지도 모른다. 그렇게 생각하면 철저히 개인적인 공간이 되어야 하는 공간 말고는 오히려 지나가는 사람에게 잘 보이는 편이 안전하다고도 할 수 있다. 집의 현관처럼 말이다. 아무래도 나쁜 짓은 남의 눈을 피할 수 있는 곳, 들킬 염려가 적은 곳에서 하기 마련이니까.

그래도 목표는 수준 높게

우리나라는 아직까지 모든 공간에 성별의 구분을 엄격하게 하는 편이다. 탈의실은 말할 것도 없고 화장실도 그렇다. 특히 무장애 공간의 설계 기준은 장애인용 화장실에 반드시 성별 구분을 분명히 하도록 강제하고 있다. 어쩌다 남녀 공용으로 장애인 화장실을 만들면, 장애를 이유로 한 차별이라고 난리가 난다. 그런데 영국은 오히려 그 반대다. 다른 화장실은 몰라도 장애인 화장실만큼은 성별 구분을 하지 못하도록 하고 있다. 첫 번째 이유는 휠체어 사용자를 도와주는 사람이 반대편 성일 수 있기 때문이고 또 다른 이유는 성별의 구분이 성적 정체성을 기준으로 한 차별이 될 수 있기 때문이다.

그동안 우리나라 건축에 마련된 장애인의 편의를 위한 시설의 수준은 선진국에 비해 한참 뒤처졌던 건 사실이다. 하지만 없는 것보단 낫다는 생각이나 기준은 강할수록 좋다는 단순한 가치관을 가지고 접근하다 보면, 모두를 위한 배려라는 수준 높은 목표로부터 오히려 멀어질 수도 있다. 장애가 있는 사람뿐 아니라 성적 구분이 모호한 사람도 함께 생각하고 배려하는 사회, 아니 그 어떤 신체적 차이로도 차별받지 않는 사회, 그런 사회야말로 우리가 목표로 해야 할 사회가 아닐까. 아무리 그런 사람의 수가 적다 해도, 화장실을 갈 권리를 존중받지 않아도 될 만큼 하찮은 사람은 없을 테니까.

어떤 건물이 근사한가?
함께 먼 산을 볼 권리

고층 건물과
저층 건물

시골처럼 낮은 건물들의 도시, 런던

런던에 처음 도착했을 때, 좁은 길과 낮은 건물들로 이루어진 시골스러운 풍경이 사실 조금 실망스러웠다. 시골을 싫어하는 건 아니지만, 무언가 새로운 걸 보고 배우려 큰맘 먹고 지구 반대편까지 날아온 내게, 세계적인 대도시의 모습이 이렇게까지 심하게 소박하다는 건 아무래도 당황스런 일이었다. 무엇보다 건물들이 죄다 5층도 안 되는 저층이란 게 가장 충격적이었다. 10층 정도의 아파트는 가뜬한 마음으로 재건축하는 초고층 도시 서울에서 오래도록 살아온 나에겐, 런던의 모습은 대도시라기엔 밀도가 낮은 만큼 긴장감이 떨어져 보였다. 그나마 위안이 되는 건 건물들이 낡긴 했어도 색채의 사용이 조화롭고 형태가 정돈되어 있다는 것과 녹지가 많아 풍경이 따뜻하게 느껴진다는 것 정도였다.

우여곡절 끝에 집을 구하고 찬찬히 집 근처 동네부터 둘러보니 그제야 건물들이 층도 낮지만 건폐율• 또한 무척 낮다는 사실이 보이기 시작했다. 우리가 살게 된 집만 해도 그랬다. 땅에서 건축물이 차지하고 있는 면적을 건축 면적이라 하는데, 건물이 차지하고 있는 땅보다 정원으로 쓰이는 비워

• 건폐율은 대지에서 건축물이 차지한 부분과 차지하지 않은 부분의 바닥 면적을 비율로 나타낸 것이다. 건폐율이 높을수록 건축물이 차지한 면적이 많다는 뜻이고, 반대로 건폐율이 낮으면 건축물이 차지한 땅보다 비어 있는 대지의 면적이 많다는 뜻이다. 도시의 과밀을 방지하여 위생적이고 안전한 환경을 만들려는 취지로 만든 기준이다.

둔 땅이 훨씬 더 넓었다. 이 정도면 도면으로 굳이 계산해 보지 않아도 대충 30퍼센트도 되지 않는 건폐율이었다. 층수도 2층에서 4층 정도니 건축물의 바닥 면적 대비 땅의 면적인 용적률●로 계산해 보면 100퍼센트에도 한참 미치지 않는 낮은 밀도다. 서울에서 이 정도 밀도에 그나마 가까운 건 건폐율 50퍼센트와 용적률 100퍼센트인 1종 전용 주거 지역이다. 그러나 서울에는 이제 1종 전용 주거 지역은 거의 남아 있지 않다. 단독 주택 동네로 유명한 연희동, 평창동, 성북동, 그리고 강남의 극히 일부 지역만 1종 전용 주거 지역으로 남아 있을 뿐이다. 가장 많은 비율을 차지하는 지역은 건폐율 60퍼센트에 용적률이 200퍼센트인 2종 일반 주거 지역이다. 바꿔 말하면 주택이 대부분인 동네조차 서울이 런던에 비해 건물의 밀도가 2배 정도 높다는 뜻이다.

그렇다고 서울이 런던보다 전체적으로 건물의 밀도가 높으냐, 그건 또 아니다. 일단 런던의 시내 중심부는 주거 지역보다는 밀도가 상당히 높다. 건축물의 모든 바닥 면적을 합한 면적과 땅 면적 사이의 비례인 용적률로 비교하자면, 서울의 용적률은 런던의 용적률보다 오히려 낮다고 한다. 런던이 땅의 면적에 비해 건물의 바닥 면적이 더 많다는 뜻이다. 그런

● 용적률은 대지 위에 있는 건축물의 모든 바닥 면적의 합을 대지 면적과의 비율로 나타낸 것이다. 용적률이 높을수록 건물의 볼륨이 커지는데 보통 층수가 높아진다.

데 체감상 서울이 훨씬 더 밀도 높게 느껴지는 건 왜일까? 몇 가지 이유가 있다. 일단 건축물의 높이 때문이다. 서울은 건축물의 높이가 런던보다 훨씬 높다. 거리에 서서 건물들을 바라보면, 고개를 위로 번쩍 쳐들어야 건물의 머리끝이 보일 정도다. 그렇게 높긴 하지만 그런 건물과 다음 건물 사이가 비워져 있기에 실질적인 용적률은 낮은 것인데 거리에서 보면 그 빈 공간 너머로 뒤의 건물이 보이므로 건물이 꽉 차 있는 것처럼 보인다. 그래서 층이 높은 건물이 많으면 도시의 밀도가 훨씬 높아 보이는 것이다.

런던은 건물 높이가 낮은데도 어떻게 그렇게 밀도가 높을 수 있을까? 앞서 이야기했듯 런던은 건물과 건물 사이가 딱 붙어 있다. 그래서 런던 시내는 건물들이 5층 정도로 낮아도 300퍼센트 이상의 용적률을 가지고 있다고 한다. 반면 서울은 5층짜리 건물은 쪼꼬미 건물로 보일 만큼 높은 건물이 많지만 건물과 건물 사이가 많이 떨어져 있어서 실질적인 바닥면적의 합은 오히려 런던보다도 적다는 것이다. 우리나라의 건축법은 여러 가지 방법으로 건물을 대지 경계선에서 떨어져 짓게 하는데, 건물 규모가 커지면 더 많이 떨어져 짓게 하기 때문에 크고 높은 건물일수록 건물 사이의 간격도 같이 넓어진다.

낮은 건물의 도시 vs 높은 건물의 도시

낮은 건물이 꽉 차 있는 도시와 높은 건물이 듬성듬성 있는 도시. 당신은 어떤 도시가 더 좋은가? 나는 높은 건물이 있는 도시는 콧대가 높고 시원하게 잘생겼지만 조금은 쌩한 사람 같고, 낮은 건물이 꽉 차 있는 도시는 콧대도 낮고 눈에 띄는 외모는 아니지만 성격만은 조곤조곤 다정한 사람 같다는 생각을 하곤 한다. 그저 생김새만 가지고 하는 이야기가 아니다. 실제 공간의 느낌도 그렇다. 건물과 건물이 서로 떨어져 있으면 거리의 공간 자체는 넓고 시원해 보일지 몰라도 건너편 건물의 사람과 만나서 이야기할 일이 줄어든다. 절대적인 거리가 멀기도 하거니와, 건물의 1층을 대부분 로비 공간이 차지하기 때문이다. 층이 많은 고층 건물은 올라가야 할 사람이 많은 만큼 로비 공간도 비례해서 커져야 한다. 그래야 여러 사람이 들락날락하면서 승강기를 기다리거나 한꺼번에 쏟아져 나올 때 안전하게 쓸 수 있기 때문이다. 또 그 건물의 얼굴과 같은 역할을 하기 때문에 고층 건물의 로비는 통유리로 된 커다란 창과 높은 층고를 가진 화려하고 개방감 있는 공간으로 만든다. 하지만 그 건물에 방문하려는 사람만 들어올 수 있게 하는 경우가 대부분이라 알고 보면 꽤 폐쇄적인 공간이다. 그래서 고층 건물들이 늘어선 가로는 생각만큼 그 길을 지나가는 사람에게 다정하지 않다.

반면에 저층 건물들은 그런 큰 로비 공간이 필요 없다. 기껏

해야 5층까지 올라가야 하는 건물이니 승강기 앞의 작은 공간이면 충분하다. 그래서 저층 건물들은 로비 대신 1층에 상점을 만드는 경우가 많다. 건물 자체도 옆 건물과 딱 붙어 있고, 건너편 건물과도 가까이 있어서 상점의 밀도가 높아지면 거리는 더 활기를 띠게 된다. 게다가 상점은 로비에 비해 지나가는 사람에게 훨씬 친절하다. 그럴 수밖에 없다. 그 사람에게 무언가를 팔아야 하니까. 그렇게 건물이 친절하고, 그런 건물이 모여 있는 길이 결국 친절한 길이 되는 것이다.

그래서 나는 낮은 건물이 옹기종기 모여 있는 도시가 첫눈엔 좀 허름해 보일지 몰라도 훨씬 좋다. 멀리서 보기엔 콧대 높은 사람이 근사해 보일지 몰라도, 가까이 두고 벗하기엔 다정한 사람이 좋은 것처럼 도시도 그러하다. 그래서 시골스럽다 생각했던 런던에 점점 정이 들기 시작했다. 솔직히 런던 사람들은 그다지 다정하지 않았지만, 적어도 상점의 점원은 친절한 편이었고 그런 상점이 텅 빈 로비보다는 다정한 공간으로 느껴졌기 때문이다.

하늘과 먼 산을 바라볼 권리는 어디에

고층 건물이 아쉬운 점은 또 있다. 더 많은 사람이 함께 누려야 할 도시의 전망을 그 건물에 올라간 일부의 사람만 독점하게 만든다는 점이다. 우리는 높은 고층 건물을 보면 막연히 전망이 좋겠다고 생각한다. 그러나 곰곰이 생각해 보면 그 전망을 누리는 사람은 그 건물에 올라간 사람이지 그 건물 바깥에 있는 사람은 아니다. 오히려 그 건물 바깥에 있는 사람은 그 건물 때문에 건물 너머의 풍경을 보지 못한다. 그건 생각보다 상당히 도시를 답답하게 만든다.

런던에 살기 시작하면서 새로이 느꼈던 것 중 하나가, 하늘이 생각보다 참 드넓다는 것이었다. 사실 런던의 하늘이 그때껏 내가 경험했던 서울의 하늘보다 더 넓을 리가 있겠는가. 하늘의 크기야 꼭 같지만, 하늘을 가리는 높은 건물이 적어서 런던은 하늘이 유난히 넓어 보였던 것이다. 그러고 보면 우리의 건축법과 도시법은 일조권 침해에 대한 기준만 있을 뿐 조망권 침해에 관해선 명확한 정의나 기준조차 없다. 오로지 몇 개의 판례만 있을 뿐이다. 오히려 옆집을 들여다볼까 봐 멀쩡한 창 앞에 차면 시설을 설치하게 하는 법만 있으니 기이한 일이다. 보지 못하게 하는 권리만 있다고 할 수 있으려나?

차면 시설이 뭔지 모를 수도 있을 것 같으니 여기서 간단히 설명하는 게 좋겠다. 건축 설계하는 나도 안 지 얼마 되지 않았으니까 말이다. 차면 시설이란 옆 건물에 주거 시설이 있을 때 그 집 안을 들여다보지 못하도록 내 건물의 창 앞에 설치해야 하는, 시선을 막는 가림판이다. 창을 멀쩡하게 만들어 놓고 그렇게 차면 시설을 달아 가리라니 이 어이없는 법은 대체 논리가 뭘까 어리둥절해진다. 집 안을 들여다보지 않게 하고 싶다면 그 집에서 커튼으로 가리면 될 일인데 왜 애먼 옆집이 창을 영구적으로 가려야 한단 말인가. 그 논리대로라면 짧은 치마를 입은 아가씨의 다리를 보지 못하게끔 그 곁을 지나가는 남자라면 차면 시설이 있는 안경을 쓰게 해야 한다. 참 말이 안 되는 장치다. 어차피 낮에는 밖이 더 밝기 때문에 옆집의 실내는 들여다보이지도 않는다. 커튼이든 블라인드든 낮에는 걷어서 그 집에서 밖을 보고, 밤에는 쳐서 밖에서 들여다보지 못하게 만들면 되는 것 아닌가? 이렇게 지극히 논리적이고 합리적인 해법이 왜 통하지 않고 엉뚱한 법이 생긴 것일까. 기껏 만들어 놓은 근사한 입면이 조악한 차면 시설로 뒤덮이는 꼴을 보고 있자니 열불이 난다. 하늘이나 산처럼 전망은 고사하고 내 집의 창문을 통한 조망권조차 없다니 말이다. 이런 와중에 하늘을, 먼 산을 볼 수 있는 조망권을 고려한 도시 계획과 건축법을 만들자는 건 너무 야무진 꿈일까?

고층 아파트 단지가 만드는
우리 도시의 풍경, 이대로 괜찮을까

대규모 업무 시설을 고층 건물로 만드는 것이야 세계 어느 도시에서든 선호하는 방식이긴 하다. 인터넷이 발달하기 전에는 서로 가까운 공간에서 일할 수 있는 환경이 절실했을 테니까. 그리고 도심의 중심 업무 지구 정도를 고층 건물이 빽빽한 구역으로 만드는 건 도시 전체의 조망이나 스카이라인을 생각했을 때 크게 문제 될 건 아니다. 그런데 우리나라는 도심의 업무 시설뿐만 아니라 넓은 지역에 걸쳐 지어지는 주거 시설까지도 고층 건물로 만든다. 우리나라 주택의 거의 절반을 차지하는 공동 주택, 바로 아파트 말이다.

사실 우리나라 아파트가 점점 더 고층으로 지어지는 것은 여러 가지 욕구가 맞아떨어져 만들어진 합작품이다. 우선 고층 아파트는 거기에 입주하게 만들어야 할 사람들에게 매력적으로 보인다. 물론 런던처럼 고층의 공동 주택에 대한 선호가 매우 낮은 도시에도 적용되는 이야기는 아니다. 런던 사람들은 고층 아파트를 가난한 사람들이 사는 주택이라 생각하기 때문에 공동 주택을 짓더라도 고층으로 만들지 않으려고 애쓴다. 반면에 우리나라는 일단 아파트라는 형식을 선호하는데다 고층 아파트는 더 좋아한다. 모두가 알다시피 거기에는 여러 가지 이유가 있다. 주차된 차들이 엉망진창으로 가득한 주택가 골목길에 비해 지상의 환경이 한결 쾌적하고, 집을 팔고자 할 때 비교적 쉽게 팔 수 있어서다. 단지가 크기까지 하면 더 좋아한다. 대단지는 관리비가 상대적으로 적고 편의 시설은 더 다양해지기 때문이다. 게다가 고층 아파트면 내가 꼭 고층에 살게 되리라는 법은 없다 해도 전망이 좋은 높은 층의 비율도 따라서 올라가므로 그만큼 가치도 올라간다. 소비

자의 욕구뿐만이 아니다. 아파트를 저렴하게 짓고 싶은 시공사의 욕망도 채워 준다. 동의 수가 적고 층이 높은 게 동이 많은 것보다 건설비가 훨씬 적게 들기 때문이다. 워낙 아파트가 다른 건축에 비해 건설 단가는 낮고 이윤은 높은데, 대단지에 고층이 되면 그야말로 노다지 수준으로 이윤이 커진다. 해서 재건축권을 따내겠다고 하루에 홍보비를 1억도 넘게 쏟아붓는 것이다. 그 시장의 엄청난 이윤은 어떤 대리급 사원에게 수십억의 퇴직금을 준 사건이 충분히 말해 줄 것이니 이쯤하자. 아무튼 우리나라는 사는 사람이나 짓는 사람이나 다 같이 고층 아파트를 좋아라 하다 보니 서울뿐만 아니라 전국 방방곡곡에 고층 아파트가 없는 곳을 찾기가 더 어렵다. 한마디로 고층 아파트 건설을 말릴 사람이 지자체 말고는 없는 상황이다.

근데 나는 고층 아파트의 숲을 보고 있자면 한없이 불안한 마음이 든다. 도시의 전망을 막는 건 둘째 치고 저토록 높이 쌓아 올린 저 많은 집들이 30년 후에, 아니 50년 후에는 그 운명이 대체 어떻게 될까. 지금까지는 지은 지 오래된 낡은 아파트에는 재건축이라는 카드를 쓸 수 있었다. 근데 그 아파트들은 층이 낮은 아파트여서 가능한 이야기였다. 5층짜리나 10층짜리는 부수고 더 높게 지으면 사업성이 나오므로 재건축이란 사업이 가능했던 것이다. 그러나 요즘 짓는 20층이 넘는 아파트가 낡으면 그렇게 재건축을 할 수 있는 사업성이 나올 리가 없지 않은가. 30층으로 다시 지어서도 다 팔 수 있을 만큼 잘 팔리는 지역이 아니라면 말이다. 다시 지을 돈이 없으면 고쳐 지으려나? 살고 있는 사람들이 고쳐 지을 돈도 없는 아파트도 많을 텐데. 그럼 그런 아파트들의 운명은 대체 어떻게 될까. 멀리서 보기에 휘황찬란해 보이는 이 고층 아파트들로 가득 찬 서울이라는 도시의 50년 후 모습은 어떤 것일까. 그런 면에서 고층 건물을 이토록 많이 짓는 것이 이 도시를 지속 가능하게 만드는 것이라 볼 수 있을까.

정 서울의 용적률을 올리겠다면

평균 150퍼센트 남짓인 서울의 용적률을 유럽처럼 300퍼센트로 높이자고 주장하는 사람들이 있다. 서울이라는 도시 공간에 대한 수요가 워낙 높으니 지금보다 더 많이 지을 수 있게 해 주자는 것이다. 나는 건물의 밀도를 높이는 것은 괜찮다고 생각한다. 단, 자동차의 밀도는 지금보다 확 낮춘다는 전제 아래 말이다. 이제껏 해 온 것처럼 건물을 짓는 만큼 주차장을 짓게 할 것이 아니라 주차장은 더 이상 만들지 못하게 하고, 6차선 이상의 드넓은 차로는 점차 좁히는 동시에 보도를 넓혀서 도시에선 모두 걷거나 대중교통만 이용하도록 유도해야 한다. 그렇게만 된다면 지금보다 건물의 밀도가 높아도 나쁘지 않을 것이다. 유럽 도시의 용적률을 따르고 싶다면 라이프 스타일도 지금 같은 미국식이 아니라 유럽 스타일로 바꿔야 하는 것이다. 그뿐 아니다. 밀도를 높이는 방식도 유럽 같아야 한다. 이미 고층으로 짓고 있는 건물들을 더 높게 초고층으로 지을 수 있게 해 줄 것이 아니라 유럽처럼 건폐율을 높여 건물 사이의 이격을 없애고 저층으로 밀도 높게 짓는 방식으로 유도해야 한다. 그래야 지속 가능한 도시의 모습에 한 걸음 더 다가가게 되지 않겠는가.

24장

오래된 것을 대하는 자세

집, 동네, 도시를 고치는 법

고치지 못하게, 그래서 낡아 가게 만드는 지금의 법

부끄럽지만 나에게는 고약한 살림 버릇이 있다. 맛이 없거나 왠지 손이 가지 않는 음식을 바로 버리지 않고 싱크대 한 켠에 좀 놔두었다가 그 음식에 곰팡이가 몽글몽글 핀 모습을 보고서야 버리는 것이다. 나름 멀쩡한 음식을 버리는 것에 대한 죄책감을 덜겠다는 요량인데, 사실 비겁하기 그지없는 꼼수다. 너저분하게 놔두지 말고 얼른 버리라고 남편한테 잔소리를 들으면서도, 그 버릇이 쉬 고쳐지지가 않는다.
근데 우리 도시를 보고 있노라면 멀쩡한 걸 버리는 일에 죄책감을 갖고 있는 게 나뿐이 아닐지도 모른다는 생각이 슬쩍 들곤 한다. 우리의 법은 내가 음식이 상하도록 놔두는 것처럼, 낡은 건축을 고쳐 쓰기보다는 충분히 낡도록 그냥 놔두고 싶어 하는 것 같아서다. 부숴서 버릴 때 죄책감을 덜 느끼려고 그러는 것일까? 그러나 사실 그럴 리가 있겠는가. 뭐 눈엔 뭐만 보인다고, 나한테만 그렇게 보이는 것일지도 모른다. 여러 사람이 동의해서 만든 법은 어쨌건 다 나름의 이유와 논리가 있을 테니까.
근데 아무리 생각해도 오래된 건축을 고치는 일에 대한 지금의 법은 좀 이상하다. 분명 고치거나 다시 지을 때 어떻게 하라고 쓰여 있는 법인데, 막상 그 내용대로 하려고 보면 너무 어렵거나 비싸서 엄두가 안 나거나, 고치면 오히려 손해를 보는 부분이 생겨서 아예 아무것도 하고 싶지 않게 만들 때가 많아서다. 그러니 결국 고치지 말라는 법처럼 보이기도 한다. 예를 들면 이런 식이다. 오래된 집의 허약해진 구조체에 보나 기둥처럼 생긴 부재를 덧붙여 튼튼하게 할 때 그 부재 개수가 3개만 되어도 관에 허가를 받아야 한다. 근데 그게 그냥 허가가 아니다. 건축 구조 기술사한테 수백에서 수천만 원의 비용을 주고 건물에 대한 구조 안전 확인을 받은 다음, 현행법의 기준에 맞게 내진 구조를 적용하여● 고치지 않는 부분까지도 포함한 건물 전체의 구조 보강 설계까지 해야만 허가를 받을 수 있다. 건물 규모가 아무리 작아도 진단과 설계에만 천만 원 가까이 드는 경우가 많은 것도 문제지만, 내진 보강을 적용해서 건물 전체의 구조 보강 공사를 하려면 진단비와 설계비 따윈 우습게 느껴질 정도로 공사비가 엄청나게 늘어나는 게 더 큰 문제다. 구조 보강뿐만이 아니다. 외장재를 일정 면적 이상 바꿔도, 계단 모양을 바꿔도, 슬래브에 작은 오프닝(개구부)만 뚫어도 다 앞서 말한 거창한 과정을 거쳐야만 허가를 받을 수 있다. 허가를 받아야 공사를 할 수 있고, 건물을 사용할 수 있음은 물론이다. 바지의 무릎 부분이 해져서 그 부분만 기워서 입으려는 사람한테, 머리끝부터 발끝까지 깔

● 건축법 제48조(구조 내력 등) 제2항에 의하면, 제11조 제1항에 따른 건축물을 건축하거나 대수선하는 경우에는 대통령령으로 정하는 바에 따라 구조의 안전을 확인하여야 한다. 같은 법 제3항에 의하면, 지방 자치 단체의 장은 제2항에 따른 구조 안전 확인 대상 건축물에 대하여 허가 등을 하는 경우 내진 성능 확보 여부를 확인하여야 한다.

맞춤을 해서 바꿔 입으라는 식이다.

이론과 현실이 따로 노는 동안 도시는 점점 더 위험해지고 있다

법만 보면 그렇게까지 이상해 보이지 않을지도 모르겠다. 오래된 건물은 아무래도 구조체까지 낡아서 위험할 테니 손대려면 구조 전문가가 건물이 어느 정도 안전한지 확인하고서 기준에 맞도록 구조 설계를 한 다음 그것대로 시공하라는 것이니까. 근데 이걸 현실의 낡고 작은 건물에 대입하면 단박에 에러가 난다. 서울 중심부에 지어진 지 50년쯤 된 50제곱미터(15평)짜리 손바닥만 한 2층집을 예로 들자. 작은 건물이라도 다시 지을 돈이 없어 몇천만 원이라도 간신히 그러모아 수리를 시작하려는 사람이 있다. 비가 줄줄 새는 지붕을 들어내고 다시 얹은 다음, 날림으로 지은 옛날 건물엔 거의 없다시피 한 단열재를 덧붙이고 바람이 숭숭 새는 창호를 바꾸고 이젠 도저히 보아 줄 수 없는 누런 변기를 갈아서 쓰고 싶을 뿐인, 그런 소박한 소망을 가진 사람 말이다. 그런 살뜰한 사람에게, 당장 꼭 필요한 공사 말고도 건물 전체를 진단하고 보강하는 구조 공사에까지 수천만 원을 추가로 더 쓰라고 한다면 과연 그 사람이 지금의 법이 하라는 대로 다 하게 될까? 아마 그 사람의 선택지는 십중팔구 둘 중 하나가 될 것이다. 고치길 포기하거나, 아니면 허가받지 않고 몰래 고치거나.

건축 설계 사무소를 하면서 이 무슨 경을 칠 소리인가 싶겠지만, 현실이 그러한 것을 어쩌겠는가. 법이 해도 해도 너무 과한 것을 요구하니 말이다. 있던 기둥이나 보를 부수고 고치겠다면 제대로 진단하고 설계해서 허가받아야 마땅하지만, 기존 구조를 그대로 놔두고 덧붙여 보강만 하는데도 안전 진단에 내진 설계까지 해서 허가를 받으라고 하니 암만 생각해도 너무 과한 법이다. 어차피 내진 구조도 아니었던 작은 옛 건물에 내진 보강이 웬 말이냔 말이다. 다중 이용 시설도 아니고 개인의 공간인데. 분명 법을 만든 사람은 현실은 보지도 않고 책상머리에서 이론만으로 법을 만들었음이 분명하다. 이런 과한 법 때문에 지금도 서울의 오래된 동네에는 많은 사람이 낡은 집을 아예 고치지도 않고 쓰러져 가는 건물에서 위태롭게 살고 있다. 그러니 이건 분명 사회에 도움이 되는 법이 아니라 오히려 건축과 도시를 위험하게 하는 법이다. 그러니 지금이라도 현실에 맞게끔 법을 고쳐서, 좀 더 많은 사람이 오래된 건물을 속 편히 튼튼하게 고쳐 지으며 살 수 있도록 해 주어야 한다.

다시 지으면 땅을 뺏긴다니

고쳐서 쓰는 것이 여의치 않을 정도로 낡았다거나, 새로운 쓰임새 때문에 구조를 크게 바꿀 필요가 있으면 차라리 낡은 건물은 싹 부수고 새로 짓는 것이 나을 때가 있다. 근데 그때 지켜야 하는 법 또한 답답하긴 마찬가지다. 모든 걸 새로 짓는 시점의 법에 맞도록 지으라고 하기 때문이다. 어쨌든 지금 짓는 건물이니 얼핏 보면 잘못된 게 없어 보인다. 그러나 그 과정에서 우리 건축법은 또 과한 요구를 하기 시작한다. 땅이 4미터보다 폭이 좁은 도로에 면해 있으면, 도로의 중심선으로부터 2미터만큼을 들여서 도로와의 경계를 다시 만들라고 한다.● 그리고 그 새로운 경계 너머의 도로 쪽 땅은 도로로 내놓으라고 한다. 도시의 입장에서는 4미터 폭이 되지 않는 도로를 언제가 될진 몰라도 차근차근 4미터로 넓혀 가겠다는 속셈이다. 근데 좁은 길에 면한 작은 땅을 가진 사람 입장에서는 이만저만 억울한 게 아니다. 땅이란 게 작으면 작을수록 한 뼘의 땅도 천금같이 소중해지기 마련인데 좁은 길에 면했다고 길에 떼어 주고 나면 제대로 건물을 지을 크기가 남아 있지 않은 경우도 허다하기 때문이다. 실제로 다시 짓는 일을 이 법 때문에 포기하는 경우도 많다.

● 건축법 제44조(대지와 도로의 관계) 제1항에 따르면 건축물의 대지는 2미터 이상이 도로(자동차만의 통행에 사용되는 도로는 제외한다)에 접하여야 한다.

건축법이 도시 유산인 골목길을 사라지게 하고 있다

그런 법이 땅 가진 사람한테만 나쁜 게 아니다. 도시에게도 나쁘다. 그렇게 되면 길과 건물의 경계, 건축선이 바뀌기 때문이다. 건축선이 좀 바뀌긴 하지만 길을 넓히는 게 왜 도시에 나쁘냐고? 넓어야만 좋은 길이라는 쌍팔년도식 생각은 이제 제발 그만하자. 실제로 오래된 도시의 골목길은 세계적으로도 이미 문화유산으로 인정받고 있다. 그리고 곰곰 생각해보면 우리가 좋아하는 길은 운치 있는 좁은 길이 아니었던가. 세월의 흔적이 새겨진 녹슨 자물쇠가 삐뚜름히 걸린 낡은 문이 있고, 고추가 자라는 화분처럼 삶의 자취가 있고, 넋 놓고 걸음을 옮겨도 차에 치일까 걱정할 필요 없게끔 차가 아예 들어올 수도 없을 만큼 좁은 길. 그런 정취 있는 도시 골목길이 그 법 때문에 점차 사라지고 있다.

아직도 길을 그저 지나가는 용도로만 쓰이는 비어 있는 공간이라 생각한다면 제발 그러지 않았으면 좋겠다. 길에도 나름의 모습이란 게 있다. 폭이라든가 바닥의 재료라든가 길에 면한 건물의 높이, 벽의 재료, 창과 문의 모양 등등 셀 수도 없을 만큼 여러 가지 디테일이 모여 그 길만의 고유한 분위기를 만들어 낸다. 길의 입장에서 보면 길 따라 서 있는 건물의 입면은 곧 길의 입면이기도 하다. 그 건물들은 비록 세월이 흐르며 낡아서 허물어졌다 다시 지어지기를 반복할지라도, 그 도로의 모양만 그대로 남아 있다면 그 길의 분위기도 어느 정도는 함께 남아 있을 수 있다. 특히 불규칙하게 굽어 있는 좁은 골목길일수록 그 형태 자체만으로도 그 길만의 개성을 드러나므로 더욱 그렇다.

그리고 그런 길이 있어 삭막한 도시에서 그나마 이웃에게 인사를 하고 살게 되는 것 아니던가. 쓰레기를 버리러 나온 앞집 아줌마에게도, 학교에서 돌아오는 옆집 학생에게도 말이다. 물론 애인 손을 잡고 가다가 가족한테 들키는 건 싫지만 말이다. 아무튼 양어깨 가까이 다가온 길 양편 건물의 모습 때문에 그 도시만의 분위기를 가장 진하게 드러낼 수 있는 공간 또한 그런 골목길이다. 서울을 표현하는 대표적인 이미지 중 하나가 삼청동, 가회동 골목길 사진인 것만 봐도 알 수 있다. 그러니 서울의 오래된 골목길은 그저 단순한 길이 아니다. 그 길 자체가 애지중지해야 할 문화유산이다.

근데 그런 소중한 유산을 기껏 4미터 폭의 도로로 만들겠다고 없애고 있는 것이다. 대체 4미터가 뭐라고 그 너비에 목매는 것일까. 사실 4미터는 도로법도 아니고 건축법에서 도로로 인정하는 최소 폭이다. 건축법은 땅에 건물을 지으려면 그 땅이 반드시 도로에 면해야 한다고 요구한다. 그것도 그냥 도로이기만 하면 되는 것이 아니라 폭은 4미터 이상이어야 하고 그 도로가 길이 2미터 이상 땅에 면해야만 건물을 지을 수 있게 해 준다. 막다른 골목이라면 조금 좁아도 되지만 말이다. 아무튼 그 폭이 되지 않는 도로라면 도로 중심선에서부터

2미터 들여서 지으면 잠정적인 4미터 도로로 보고 건물을 지을 수 있게 해 준다. 그러나 그렇게 새로 짓는 건물한테 건축선을 바꾸게 하는 법 때문에 우리나라 도시의 좁은 골목길은 차근차근 사라지는 중이다.

아무리 골목길이 도시 유산이라 해도, 불이 났을 때 소방차가 들어간다든가 할 수 있게 길은 넓혀야 하는 것 아니냐는 사람이 있을지도 모르겠다. 그러나 소방차가 들어가야지만 불을 끌 수 있다면 우리나라 고층 아파트는 불을 끌 수 없는 구조라 봐야 할 것이다. 아무리 좁은 길이라도 고층 건물에 소방시설을 하듯 길에도 그런 설비만 설치한다면 문제 될 건 없을 것이다.

다시 지으면 건물 1층이 주차장이 된다

낡은 건물을 부수고 다시 짓는 일이 망설여지는 이유는 또 있다. 바로 부설주차장법 때문이다. 옛 건물엔 주차장이 없었는데, 부수고 새로 지으려면 지금의 법에 맞는 규모의 주차장을 만들어야만 한다. 근데 그렇게 되면 작은 건물의 1층은 부설주차장을 만드느라 나머지 공간이 거의 남아나지 않게 된다. 1층은 건물에서 접근성이 가장 좋은 공간이다. 상가를 만들면 임대료를 가장 많이 받을 수 있어 건축주에게도 소중한 공간이다. 건축주에게만 소중한 것이 아니다. 걸어가는 사람에게 가장 잘 보이기에 도시 경관에서 아주 중요한 공간이기도 하다. 아무리 건물이 드높고 화려해도, 결국 보행자는 1층의 모습을 통해 도시를 느끼고 경험한다. 그런 1층을 주차장으로 만들게 하는 법이 있어 건물을 새로 지을 때마다 길이 점점 주차장이 되어 가게 하고 있으니 내가 비록 건축 설계로 먹고사는 건축가임에도 불구하고 건물을 다시 짓는 일이 마냥 달갑지만은 않다.

오래된 것이 나쁘다는 생각
vs 나름의 가치가 있다는 생각

이 장의 시작에서 음식물 쓰레기 버리는 이야기를 도시의 낡은 건물을 고치는 법에까지 갖다 붙이는 것을 봤으니, 다들 내가 뜬금없는 비약을 통해 세상을 바라보는 유형의 인간이란 걸 눈치챘을지도 모르겠다. 아무래도 좀 그런 것 같긴 하다. 그래서 기왕 이렇게 된 김에 내가 줄곧 가져 온 그런 류의 생각을 하나 더 투척하려 한다. 그건 바로, 오래된 것을 바라보는 우리의 관점에 대한 이야기다.

런던에 가기 전에는 내가, 아니 우리 한국 사람이 오래된 것을 싫어한다는 생각을 전혀 하지 못했다. 나는 한옥을 좋아하고, 오래된 동네를 좋아하고, 오래된 건물을 좋아하는 사람이니까. 나뿐만 아니라 많은 사람이 삼청동과 가회동의 옛집과 그 골목을, 그리고 고궁을 좋아하지 않던가. 우리는 옛 정취를 사랑하는 민족이므로. 그런데 런던에 가 보니, 우리가 좋아하는 옛것의 범위는 갓난아기 손바닥처럼 좁다는 생각이 들었다. 우리는 적어도 100년은 된 것들만, 그중에서도 제법 보기 좋은 것들만 옛것으로 좋아하고 남길 만한 가치가 있다고 생각한다. 근데 런던은 훨씬 더 넓은 범위의 오래된 낡은 것들을 남겨 두고 있었다. 낡은 것들을 정말로 좋아해서다.

런던에서 사귄 친구네 놀러 갔다가 한 달이나 걸려 싹 리모델링한 부엌 가구의 색이 칙칙한 녹색이어서 깜짝 놀란 적이 있다. 한국처럼 흰색이나 밝은 나무색일 거라 기대했기 때문이었다. 그런 내 표정을 읽었는지 친구가 설명해 주었다. 자기는 자기네 집이 너무 모던해서 싫다고 했다. 더 오래된 스타일의 집으로 이사 가고 싶은데 그게 쉽지 않으니 부엌이라도 그런 올드한 분위기로 고쳤다는 거였다. 그때 깨달았다. 나는 살면서 모던함이 싫다는 말을 그때 처음 들었음을. 모던함이 곧 세련됨의 동의어였던 세상에서 줄곧 살아왔음을 말이다.

참 새로운 경험이었다. 런던에 있어 보니 어디까지가 보존할 가치가 있는 옛것이고, 또 어디서부터는 낡아서 버려야 할 것인지의 경계라는 게 사회마다 무척 다르고 또 자의적일 수 있다는 생각이 들었다. 그리고 우리나라는 그 경계가 너무 한참 멀리 있어서, 그보다 덜 오래된 것들을 너무 쉽게 버리고 있다는 생각도 들었다. 그래서 대체 왜 그럴까 곰곰이 생각해 봤다.

사실 이유야 여러 가지일 것이고, 짐작하기 어려운 것도 아니다. 우리는 영국에 비하면 찰나처럼 느껴지는 짧은 시간에 무섭도록 크고 밀도 높은 도시를 만들었다. 우리 주변에 있는 모든 건물이 불과 70년 전에는 하나도 존재하지 않았다 생각하면 아찔할 정도다. 그런 속도로 도시를 만드는 건 모두가 하나의 믿음으로 대동단결해야만 가능한 일이다. 낡은 것은 나쁜 것이고 새것이 좋은 것이며, 개발이 곧 발전이고 최선이라는 굳은 믿음. 그런 나라에서 평생을 살았으니 모던함이 싫다는 말이 낯설 수밖에 없었던 것이다.

그러나 런던에 사는 동안 나는 점차 친구의 그 말을 이해할 수 있게 됐다. 아니, 이해를 넘어서 진심으로 동의할 수 있게 되었다고나 할까. 연식이나 상태를 불문하고 오래된 것들에는 나름의 솔찬한 매력이 있다는 걸 느껴서다. 손때가 묻어 도금이 벗겨진 손잡이, 흠집이 있는 오래된 문짝, 지금은 생산하지 않는 크기의 벽돌로 쌓아 올린 벽, 옛 양식으로 지은 건물들. 그런 낡은 것들은 새것의 짱짱함이나 반짝임과 비교하면 분명 너저분하고 허술하다. 그러나 그런 것들에는 새것에는 없는 자연스런 시간의 흔적이 있다. 게다가 만들어질 당시에는 당연했을지 몰라도 지금은 만들기 어려운, 그 시대만의 무엇이 있기도 하다. 그런 것들을 멋스럽다 여기기 시작하면 오히려 새것보다 더 가치 있고 쓸모 있는 것으로 만들 수도 있다. 새것은 곧 낡게 되지만, 낡음은 시간이 갈수록 그 가치가 더해지기 때문이다.

지나온 시간의 흔적을 소중히 생각하는 도시

파주 헤이리 예술마을의 작은 가게에서 내가 바로 얼마 전에 내다 버린 것과 꼭 같은 오래된 프라모델 키트를 버젓이 팔고 있는 모습을 보고 깜짝 놀란 적이 있다. 오래돼서 낡고 쓸모없는 물건도 그렇게 남들이 다 버릴 때까지 끈기 있게 가지고 있노라면 언젠가는 골동품이 되는 날이 오는구나 싶었다. 그러고 보면 골동품이 뭐 별것이겠는가. 지나온 세월을 부끄러워하지 않고 당당히 드러낼 수 있으면 되는 것이지. 그게 물건이든 건축이든 도시든 간에 말이다.

쓰러져 가는 낡은 건물을 그대로 두자는 것이 아니다. 옛 모습을 감추지 않으면서 고쳐 쓰면 분명 새 건물에는 없는 그 나름의 멋이 있고 그 멋은 더 오래갈 수 있다는 뜻이다. 런던에는 그런 건물들이 많다. 템스강 변에 있던 화력 발전소를 미술관으로 바꾼 테이트 모던도, 새로운 애플 사옥으로 쓰이게 된 배터시 화력 발전소도 옛 건물을 멋지게 고쳐 쓴 사례다. 서울에도 마포석유비축기지를 활용해 만든 문화비축기지나 쓰레기 소각장을 재생한 부천아트벙커B39, 옛 정수장 구조물에 공원을 만든 선유도 공원이 그렇게 오래된 구조물을 고쳐 만든 예다. 그렇게 큰 구조물만 고쳐 쓸 수 있는 것이 아니다. 런던에는 옛것과 새것이 근사하게 어우러진 작은 건물들이 도시 곳곳에 셀 수 없이 많다. 우리나라도 가회동과 삼청동에 그런 건물들이 있다. 그렇게 옛 모습을 간직한 건물과 새 건물이 함께 어우러지면 거리도 더욱 운치 있어진다. 그런 모습에서야말로 그 장소만의 역사와 개성이 오롯이 드러나기 때문이다. 그런데 런던에 비하면 서울에는 그런 건물이, 그런 거리가 너무 적다. 사실 우리가 돈과 시간을 길에 뿌려 가며 지구 반대편의 먼 거리도 마다 않고 찾아가는 곳들이 그런 데가 아니냔 말이다.

무섭게 늘어나는 인구를 위해 다급히 도시를 키워야 했던 시절은 지나갔다. 이제는 그렇게 성급하게 만들어 놓은 도시에 또 반대로 무서운 속도로 줄어드는 인구가 쾌적하게 살아갈 수 있도록 잘 관리해야 하는 시대가 왔다. 무엇보다도 이제부터 마주해야 할 옛 건물들은 전쟁이 끝난 직후인 70년 전에 마주했던 옛 건물들과 그 양과 수준이 매우 다르다. 상당히 괜찮은 건물들도, 제법 튼튼한 건물들도 많다. 또 환경을 생각하면 예전처럼 별 고민 없이 다 부숴서 버릴 수도 없는 상황이기도 하다. 지금껏 오래된 건물에 대해 우리가 견지해 온 태도를 바꿔 가야 할 결정적인 이유다. 아무리 옛 건물을 남기는 일이 훨씬 까다롭고 번거로워서 돈이 더 드는 일이라 해도 말이다.

또 한편으로 나는 그동안 우리 사회에 깊숙이 젖어 있던 '낡고 오래된 것은 버려도 된다'는 생각이, 어쩌면 나이 든 사람들을 싫어하고 무시하는 데까지 연결되는 것은 아닐까 하는 우려도 든다. 분명 나이 듦이 갖는 나름의 가치가 있을 것인데 말이다. 지금대로라면 건물이나 물건처럼 사람도 나이 들면 낡았다고 무시할 것만 같아서 왠지 두렵다. 이런 사회에서 나이 드는 일은 분명 더 서글픈 일일 것이다. 이만하면 뜬금포 도약의 끝판왕일까.

건축과 도시를 만드는 일은 사람을 키우는 것처럼 상당한 에너지와 정성이 들어가는 일이다. 한번 만들어지면 수명도 몇십 년 이상이니 사람만큼 길기도 하다. 그런 만큼 하나하나가 제법 엄연하고 소중하다. 반짝이는 새것도 좋지만 낡도록 쓰인 것도 기특하다. 무엇보다, 아무리 작은 건물이라도 아무리 조그만 마을이라도 저 혼자서 생긴 것이 아니라 우리가 만들고 또 우리가 쓴 것이니, 건축과 도시의 역사는 곧 그 속에 살아온 우리의 역사이기도 하다. 그러니 건축과 도시에서 지나온 시간의 가치를 소중히 여기고 그 흔적을 드러내는 것은, 그동안 우리가 해 온 일에 대한 자부심을 갖는 일인 동시에 우리 스스로를 존중하는 일이기도 할 것이다.

에필로그

이 책 내용의 일부를 가지고 대구의 한 도서관에서 강연을 한 적이 있다. 강연이 끝나고 받은 첫 번째 질문이 런던만 그렇게 좋냐는 것이었다. 그제야 비로소 아, 이 책의 메시지가 그렇게 읽힐 수도 있겠구나 하는 생각이 번쩍 들었다. 프롤로그에서도 밝혔듯이 런던의 이야기는 서울의 이야기를 위한 지렛대일 뿐이지만, 결과적으로 런던에 대해서는 좋은 점만 늘어놓고 서울은 그에 비해 아쉬운 점만 줄줄이 나열했으니 그럴 만도 했다. (내 강연이 그렇게 요점을 전달하지 못했다니, 접시 물에 코를 박고 싶게 처참한 심정이었다!) 물론 한 시간 남짓의 강연과 300페이지가 넘는 글로 쓰인 책은 분명 다를 것이다(라고 믿고 싶다).

사실 런던은 나에게 살기 쉽지 않은 도시였다. 겨울이면 노란 해님 얼굴 볼 수 있는 날이 손에 꼽을 정도로 귀해서 우울해지는 마음을 가누기 힘들었고, 1년에 8개월은 영하도 아닌데 뼛속까지 스미는 추위를 그저 견뎌야만 해서 몸이 늘 고달팠다. 영어는 온 신경을 곤두세워도 제대로 들리지 않았고 입을 열었다 하면 초등학생만도 못한 표현을 쓰는 내가 싫어서 항상 자괴감을 느껴야 했다. 전철 한 번 타는 데도 서울의 서너 배의 돈을 내야 하니 지갑을 쥔 손이 저절로 움츠러들었고, 따뜻한 밥 한 끼가 너무 비싸서 거의 매일 점심을 냉장고에서 꺼낸 차가운 샌드위치로 때워야 하는 내 신세가 처량하기만 했다. 그래서 누군가 나에게 다시 런던에서 살겠냐고 묻는다면 그럴 생각은 전혀 없다고, 그냥 여름에 잠깐 놀러만 가겠다고 단호하게 말할 것이다.

런던에서 좋았던 것들은 딱 이 책에서 이야기한 것들이다. 보행자가 편안하고 안전하게 걸을 수 있게 만든 도로 시스템, 함께 누릴 수 있게 만든 풍성한 녹지와 공원들. 갈아타기 쉽게 만든 버스와 지하철, 질 좋은 공짜 미술관과 박물관. 그리고 아이들에 대한 철저한 보호와 복지 혜택. (10세 미만은 대중교통 요금은 물론이고 웬만한 박물관 입장료도 다 무료이고, 어린이의 물건을 살 때는 부가세를 내지 않아도 된다.) 근데 이런 것들은 사실 우리나라에서도 하고자 하면 할 수 있는 것들이다. 런던에만 있고 런던만 할 수 있는, 런던만의 그 무엇은 아니다. 나는 런던에서 그런 것들이 제일 흥미로웠고 가장 부러웠고 못 견디게 갖고 싶었다. 런던이 아닌 나의 도시 서울에서도 그걸 누리고 싶었다.

5년 동안의 런던 생활을 정리하고 서울에 돌아왔을 때 김치를 무료로 리필해 주는 식당에서 된장찌개 백반을 매일 부담 없이 사 먹을 수 있다는 사실에 안도하면서도, 자동차로 꽉 찬 도시를 걷는 일이 너무나 힘들었다. 런던에서 보행자로 맘 편히 활보하고 다니는 데 어느새 익숙해졌는지, 자동차 때문에 내가 이런 푸대접을 받는다는 게 매일, 매번 신경질 났다. 도시한테 매일 정강이를 얻어맞는 기분이라고나 할까.

뿐인가. 건물 외벽에 가득 찬 간판과 전광판은 너무 크고 흉해서 쉴 새 없이 눈을 찔러 댔다. 서울은 비주얼마저 너무 폭력적인 것 같았다. 결정적으로 그렇게 얻어맞은 몸과 눈을 쉴 수 있는 녹지조차 없어 종종 숨이 턱 막혔다. 런던이라는 도시가 갖고 있는 친절함이 그리웠다. 풍성한 녹음과, 차의 길을 사람이 건너는 것이 아니라 사람의 길을 차가 건너가는 느낌이 들게 하는 도로 시스템과 누르면 바로 보행 신호로 바뀌는 신호등 체계가 너무 탐이 났다. 그런 것들 좀 수입해 오면 안 되나?

누구나 해외여행을 갈 수 있게 된 지도 벌써 30년이 훌쩍 지났으니, 그동안 아마 많은 사람들이 런던에 다녀왔을 것이다. 그리고 그중에는 세계적인 도시인 런던을 벤치마킹하려고 답사차 간 공무원들도 분명 있었을 것이다. 난 그들에게 간절히 말하고 싶다. 제발 런던에만 있는 그 무엇 말고, 런던에도 있고 서울에도 있는 것들을 더 유심히 보라고. 도시를 걷는다는 것이 어떤 경험인지, 우리가 도시에서 정녕 필요로 하는 것이 무엇인지를 걸으면서 느껴 보라고.

사실 이 권유는 우리 모두에게 또한 유효하다. 이 도시는 우리 모두를 위한 도시이고, 우리는 다정한 도시를 누릴 권리가 있어서다.

집의 구석구석에 대한 시시콜콜한 디테일로 시작해서 동네를 거쳐 도시로 이어지는 동안 펼쳐진 이야기들이 다소 투박했을지도 모르겠다. 나는 건축가일 뿐 도시 전문가가 아니기에 어쩜 그냥 시민의 입장에서 도시를 관찰하고 글을 썼다는 편이 더 정확할 것이다. 내 본업과 상관없는 글이지만 이 모든 이야기는 간절함을 담고 우리 모두를 위해 쓰였다. 우리가 바라는 대로 변해 갈 것이라는 믿음으로.

감사의 글

남의 책을 볼 때면 재미없고 오글거려서 감사의 글을 읽지 않는 편이다. 연말의 무슨 대상 시상식에서도 수상 소감이 제일 지루하다고 생각하고. 그런데도 그런 구태의연한 신파가 필요한 순간이 있다는 생각이 이렇게 감사의 글을 쓸 기회가 생기니까 퍼뜩 든다. 모름지기 사람은 고마운 건 고맙다고 말할 줄 아는 양식이 있어야 하는 법이니까.

먼저 건축 교양서적을 쓴 경험이 없는 나에게 이 책을 시작할 수 있는 계기를 만들어 준 백도씨 출판사와 편집자 정윤정 님께 감사드리고 싶다. 윤정 님같이 다정하고 의리 있고 일 잘하는 편집자와 함께라면 백 권 천 권이라도 쓰고 싶은 심정이다.

영국의 법규에 대해 팩트 체크하기 위해 괴롭힌 영국 생활의 친구들 범석 씨와 진미 씨에게도 감사하다. 두 분이 내가 모르는 어려운 부분을 살뜰하게 채워 주셔서 내용이 한결 든든해졌다.

설계 사무소 하기도 바빠 죽겠는데 책까지 쓴다고 일을 벌여서 2년 동안이나 유세를 떠는 나를 참아 준 가족들에게도 고맙다. 아래층에 사시는 부모님과 세 아이들까지, 애를 온 동네가 키우듯 책도 온 가족이 도와서 나오는 것 같다.
특히 남편인 승환 소장의 응원이 제일 큰 힘이 됐다. 글 쓰는 게 힘들다고 징징거리는 나에게, 당신이 쓰는 책은 베스트셀러가 돼서 우리 가족을 먹여 살릴 것이라는 둥, 다른 누가 쓴 책보다 훨씬 의미가 있는 책이라는 둥, 허풍 섞인 응원을 아낌없이 날려 줬다. 지금 생각하면 내 글을 읽지도 않고 한 말이라 사실이 아닌데도 지푸라기라도 잡고 싶었던 지난날의 나는 남편의 말을 철석같이 믿고 분명 그 힘으로 여기까지 왔다. 인세라도 나눠 줘야 하나. 고민되네.

미주

1 도연정 지음, 《근대부엌의 탄생과 이면》, 시공문화사, 2020.
2 도연정 지음, 앞의 책.
3 도연정 지음, 앞의 책.
4 다니자키 준이치로 지음, 《그늘에 대하여》, 눌와, 2005.
5 장영희 지음, 《살아온 기적 살아갈 기적》, 샘터, 2009.
6 신창호, "엉망진창된 영국 의료보험… NHS마저 파산 위기", 국민일보, 2023.02.08.
7 안준현, "서울 지하철 4·7호선, 혼잡 완화 위해 '좌석 없는 칸' 도입", 조선일보, 2023.11.01.
8 제인 제이콥스 지음, 《미국 대도시의 죽음과 삶》, 그린비, 2010.

● *다음은 집과 도시, 건축에 대한 명저들로 이 책을 쓰는 데 많은 영감을 준 책이라 따로 소개한다.*

전봉희 지음, 《나무, 돌, 그리고 한국 건축 문명》, 21세기북스, 2021.
조재모 지음, 《입식의 시대, 좌식의 집》, 은행나무, 2020.